赵氏食学三论

中华菜论

Studies of Chinese Cuisine

赵荣光·著

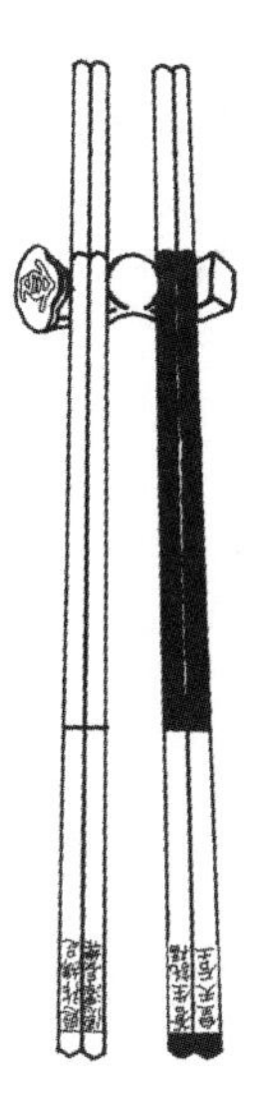

中国轻工业出版社

图书在版编目（CIP）数据

中华菜论 / 赵荣光著. —北京：中国轻工业出版社，2021.12
赵氏食学三论
ISBN 978-7-5184-3766-5

Ⅰ.①中… Ⅱ.①赵… Ⅲ.①饮食—文化—研究—中国 Ⅳ.①TS971.29

中国版本图书馆CIP数据核字（2021）第249123号

责任编辑：方晓艳
策划编辑：史祖福　方晓艳　　责任终审：劳国强　　版式设计：锋尚设计
封面设计：奇文云海　　责任校对：朱燕春　　责任监印：张　可

出版发行：中国轻工业出版社（北京东长安街6号，邮编：100740）
印　　刷：北京君升印刷有限公司
经　　销：各地新华书店
版　　次：2021年12月第1版第1次印刷
开　　本：787×1092　1/16　印张：13.25
字　　数：260千字
书　　号：ISBN 978-7-5184-3766-5　定价：78.00元
邮购电话：010-65241695
发行电话：010-85119835　传真：85113293
网　　址：http：//www.chlip.com.cn
Email：club@chlip.com.cn
如发现图书残缺请与我社邮购联系调换
210986K1X101ZBW

谨以此书奉献

大母贾晓贞暨慈母邢凤媛二先君

感念她们启蒙了

我饮食知识并在长期的

饥饿经历中让我得以全生

引言

我为什么要论“中华菜”

食学研究，无论理论方法如何，无论架构与层次怎样，其核心问题既然是“吃”，那就不能不与社会餐饮有关联，不仅是研究者本人每天要吃，而且许多餐饮人也希望同研究者经历共同的吃。于是，笔者在既往的四十余年间就有了在中国各地“走到哪里吃到哪里”的经历，我揄称为“吃的田野调查”。事实上，这个经历的时间还可以更早地算起：1966年年底，我只身一人，书包一背，自黑龙江省一路辗转火车、公交绕行吉、辽、京、津、冀、鲁、苏、浙、闽、粤、桂、滇、黔、川、渝、甘、陕、豫、晋返归的经历，没有红卫兵身份却乘机初践了司马迁行万里路的鸿愿。“读万卷书，行万里路”是我学前闻史的儿时梦想，及读中学际则深信生读万卷书或可，而行万里路则只能梦想。不料红太阳果然照山川，“大串联”潮起，“腿肚上绑灶王爷”，开了边塞愚蒙儿的眼界。虽然那时的我对食物的感觉无异于驴马脚力的草料，却成了后来食学思考特别意义的经历见闻参照。

我当然不是为了“吃”的目的走到哪里，而是走到哪里都要吃，是走遍全中国的经历中每天都免不了要例行地吃。作为芸芸众生中糊口活命的一分子，我的例行吃又与芸芸众生或有不同，那就是：我很早就不是一般进食者意义地吃，而是每餐审视思考地吃，是一位忧患意识的民瘼在心品食者。不是果腹慰己的私欲，而是“每饭必思民”的心界，总是在警觉地关注身处之地的食生产与食生活事象，专诸思考关乎食事的任何问题。我追求的是田野环境的完全日常生态的感觉，坚持留宿民家，吃寻常习惯的家常饭，我在55个少数民族聚居区都有这样的经历。因此，我是去感受原真的日常，而非享受待客的非常。

此外，另一个与许多人不同的是，我有长期挨饿的经历与感受，自少年时代起就养成了认真对待面前每一餐饭，珍惜餐桌上任何食物的心理。这既是父祖辈教育的结果，更是既往几十年日常生活中不断递进式$N+1$次饥肠辘辘、饿胃绞痛体验的领会积淀。而一旦思考超越了一己果腹需求，个人的餐位就放大到整个餐桌，并由一张具体的餐桌，扩大到社会餐桌：各消费层次、各文化类型及各档次、各风格的餐桌；“餐桌”的半径不断延长，超越时空，于是，今天与昨天、明天大众的吃，民族的吃，人类的吃，都在思考之中。

笔者倡导、推行近三十年的“餐前餐后一秒钟”理念、理论与范式行为，即是民族大餐桌、人类大餐桌思考的结果。以感恩心面对每餐享用的食物，正如我二十年前在课堂上回答一位同学提问时说过的话：“我是一个能将猪食吃出感情的人。”正因为如此，作为一名饮食文化、餐饮文化、烹饪文化的研究者，我的关注思考与当代中国许多弘扬心态、专注“烹饪”的教授专家们的思维颇有不同。诸多的不同中，表现在对“中国菜”的认识，就不仅仅看成是现时代流行观念的厨师创造，而且也不单纯是灶房技术或艺术的结论。

这里，首先要题解书名，《中华菜论》是论中华菜，而非讲烹饪技术与智巧，那是厨房或灶台空间的专业话语。中华菜论，是菜品文化研究，是学术思考，而非技术探讨，亦非艺术欣赏。我们需要先澄清一个概念性问题：本书名《中华菜论》，为什么不称为《中国菜论》呢？我想，会有中国读者触目之际顿生疑问：“中华菜”？为什么不是“中国菜”？“中华菜”与“中国菜”有什么区别吗？这疑问并非毫无道理，的确需要予以说明。“中国菜”是我们中国业界餐饮人和大众生活认知与社会习惯性的表述方法，也是异文化他者比照判断的地域指代。什么是“中国菜”？我们给出教科书的答案：“本土华人以地产原料、传统烹饪方式与调味品加工制作的大众积久习惯食用的菜品总称。就其原料、制作、调味、成品四大要素来说，原料特征：东亚地区地产食材为主，原料选取广泛；制作特征：烤、煮、蒸、煎、炒等十余种基本烹饪方法及数十种变化方法；调味特征：鲜、咸、酸、甜、辛等味觉追求广泛，各种风格调味料丰富；成品特征：油多、高热、味重、即食。中国菜的审美理论方法是质、香、色、形、器、味、适、序、境、趣‘十美原则’，助食具的最佳选择是中华筷。”[①]请注意，“本土华人”“地产原料”“传统烹饪方式”“传统调味品”的四大要素和“大众积久

---

① 赵荣光．中国菜的文化特征与演变趋势（演讲稿）．2014-5-21//赵荣光．“中华菜谱学”视阈下的“中国菜”——2018郑州·向世界发布中国菜活动主题演讲[J]．楚雄师范学院学报，2020（1）：1-2.

习惯食用”的一大限制性条件。一般来说，这也是适用于任何一种菜品文化的原则性限定标准。所谓“外婆家”“妈妈味”的本土特征，它的食材、加工者、消费者都是“本土”的文化属性，许多菜品文化都是这样界定的。正是在这种意义上，我们习惯称“中国菜”“法国菜”“日本菜”“韩国菜”“泰国菜”，……就如同我们习惯称“上海菜”“北京菜”“苏州菜”“无锡菜”“杭帮菜”“绍兴菜”“山东菜”“粤菜”“川菜”等一样。然而，一种菜品文化一旦千里跋涉或漂洋过海落地风土人情颇为陌生的异国他乡，久而久之入乡随俗、血缘异化，它还是本土意义的“×国菜”吗?

很明显的事实是，这种侨居或移入式的菜品文化已经远离故土，既不是外婆家严格意义的“×国菜”，也不是侨居地的“×国菜”。这颇类似于英语交流语境中初相识的人会礼貌地询问对方What's your heritage?（您的祖籍是哪里）像美国这样的移民国家，或世界上许多多元文化国家，人们更注重的是族源、文化渊源等更深厚、更具决定意义的要素。对于既能保存深厚文化底蕴、牢固传统习俗，又有极强变化适应能力的中国菜来说，就更是如此。因此，比较文化认知与文化交流视域的“×国菜”，事实上去掉了“国”的概念预设，因为“国”只是菜品文化本土性指称意义的表述，并无严格的政治、版图的国别限定。这种语境下，“×国菜”只是某一类型菜品文化的指称，其实际意义则是“法兰西菜”“俄罗斯菜”“意大利菜”“中华菜”等，只是菜品文化的风格或类型。来自中国的菜品在日本餐饮市场家庭餐桌上成为与日本国菜品的和氏料理平分秋色的“中华料理”，日语表述不是“中国菜”。至于在英语世界，甚至更广泛的国际空间，世界各地的“中国菜”是被理解为来自中国的菜肴或食品，也就是它的根在中国，而非中国人吃的本土的“中国菜”就是它。因此，正是基于菜品文化属性和比较文化认知，本书命名为“中华菜论”而非“中国菜论”。为此，我们对“中华菜”的概念性理解是：“基于中国特产原料、传统烹饪方式与风味特色的菜品总称。以炒为主要代表烹饪方法的灵活多变，成品一般油多、味厚、即食，助食具的最佳选择是中华筷。”

一直以来不断有人建议我写一本“让外国人认识中国烹饪而又能指导中国人的‘中国菜’的书”，我回答：“中国有无数的烹饪大师，他们已经写了无数的菜谱。这汗牛充栋般的菜谱书足够依样描葫芦了。”是的，四十余年来，中国菜谱印刷物的种类与数量，真的可以说是浩如烟海，已经到了很难准确统计的程度了。始则餐饮企业、餐饮管理部门，继之职业教育机构与单位、烹饪爱好者，再继之职业厨师等，四十余年来中国菜谱编写、出版、销售已成伴行中国烹饪热不容轻视的出版现象。而且，长时间以来，我一直以为，这样的菜谱编写，以及烹饪文化的研究，理当由餐饮人来完成。五千年文明滋育，三千万餐饮人汇聚，蓄积的才智与创造力，可以说当今世界任何一个国家都无可比拟。袁枚（1716—1798）的《随园食单》、杨步伟（1889—1981）的《中国食谱》就是明证，然而袁、杨二氏又都非职业餐饮人。但是，在袁、杨之后，在食事研究领域，我们没有出现过可以比肩让·安泰尔姆·布里亚-萨瓦兰（Jean Anthelme Brillat-Savarin，1755—1826）、安托南·卡莱姆（Antonin Carême，1783—1833）、詹姆斯·比尔德（James Andrews Beard，1903—1985）、黄慧性（Hwang Hye-seong，1920—2006）、安东尼·伯尔顿（Anthony Bourdain，1956—2018）、艾伦·杜卡斯（Alain Ducasse，1956—）、迈克尔·波伦（Michael Pollan，1955—）、卡洛·佩特里奇（Carlo Petrini，1962—）等一类的人物，他们都是有卓越思想和不朽贡献的人。毫无疑问，如果没有这些人代表的精英餐饮人群体的创造性菜谱书撰写与烹饪学、餐饮文化学——食学独到研究，法餐、意餐、中餐、日餐、韩餐的享誉世界是不可想象的。世界上许多国家的菜品文化所以市场声誉响亮，与其相匹配的自然是菜谱书的同步引人注目。但是，造就这些民族和时代意义餐饮人精英的绝不是一般意义菜谱出版的品种与数量，支撑一个民族或一种文化食学辉煌的不会仅仅是一般意义菜谱的发行与流行。犹如埃及金字塔、中国万里长城、当今世界诸多地标式摩天大楼建筑一样，一个民族饮食的世界品味赢得，依赖的只能是饮食文化的深度和食学的高度。

比较世界食生产发展、食生活与食文化态势，我深怀惭痛，恒以中华民族食文化之厚重历史、光辉成就及近四十余年餐饮文化繁荣发展相较于世界，则自身思想深度、认知高度、研究成就显然不足匹配。我们三千万餐饮人天天在厨房、餐厅创造性地辛勤勠力，我们的各种传媒天天在高调弘扬中华烹饪、中国菜，为什么结果会如此事倍功半呢？2005年我曾向林则普（1931—2005）先生提出旨在推动中国烹饪事业发展的“餐饮人在读”学习建议，以后我也曾对中国餐饮业几家国字头行业协会决策者一再郑重强调。但是，正如业界所知，这些协会在竞争态势下关心的是各种名目展演、竞赛、评比、命名等活动，这样的活动更具新闻效应与商业利益。于是造成了国情体制下中国餐饮人群体文化特征的时代情态：艰难维持运营，忙乱应对活动，囿于虚荣和私利，不可避免的结果是时代餐饮文化深度探索的长久滞进，是社会食学思想高度的低迷。餐饮人读书意识淡薄，餐饮界乱象丛生，中国烹饪联合国申遗活动一再受阻等，都可以看作是逻辑关系的必然结果。

菜谱学是食学的结构内容，自然也在笔者食学思考的范围之中。笔者的《衍圣公府档案》菜品形态再现、中日邦交正常化30周年的“满汉全席”菜品的原真恢复、我创意并推动的《新概念菜谱》的编写，也都是同类性质作业的尝试。但是，至今我都是迹近清贫的书生，既无烹饪家的专业灶台实践，也愧无自操刀俎的居家条件；更远逊美食家的情趣与灵感，甚至不配时下网络语自嘲称谓的吃货，因为，胃口和欲望远远不如。故对执笔“中国菜”始终战战兢兢，谨慎如仪。

菜品文化、烹饪文化、餐饮文化，固都属于饮食文化范畴，也皆在食学研究视阈。笔者志业既在，责任所系，审时度势，终于动笔。惟持论必以民族社会利益为先，前瞻后顾，根据事实，直言不顾忌。《中华菜论》或亦不免，若果能以一家刍言助推思考深化，本愿足矣。凡批评意见，若立论不囿拘某业私利与行业意识，能取民族、社会之大义，则虽小及菜品而无疑有助益碌碌奔波之百姓大餐桌。

余大母贾姓讳晓贞，为人严苛、厚众望、博大爱，经大磨难而多巧能，人谓“刀子嘴豆腐心”词严心柔大善人。“大善人”是20世纪30—40年代卜奎（齐齐哈尔市）人送她老人家的雅号。大母心慧而手巧，凡所做事，皆令人服膺赞叹，世人眼中几无不能，经手靡不有精。女红如裁缝衣裤，纳鞋绣花，缝制皮袄，装老衣物；理家如居室设计规划，院落园圃打理；交际则礼尚往来，待人接物，无不令人赞羡敬仰。至于烹饪，尤令人瞠目惊奇：饺子、包子、饼皆形成工艺，豆包发面恰好，土豆丝洒落清水、捞取细数，几无任何两根异样；每逢造酱季左右邻里求教者众……余儿时曾闻长者对语：“这孩子挺精灵，谁家的?”“大善人陈老太太的孙子。”“难怪，陈老太太的孙子就是有精灵劲儿。”

大母之巧，人皆称道。唯其如此，故“目难容人”，颇为挑剔，能入其法眼者稀。伯母福生（乃订婚礼后大父所赐）性善而语讷，闺中女红亏教，竟遭大母强出。继伯母则相反，心忌苛而语刻薄：“老太太能，临死都能自己走去两半屯。”（两半屯系市区北远郊之大公墓。）继伯母系经特别人脉介绍“攀高”，新寡后入继，旋即以“老二两口子中意吃香，宝贝孙子，我们什么也赚受不着”，蛊惑伯父分家别居。大母遂了其意。大母有句口头禅：“什么叫‘不会’？不干就总不会，谁天生什么都会？用心干就会!”大母形象历历在目，大母话语刻骨铭心，“用心干就会!”总如鞭笞在背。先慈邢姓讳凤媛（亦是订婚礼后大父所赐），勤苦任劳，数米根柴、寸布尺线，维生艰难，对余最多爱顾。自体弱孩提时起，二老既对长孙、长子的我深怀厚望，又尽心竭力周全衣食。余之得活命、长知识、苟温饱，既至晚年，尤怀感惕，因以追怀。

2020年12月12日于杭州诚公斋囚居，2021年6月又识

目 录

三

菜谱学

插图目录

二　中国菜的地方性表述

三　菜谱学

四　中国菜品文化

六　中华菜在世界的发展历程

一 地域：菜品文化的根本属性

1. 认识“菜”字

《说文·艸部》：“菜，艸之可食者。从艸，采声。”“草之可食者”，是“菜”的最准确、形象、生动，因而也最权威的解释。段玉裁注：“此举形声包会意，古多以采为菜。”今日人们食用的“菜”基本都是人工栽培种植的植物，或准确说此类各种植物可食的叶、茎、根、实等部位。但在人类学会种植、栽培、驯育等农业与园艺之前，人们是直接向大自然索取的野生采摘获取方式。此即“古多以采为菜”的本义，即直接采摘自然生长的一切可食植物。周礼中的“君师”之礼有释菜、释奠、释币的区别，释奠是设荐俎馔酌而祭，有音乐而没有尸；释币即有事之前的告祭，以币（或帛）奠享；释菜则是以菜蔬设祭，为始立学堂或学子入学的仪节。释菜礼最初是入学的一项仪式，向德懿高望、学识卓异的先圣先师示意崇敬，用的就是野生植物的“菜”。“菜”就是“采”“艹”，就是用手采摘植物枝茎上的嫩叶。我国早在商周时就有官学的设置，周代礼制分国学和乡学两类：国学设于都城，称作辟雍和泮宫；乡学设于地方，称为庠、序。释奠“先圣先师”的礼仪，至周代而完备：“凡学，春，官释奠于其先师，秋冬亦如之。凡始立学者，必释奠于先圣先师。”[①]《小尔雅·广物》：“菜谓之蔬。”《论语·乡党》：“虽疏食菜羹，瓜祭祀，必齐如也。”《灵枢经·五味》：“五菜：葵甘，韭酸，藿咸，薤苦，葱辛。”陆游（1125—1210）《月下醉题》诗句：“闭门种菜英雄老，弹铗思鱼富贵迟。”[②]菜，即“蔬菜”。《礼记·王制》：“民无菜色。”如果没有足够的粮食果腹，腹中严重匮乏“油水”，长期只能依赖粗纤维的草过牛马不如的生活，百姓必然是营养状态很糟糕的“满脸菜色”。这个“菜色”的菜不是后来的“俗称肉食蔬食品概曰‘菜’。”北魏名士，西夏著姓胡叟，怀大才学而资生简陋，客造其家，叟短褐曳柴，从田归舍，为客“设浊酒蔬食，皆手自办集。其馆宇卑陋，园畴褊局，而饭菜精洁，醯酱调美。”[③]“饭菜”一词出现在15个世纪以前，并且一直习用至今：“于是交代酒家，叫了饭菜来，吃过了，一同仍到桃花坞去。”[④]需要指出的是，“饭菜”一词中的“菜”是不分荤、素，或荤、素兼有的概论、泛指。因为确指蔬菜食材语境的“菜”，一般称作“饭蔬”，如南朝宋傅亮《故安

---

① 礼记正义·文王世子第八：卷二十//阮元校刻．十三经注疏：下[M]．北京：中华书局，1980：1405.

② 陆游．月下醉题//钱仲联：剑南诗稿校注：二[M]．上海：上海古籍出版社，1985：596.

③ 魏收．魏书·胡叟传：卷五十二[M]．北京：中华书局，1974：1151-1152.

④ 吴趼人．二十年目睹之怪现状：第三十七回“说大话谬引同宗，写佳话偏留笑柄”[M]．成都：四川文艺出版社，1998：179.

成太守傅府君铭》："韦带饭蔬，朝不及夕。"唐李复言《续玄怪录·辛公平上仙》："来日必食于磁涧王氏，致饭蔬而多品。"宋陆游《山中作》诗句："烧香扫地病良已，饮水饭蔬身顿轻。"[①]"饭菜"又有"下饭的菜"之意，与宴会膳品结构中的"酒菜"——佐酒或行酒之肴相对称。"菜饭"则有两重含义：一是指没有动物性食材的素淡粗陋饭食，二是指以青菜等蔬菜和米烹制成的主食，后者又特指"菜泡饭"——蔬菜与米饭或米煮成的粥状食物。

2. 时下中国社会的"菜"义理解

时下中国社会对"菜"义的理解大致有几种含义：①"蔬菜"本义。②"饭菜"的菜肴之意。③某种语境下，特定单品或类别菜肴的地域风味与风格属性指称。④特定语境下，类别菜肴的地域风味与风格属性略称。⑤业界职业族群特定语境下区域风格"烹饪"或"餐饮"的指称。⑥网络流行语"我的菜"，隐喻"属于我的……""我钟爱的……"对应英语表达的"我的茶"（my cup of tea）。

3. "菜"的国际视阈

一个不容忽略的事实：比较世界各国餐饮文化，与欧美等国食思维方式餐桌"食品"国际语境意义的明显差异，中国更突显与侧重的则是"菜"，是中式传统烹饪方法制作出的与主食"饭"对应的各种菜肴。因为往往是伴酒而行的宴会之肴或享受生活的需要，中国餐饮"菜"的突出色彩或风格，对于国际视阈来说，是有史以来的，并且在20世纪80年代以后被进一步强化。先秦贵族大人的"食前方丈"[②]，汉代都城的"熟食偏列、肴施成市"[③]，李白《将进酒》讴歌的"烹羊宰牛且为乐"[④]，苏轼陶醉的"尝项上之一脔，嚼霜前之两螯"[⑤]，令人不禁指动涎垂的都是与"美酒"对应的"佳肴"。"看菜吃饭""看人下菜碟"，"菜"总是餐桌上的明星，"饭"只有在解饥果腹的意义上才是至关重要的。于是，无论钟鸣鼎食贵族，还是食不果腹贫民，中国人都无一例外看重"菜"。

由于汉语文在中国餐饮业界与社会大众食事生活中理解与表述的话语权，我们一般也就

---

① 陆游．山中作//钱仲联．剑南诗稿校注：二[M]．上海：上海古籍出版社，1985：964-965.

② 孟子注疏．尽心章句下：卷十四下[M]//阮元校刻．十三经注疏．北京：中华书局，1980：2779.

③ 桓宽．盐铁论·散不足第二十九//国学整理社辑．诸子集成：七[M]．北京：中华书局，1954：34.

④ 李太白全集：卷三（第一册）[M]．王琦，辑注．北京：中华书局，1957：231.

⑤ 苏轼．老饕赋//苏东坡全集：卷四十八[M]．北京：北京燕山出版社，2009：1202.

习惯自然地以自己理解的“菜”去对应域外异文化即无限广大意义“西方”的“菜”，于是错位与误解就不可避免地发生了。改革开放以来，社会方方面面持续造势、不断升温的“中国烹饪热”培育了餐饮人族群中深厚的“烹饪情结”。中国餐饮人对“烹饪”的理解，基本锁定在“菜”——菜品文化视阈，并进而不断碾压延展，碎缸入瓮，努力将其解读为特定语境下人类全部食生产、食生活、食文化的泛泛指代，但一般意义的通常使用则仅仅囿于“菜”形态及其制作的“烹饪”场域或空间。由此形成了“菜”——狭义的副食“菜肴”（不包括对应“菜”的“饭”）、“食物”——广义的主副食“食品”，“中国烹饪”（中国菜）、“世界烹调”或“外国料理”（主副食品），中外“烹饪文化”对比认知与解读的错位与歧义。三明治、比萨、汉堡、意大利面、南亚粿条、寿司、拌饭、奶酪等都是最具代表性的名食，但它们都不属于中国餐饮人行业语境严格意义的“菜”，甚至中国人世代嗜好习食的各种品牌包子、面条也都不被认为经典的“中国菜”。这是现时代中国餐饮文化的“中国特色”：历史上的餐饮人不明就里，不求甚解，因为没有这种必要，如同方言土语不出流行区外，厨业行帮内耳闻目睹，眼见肚明，基本没有方外与业外交流的需要；当代餐饮人也还没有生存技能之外的强烈知识需求；许多烹饪文化、餐饮文化、饮食文化爱好者尚热衷于醺醒心态的文化描述。食事史实与学理穷究的欠缺，使得饮食文化教学、食学研究的菜品文化表述为术语的含混、失范严重困扰。

当中国传媒、出版业界比照与对译语境下，泛泛讲“×国菜”“×国菜系”时，中国人注意到事实上是笼而统之的“饮食”“食物”，而非中国人理解的“菜”。当三明治、汉堡、寿司、鳗鱼饭、石锅拌饭、咖喱饭、河粉、法棍、列巴、牛肉面、海鲜饭等各种外国代表性食品充斥于中国各种媒体、现身全国各地餐饮市场时，中国餐饮人疑惑了：“外国没有菜系啊?”因为，这些都是中国人习惯理解的“饭”——主食种类。当基督教最初进入中国时，我们称之为“西方和尚”；也以中国的君臣仪礼称谓直译西方君主制度，差异文化的拙劣对译，往往不免谬传滑稽。这谬传滑稽之一，就是“料理”一词的滥用。料理一词，本是照顾、照料，安排、处理义，如《晋书·王徽之传》：“冲尝谓徽之曰：‘卿在府日久，比当相料理。’”[①]《宋书·吴喜传》：“处遇料理，反胜劳人。”[②]至于《齐民要术》则用其引申之整治、整理义：“榆生，共草俱长，未须料理。”[③]“蕺菹法：……若椀子奠，去蕺节，料理接奠，各在一边，令满。”“菘根榼菹法：……细缕切桔皮和之。料理，半奠之。”“熯菹法：……料理

① 房玄龄，等．晋书·王徽之传：卷八十[M]．北京：中华书局，1974：2103.

② 沈约．宋书·吴喜传：卷八十三[M]．北京：中华书局，1974：2118.

③ 贾思勰．齐民要术校释·种榆白杨法第四十六：卷第五[M]．缪启愉，校释．北京：农业出版社，1982：243.

令直，满奠之。”[①]料理一词的各种基本义引申，均为动词性，但日语汉字则动、名兼有，亦即汉语的“烹饪”“菜肴”或“食品”。日语汉字的“料理”一词无疑是源自《齐民要术》，清末民国时期日本大量移民进入中国，上海虹口聚居区的“日本料理店”一时兴起。21世纪以来，中国餐饮业除“日本料理”特色经营之外，一些省区餐饮店也率然以“××（省籍）料理”标牌招徕食客，不知者见怪不怪，既知者徒叹无奈。夸张标榜伟大“文化”的中国烹饪，自身文化却有太多的糊涂，却又一味自信而不自知、不自省。

① 贾思勰. 齐民要术校释·作菹藏生菜第八十八：卷第九[M]. 缪启愉，校释. 北京：农业出版社，1982：535.

二

中国菜的地方性表述

“中国菜”的文化历史研究与地域性理论表述，笔者40年前就有初步思考发表[1]，并且随着社会餐饮市场的动态迹象与菜品文化的纷纭万象不断有思考跟进，既往四十余年间的近四百篇食学论文多有相关论述。在《“名菜、工薪、绿色”印证大陆经营理念》中，关于改革开放以来中国烹饪、餐饮与饮食文化研究进程的“三个十年”“四个十年”阶段性概括等文章，都对此有明确界定。

中国饮食文化研究的历程经历过了四个历史阶段，20世纪80年代进入了第四个历史阶段。这第四个历史阶段是肇始于“烹饪”与“菜”研究文化热潮的。20世纪80—90年代以不计其数菜谱的编撰出版和厨师地位荣誉的累进提高为标志的中国烹饪“文化热”是举世瞩目的。其间，对各省籍地区或中心城市命名的传统菜谱的整理印行则是第一个十年的重要成果表征，伴行的是“烹饪研究”者对中国菜——千姿百态、各具特色的诸多地方性中国菜文化的热衷关注。由“菜”的关注起步，并一直注重于“菜”的思考和延展是第一个十年中国烹饪研究的中心与重点。围绕并强烈突出这个中心与重点的延展则是对传统烹饪技术的讴歌性赞美，对厨师的族群性崇誉，在“无论怎样弘扬都不过分”的一派“国粹”心态下，中国烹饪文化被神奇、神秘、神圣化了。“菜系”文化的热闹与乱象因之伴生，并且一直为区域行业利益、地方政绩所驱动，同时也得到区域社会大众的荣誉心理认同。国粹心态烹饪文化研究无疑与此互为表里，并且成为有力推手。导致20世纪80年代“中国烹饪文化热”有明显过分的行业、商业色彩，致使烹饪文化研究中的菜品文化表述不可避免地出现各种歧义。中国菜品文化歧义的理解，一直影响着业界心态，直至当下。

（一）“以地名菜”理论

1. 中国菜的大众口语表述

与许多菜品文化研究者的理解表述不同，社会大众对菜品文化是不究就里的“以地名菜”的口语表达。直观、明快是大众表达认知的日常口语习惯。而这看似“无知”和“非专业”的直观明快表达，恰恰正中鹄的，道出了菜品文化的根本属性——“靠山吃山，靠水吃水”的地域决定性。“一方水土一方人”，“菜”缘人出，“人”赖地生；“菜”——尤其是地

① 赵荣光．关于中国菜地方性的表述问题——“系”表述法的否定//赵荣光．中国饮食史论[M]．哈尔滨：黑龙江科学技术出版社，1990：72-94.

方风味小吃、特产特色类菜品更明显具有这种“当地”“本土”的原壤属性。东北人明快地称猪肉炖粉条、小鸡炖蘑菇、白肉血肠酸菜等为“东北菜”，山东百姓直白地称自己习食熟知的菜品为“山东菜”（鲁菜），人们也已经习知北京烤鸭是“北京菜”（京菜）的代表，老火靓汤是“粤菜”或“广州菜”“广东菜”，文昌鸡是“海南菜”（琼菜），西湖醋鱼、宋嫂鱼羹是“杭州菜”（杭帮菜），霉千张、梅菜扣肉是“绍兴菜”，牛锅是“潮汕菜”，如此等等。各地籍都是风俗习惯、传统延续的“以地名菜”。

2. 中国菜的学科术语界定

尽管20世纪60年代以后“餐饮”“烹饪”已经开始成为社会就业的职业技工岗前教育，有了学校、课堂、教材、考核等，但社会餐饮业厨师和服务员技能培训性质的知识传授，与理工科的食品学科教育不同，基本未及学理。“手工操作，经验把握”特征的中国烹饪被视为有学问可研究基本是20世纪80年代以后的事。20世纪80年代伊始，笔者最初以“饮食文化”指称食事行为与事象，知识界与闻者多感意外与不解。不解的根本原因在于中国学界或更广泛的知识界人多不认为“烹饪”——职业化的“烧菜做饭”有多少“文化”，人们习惯认为“文化”是高雅的，有难度的，是以文字知识积累与表述为主要衡量标准的。

改革开放后，中国大陆文化热中的业界烹饪、社会餐饮、大众食事文化热现象，只是被看作社会时潮、风气。1984年，笔者访问上海社会科学院历史所的知名学者吴德铎先生，吴先生就直言“烹饪是技术，不能称作‘文化’，就像制鞋、裁衣服等生活技能一样，都是技术。”

幼少时期的文字历史知识积累与理论逻辑训练，尤其是逐年渐次增长的阅读补益与社会问题思考，让笔者当时就对20世纪80年代中国烹饪骤兴热旺的“三神”（神圣、神秘、神奇）心态“弘扬”性研究秉持了冷静审视的态度。以“饮食文化”独树一帜审视思辨，是笔者一贯的学习方法。史料说明、史实考证、文化释读、社会现象解析，要的是基本的实事求是精神。尊重大众口语表述，经济、文化地理学审视，国际视野比较，让笔者采取“吾从民众”的大众习惯语“以地名菜”的表述方法，亦即将大众对区域菜品风味、风格的日常生活知识理解与信息口语表述予以科学归纳、学理化阐释。大众道其然，我们说明其所以然，所谓行同辙而明深意（图2-1）。

图2-1 “中国菜”艺术节暨陕菜国际美食文化节基调演讲中再次明确中国菜定义，西安，2019年5月9日

（二）“系”表述法

1.“系”说起源不早于20世纪70年代

笼统地把某一区域的菜品文化称为“菜系”，是20世纪70年代中期开始见诸文字，并逐渐流行直至时下的说法。中国财政经济出版社1975—1982年间相继出版的12本系列《中国菜谱》书的“概论”中较早地出现“菜系”字样（表2-1）。该系列菜谱分别是：北京、广东、浙江、安徽、山东、湖北、江苏、上海、湖南、四川、陕西、福建。值得注意的是：各分册菜谱的例行“概述”中并未将“菜系”一词作为统一的指称，其中，北京、广东、浙江、安徽、山东、江苏、湖南7省市将本区域菜品表述为“菜系”。而湖北、上海、四川、陕西、福建5省市在概述本区域菜品文化特征时并未采用“菜系”词语，其中上海用了习惯的“帮别”称谓。

表2-1 《中国菜谱》出版时间及区域菜品特征表述

《中国菜谱》分册	出版时间	"概述"中对本区域菜品文化特征表述
北京	1975年9月	"北京是我们伟大社会主义祖国的首都，也是历史上著名古都之一。由于它很早就是全国的政治、经济、文化中心，汉、满、蒙、回各族人民大量在此定居。长期以来，这些民族的劳动人民所创造的烹饪技术，在实践中互相交流，互相学习，取长补短，积累了丰富经验，逐渐发展成为主要由本地风味和原山东风味构成的北京菜系。"
广东	1976年10月	"当地广大劳动人民，在长期的生活实践中，不断积累和总结烹饪这些原料的丰富经验，创制出大批深受群众欢迎的菜肴，逐渐形成了一个以广州、潮州、东江三种地方菜为主体构成的广东菜系。……广东菜系的形成，有着悠久的历史。"
浙江	1977年5月	"当地劳动人民，在长期的生产和生活实践中，积极利用这些富饶的自然资源，创造出许多深受广大群众欢迎的菜肴，积累了丰富的烹饪经验，逐渐发展成为主要以杭州、宁波和绍兴三种风味为代表的地方菜系。杭州菜制作精细，变化较多，以爆、炒、烩、炸为主，清鲜脆爽，因时而异；宁波菜，以'鲜咸合一'，蒸、烤、炖海鲜见长，讲究鲜嫩软滑，注意保持原味；绍兴菜，擅长烹饪河鲜家禽，入口香酥绵糯，汤浓味重，富有乡村风味。"
安徽	1978年1月	"安徽的广大劳动人民，在长期的烹饪实践中，不断总结经验，逐渐形成了由皖南、沿江和沿淮三种地方风味构成的安徽菜系。"
山东	1978年8月	"长期形成的山东菜系，是以济南和胶东为主的地方菜组成。"
江苏	1979年2月	"当地劳动人民依靠自己的双手和聪明才智，陆续创制了一个以南京、扬州、苏州三种地方菜为主体的江苏菜系。"
湖南	1979年6月	"当地劳动人民利用本地富饶的资源，创造了多种多样的菜肴。经过长期烹饪实践，并吸收外地经验，逐步形成了以湘江流域、洞庭湖区和湘西山区三种地方风味为主的湖南菜系。"
湖北	1978年9月	"湖北菜制作精细，侧重'蒸''煨''炸''烧''炒'。"

续表

《中国菜谱》分册	出版时间	“概述”中对本区域菜品文化特征表述
上海	1979年10月	“上海位于祖国大陆海岸中部的长江口，是我国沿海南北航线的中枢和进出口贸易重要港口，也是我国的重要工业基地。在解放前，这里是经济比较发达的商埠，各地人员汇集，对饮食业带来多种要求，各地风味菜馆也相继来沪开业，竞相比较，发展成多种类型的菜馆，有京、广、川、扬、苏、锡、甬、杭、闽、徽、潮、湘，以及上海本地菜馆等十六个帮别，同时还有各式西菜、西点，使上海菜具有风味比较齐全，品种比较丰富的特点。”（注：此处没有使用“菜系”一词，而用习惯的“帮别”称谓。）
四川	1981年1月	“……均为川菜烹饪的主要原料。……这些得天独厚的特产，不但营养丰富，更是珍馐馔肴之上品，为川菜的形成和发展提供了特殊而优厚的物质基础。川菜的烹饪技艺历史悠久，源远流长。”
陕西	1981年10月	“这就充分说明，陕西菜肴源远流长，历史悠久。……一九三三年，陇海铁路通车西安，特别是抗日战争爆发后，这里成为抗战的大后方，西安也成为西北重镇，华北各地和江淮两岸的群众纷纷西迁，关中一带人口骤增，促进了商业的繁荣，饮食市场也相应发展，鲁、豫、淮扬各帮菜馆相继开业，给陕西菜肴在烹饪技术上以新的借鉴，在一定程度上掺入了鲁菜和淮扬菜的风味，这是陕西菜的新的变化和发展。陕西省在地形上的错综复杂，构成了陕北、关中、汉中三个地区的自然区划。由于气候、物产的不同，人民生活习惯各异，在烹饪风格上也分别形成三种不同的风味。关中菜是陕西菜的代表，在取料上以猪、羊肉为主，具有料重味浓，香肥酥烂的特点，而取料单一，滋味纯正又是陕西菜的独特风格。”
福建	1982年1月	“闽菜以烹制山珍海味而著称，其风味特点是清鲜、和醇、荤香、不腻。”

值得进一步思考的是，该套丛书系列酝酿时间颇早，其中北京、广州两分册初稿成于“文革”前，出版则自1975至1982年历时8年之久。各册的“概述”都是1975年当时的观念与表述方式。可以肯定的是，各分册“概论”文稿是该区域提供而经过出版社审定的。北京、广东、浙江、安徽、山东、江苏、湖南7省市分册使用了“菜系”一词，这显然是1981年始见最初解说“菜系”文章《中国的八大菜系》的资讯依据[1]。

---

[1] 罗剑．中国的八大菜系[J]，百科知识．1981，(7)：36-38.

湖北、上海、四川、陕西、福建5省市分册则不然。无论是否采用“菜系”词语表述，各分册还都习惯性地沿用“帮”“帮别”“地方风味”等术语，而且都无一例外地习惯性将各自省市区域菜品文化指称为“北京菜”“广东菜”“浙江菜”“安徽菜”“山东菜”“湖北菜”“江苏菜”“上海菜”“湖南菜”“四川菜”“陕西菜”“福建菜”，或略称为“粤菜”“鲁菜”“苏菜”“浙菜”“湘菜”“川菜”“闽菜”等，以及区域内更次级的“外帮菜”（外帮菜馆、各帮菜馆）、“地方菜”。总之，都是立足于菜品文化赖以生成、习俗、风格赖以维系的地域自然、经济、文化生态。

语言学知识和生活语词生息规律让我们知道，“菜系”一词的出现既不可能是20世纪70—80年代业界餐饮人——或其中某个“大师”（当时还远没有“大师”之说）的发明，也不会是所谓“历史上劳动人民烹饪实践的聪明创造”。在“大人政治”的文化传统中，人们习惯借助权威人物的嘴替自己说话，于是有闪烁其词的某位领导人“某次讲话”的“菜系”首创说。所以用闪烁其词来界定这种“国家领导人首创菜系”的说法，是因为持论者无法提供该领导人讲话的确凿文件或其他可信的文本依据，语焉不详的讲述就是给人一种“或许有”的错觉。但是，这种近乎杜撰的说法在历史学术思维视阈不会有期待的人云亦云的效果。人们知道，当代中国政治生活中，重要领导的指示性意见不能不评估其综合性效应，领导的重要讲话应当避免出现任何歧义或被误解的丝毫可能性。因此，某一特定词语进入领袖宣读的具有重要指导意义的讲话稿，一般应是规范熟语，新词则必须是具有正视听、严明义的不可替代性。显然，在20世纪70年代或更早的时间，中国大陆社会还不存在“菜系”一词在国家领导人重要讲话中出现的可能性。

“菜系”一词的术语特征及学理色彩，表明它最大的可能是被出版或报刊等媒体中的咬文嚼字“文化人”创造的。在创造伊始的20世纪70年代，“菜系”一词尽管颇具学科规范与学理典雅色彩，却仍然不被疲于灶房和餐厅事务的餐饮人重视。是《中国菜谱》的编辑者注意到了“菜系”一词的鲜明生动性，或者编辑者就是始作俑者。我们认为，如果“菜系”一词已经无异议地达成了业界共识，并获得了相应的话语表述空间，那么8年间间歇性出版的《中国菜谱》后续各册似应有所参照与遵循，尤其是在北京（1975.9）、广东（1976.10）两分册作为样式范本公开发行之后，甚至连1982年最后出版的福建分册都没有使用“菜系”一词。这似乎表明：“菜系”表述还没有取得主导的业界与社会话语空间，还很可能是出版社编辑人员的文人思考。而“概述”中没有出现“菜系”一词的各省市分册，也一定是原文稿没有采用，不可能是出版社审查定稿过程中的删除处理。至于“菜系”术语在持续的烹饪热中一度被演绎为地域菜品文化等级标志之后，一些研究者以三神心态的追溯重构，追加并强化了“菜系”语词的神秘色彩，则与原始路径并不同辙。

1983年11月，在北京人民大会堂隆重举行的“全国烹饪名师技术表演鉴定会”是中国烹饪热与“菜系”一词热眼的推动事件。1983年11月14日《人民日报》大版面刊登的《杰作——全国烹饪名师技术表演鉴定会侧记》一文[①]，即为明证。这次被称为“首届中国烹饪大赛”的全国规模的烹饪技艺表演活动是空前的，是中国改革开放以后烹饪文化热兴起的历史标志性事件，“菜系说”因之业界热议、社会流行。事实上，“菜系”一词初始，业界内外大多疑惑旁观，不知亦未究确解，因此才会有该日《人民日报》同时刊出的旨在引导人们认知的解读资料——“何为‘菜系’”，那是在作普及介绍，资讯依据则只能是中国财经出版社1975—1982年间相继出版的12本系列《中国菜谱》和其后的《中国的八大菜系》一文。

2.“×大菜系”说

因为“菜系”一词在理解与使用中的复杂因素，“×大菜系”的多种不同数目及不同指代的说法因之兴起。

（1）“×大菜系”说中最初的是“八大菜系”说，并且是流行至今的对中国地方菜品文化类别的泛称。“八大菜系”究竟涵盖哪几个省区，至今并没有确定无疑的结论性说法，当然也不可能有这样的说法。既往曾被分别指代鲁、川、粤、扬、浙、闽、湘、鄂；或鲁、川、粤、扬、闽、徽、京、沪；或鲁、川、粤、扬、闽、浙、徽、湘。

（2）“四大菜系”说，20世纪80—90年代也曾一度流行，同“八大菜系”说一样，也没有严格统一的说法。具体有：鲁、苏、川、粤[②]；京、川、扬、粤[③]；四川、广东、江苏、山东[④]；粤、川、鲁、苏[⑤]；川、鲁、粤、淮扬[⑥]；鲁、川、粤、苏[⑦]等。

（3）“五大菜系”说，北京、四川、山东、广东、淮扬[⑧]；鲁、淮扬、川、粤、西北[⑨]等。

（4）“九大菜系”说，一般是不被入围“八大菜系”省区业界菜品文化关注者的意见。一些餐饮人热望自身所在的省区也名列其中，颇有《水浒》中梁山泊强人排座次的愿望，希

① 邱原，张玉书．杰作——全国烹饪名师技术表演鉴定会侧记[N]．人民日报，1983-11-14.

② 鲁符．鲁菜概述[J]．中国烹饪，1985，（3）：16-18.

③ 陶文台．江苏名馔古今谈[M]．南宁：江苏人民出版社，1981.

④ 张舟．试论中国的菜系[J]．中国烹饪，1984，（5）：17-18.

⑤ 周武光．中国烹饪史简编[M]．广州：科学普及出版社广州分社，1984.

⑥ 熊四智．中国烹饪学概论[M]．成都：四川烹饪专科学校，1986.

⑦ 张廉明．灿烂的齐鲁饮食文化[J]．文史知识，1987，（10）.

⑧ 北京市第一服务局《烹调基础知识》编辑部．烹调基础知识[M]．北京：北京出版社，1981：3-5.

⑨ 师巩厍．何谓菜系[N]．中国商业报，1988-8-13.

望在“天罡地煞”名次之后跻身109把交椅，摆脱喽啰身份，进入首领层。如豫、滇、陕等一些省份就颇多愤愤不平而又时时跃跃欲试者。甚至一些市、县的党政领导在旅游开发、发展辖区经济、建设地方文化等的政策效益需求驱动下，也纷纷以中国“第九大菜系”标榜[①]。而近年来，影响力最大的应当说是内蒙古自治区餐饮人的努力，“蒙餐”的名号，而非“蒙菜”“内蒙菜”称谓，感觉到内蒙古自治区餐饮人是经过了一番颇动脑筋的思考与斟酌的。“蒙餐”概念耐人寻味，因为这一概念避开了业界及既往烹饪研究者的习惯思维，避免初始就被“菜系”的既模糊又严格的概念所质疑困扰。蒙餐，内蒙古地区餐饮文化？蒙古族饮食？此耶，彼耶？结果竟是：此亦是、彼亦是，不分彼此。内蒙古自治区餐饮与饭店行业协会组织区域内餐饮人对蒙餐做了系列化整理、总结，并做了“标准化”工作，以至于“中国第九大菜系——蒙餐”通过各种传媒与平台赫然叫响。摆出了一种信心满满自说自话的自信姿态，径直宣告，无须谁来批准，“八大菜系”被谁批准了？不都是叫响的吗？我有底气，我有力气，声气既成，人云亦云必然。

（5）“十大菜系”说：鲁、川、粤、扬、闽、徽、浙、京、沪[②]；粤、鲁、川、闽、赣、徽、扬、京、沪、苏[③]。近些年来，甚至一些主政的县级领导为了政绩也在着力将治下的“×菜”或“××菜”宣传为“第十大菜系”。

（6）“十二菜系”说：北京、山东、四川、广东、淮扬、浙江、福建、湖北、安徽、湖南、上海、天津[④]；北京、山东、四川、广东、江苏、浙江、福建、湖南、安徽、湖北、上海、少数民族[⑤]，等等。

我们注意到，几乎所有“菜系”讨论的参与者都是分属不同省市地籍的餐饮人。而且更耐人寻味的是，发表意见者籍属哪个省市就会极力弘扬本地区的菜文化，身在“四大菜系”区内就不认同“八大菜系”的存在，而且还会习惯地将自身所在区域的菜排序为第一位。至于主张“八大菜系”观点的人，则一般是“四大菜系”之外、“八大菜系”中有位。同理，“五大菜系”“十大菜系”“十二大菜系”的主张者通常也是力图争一把交椅坐下来的心态。于是，我们注意到，“菜系”问题讨论或争论的伊始，行业意识、区域利益的微妙影响就或隐或显地存在，以问题或学术讨论方式行寓利益名号之实，因此研究的理性与科学性就不可避免地打了折扣。

---

① 冀菜成为中国“第九大菜系”[N]. 燕赵都市报，2007-9-15：B8.

② 桃丹. 风味流派略识[J]. 中国烹饪，1984，（7）：8.

③ 周武光. 中国烹饪史简编[M]. 广州：科学普及出版社广州分社，1984.

④ 北京市第一服务局《烹调基础知识》编辑部. 烹调基础知识[M]. 北京：北京出版社，1981：3.

⑤ 苏学生. 中国烹饪[M]. 北京：中国展望出版社，1983.

因为各种传媒的关注和热衷，20世纪80年代，“菜系”一词开始被业界和大众社会泛泛使用，以至流行起来：“川菜是历史悠久、地方风味极为浓郁的菜系”[①]，“四川菜是中国主要菜系之一”[②]，“江苏烹饪源远流长，是我国主要菜系之一”[③]，“秦菜，是我国最古老的菜系之一”[④]，“闽菜是中国著名的菜系之一”[⑤]，“粤菜是我国较大的菜系之一”[⑥]，“豫菜是我国菜系之一”[⑦]，“辽菜，是经过在沈和来沈各种菜系的屡代烹饪大师长期切磋琢磨的结晶”[⑧]，“山东菜（简称鲁菜）历史悠久，是我国四大菜系（即鲁、苏、川、粤）之一”[⑨]，“湘菜是我国八大菜系之一”[⑩]，等等。“菜系”一词的使用热频之后，一些持论者开始对其释义。

3. “菜系”概念解

“菜系”一词成为热语之后，开始被烹饪文化研究者关注，解析文字相继见于当时以餐饮人为主体读者的《中国烹饪》等烹饪类印刷品上。诸如：“所谓菜系，是指在一定区域内，因物产、气候、历史条件、饮食习俗的不同，经过漫长历史的演变而形成的一整套自成体系的烹饪技艺，并被全国各地所承认的地方菜”[⑪]；“什么是菜系？顾名思义，菜系就是菜肴的体系。……一个大的菜系，包涵着丰富多彩的风味菜肴，而这些菜肴是由多种多样原材料，经过精湛的烹饪技艺制作出来的。……菜系就是在原料选择上、烹饪技艺上、花色品种上具有各自的特殊风格”[⑫]；“菜系的含义是什么？谓众多地方菜中地方特色最浓郁的风味菜肴体系也。……以有别于其他地方的独特的烹饪方法，有特殊的调味品和调味手段，有众多的烹饪原料为菜系的重要标志。并以有从简到繁、从低到高、从小吃到大菜、从大众菜肴到筵席菜肴等一系列风味菜式，和省外甚至国外公认的影响为菜肴的客观尺度。……其主要因素：有丰富的物产；有悠久历史的传统饮食习俗；烹饪术的广泛普及和有一大批精于烹饪的技术

① 熊四智．川菜菜系形成初期的历史概述[J]．中国烹饪，1983，（1）：10-11.
② 王利器．四川菜在香港[J]．中国烹饪，1983，（1）：5-6.
③ 文台．江苏地方风味略识[J]．中国烹饪，1983，（7）：3-4.
④ 光军，骥平．秦菜的回顾与前瞻[J]．中国烹饪，1983，（10）：4-6.
⑤ 王林．闽菜浅说[J]．中国烹饪，1983，（8）：5-6.
⑥ 李秀松．略谈粤菜的形成和发展[J]．中国烹饪，1983，（11）：5-7.
⑦ 孙福臻．追本溯源话豫菜[J]．中国烹饪，1984，（4）：5-6.
⑧ 鄂世镛．辽菜与满族食俗[J]．中国烹饪，1984，（11）：11-13.
⑨ 鲁符．鲁菜概述[J]．中国烹饪，1985，（3）：16-18.
⑩ 康濯．愿湘菜奋飞[J]．中国烹饪，1988，（3）：3-4.
⑪ 张舟．试论中国的“菜系”[J]．中国烹饪，1984，（5）：17-18.
⑫ 杜世中．也谈中国的菜系[J]．中国烹饪，1985，（1）：9-10.

人才；有一定数量和规模的本菜系的风味餐馆；烹饪文化相对地较发达。……真正可以称之为菜系者，长江下游的淮扬菜，岭南地区的粤菜，长江上游的川菜，黄河流域的鲁菜，是不会发生争议的。无论从菜系的标志，客观尺度或者形成因素来考察，都能证明他们被称之为菜系是当之无愧的”①。

文论者都认为技艺风格、品种数量、地方风味是构成某一“菜系”的三个要点。其中，张舟强调的核心是“烹饪技艺”，要点是“被全国各地所承认”；杜世中主张原料选择、烹饪技艺、花色品种的特殊风格；熊四智则认为中国只有“四大菜系”，因此限定条件比较多：“重要标志”是“独特的烹饪方法”“特殊调味品和调味手段”“众多的烹饪原料”；“客观尺度”有系列复杂的“风味菜式”、国内外“公认的影响”；“主要因素”则是“丰富的物产”“悠久的传统饮食习俗”“烹饪技术的广泛普及”“有一大批精于烹饪的技术人才”“一定数量和规模的本菜系的风味餐馆”“烹饪文化相对地比较发达”。上述是主张“菜系”为“体系”说的代表意见。此外，也有将“菜系”解释为“体系”的同时又释为“系列化”者：“菜系，中国烹饪的风味流派，系指品类齐全、特色鲜明、在全国有较高声望的系列化菜种，如鲁菜、苏菜、川菜、粤菜、中国清真菜、素菜等。”②

笔者作为烹饪热以来菜品文化的最早审视思考者，自然成了“菜系”词义的最早辨析者，主张的是“以地名菜”，即在菜品文化区域内整体风格的认定与不同区域风格的区别意义上理解与使用。笔者曾在当时的黑龙江商学院（现哈尔滨商业大学）的“中国饮食文化史”必修课上开过“菜系讨论”的专题讲座。学员是来自全国各省市的餐饮业界从教或准从教人员，以及各类学习班的从业人员，地域分布广泛涵盖除香港、澳门、西藏、台湾等地区的全国各省区。作为“新中国第一所商业大学”的黑龙江商学院位于黑龙江省的哈尔滨市，也就是说，菜品文化地域或饮食文化区域既不在“四大菜系”指代行政区划，也与“八大菜系”的地域覆盖无缘。每次开场白，我都会说：“诸君是来自中国各省市的学员，我们学的是‘中国饮食史’‘中国饮食文化’，我是食学研究的‘中国派’‘中华民族派’。”“我讲的是‘中国菜’，我的餐饮文化思考秉持的是‘尊重师傅，支持徒弟’的原则。”所以有这样的导语性说明，是因为业界餐饮人已经整体热衷“中华烹饪世界第一”的理念与人云亦云习惯，全国近千数的初级、中级，甚至高级烹饪餐饮专业的学员更是专诸各区域代表性菜品知识的理解掌握。而在课堂上，各地的主讲教员都会习惯性地主讲“四大菜系”“八大菜系”的逸闻历史、市井故事、菜品技艺，“菜系”所在区划内的学校尤其是如此。各“菜系”之

① 熊四智. 中国烹饪学概论[M]. 成都：四川烹饪专科学校，1986.

② 陈光新. 菜系教学中的一些尝试[J]. 烹饪教育，1989,（3）.

间或各区域间菜品文化的高低优劣比较思维的存在是人们心知肚明的。其时，作为覃学有素的陈耀崑先生就曾问过笔者“哪个‘菜系’最能代表‘中国菜’?”这样的尬问。陈先生曾是西南联大历史专业学生,《中国烹饪》杂志20世纪80年代的资深编委，事实上也是其时该编辑部的真正的学术意见终结者。陈先生所以有此问，反映的正是许多研究者、撰稿人的倾向性疑问。

鉴于人们大多是只知其然而不知其所以然人云亦云的认知状态，笔者20世纪80年代在课堂上对“菜系”一词做了“系列”“系统”“体系”三种选项的词义解读。

（1）**系列解** 依照辞书的释义，“系列”是“指相互关联的成组成套的事物或现象。”“系列化”是指“对规格复杂、作用相同的工业产品，加以选择、定型、归类的一项技术措施。”相互关联，而且要“成组成套”，强调了诸多事物间的同与通的属性，至于点明为“技术措施”，则是抓住了实质。即是说，“系列化”体现的是人的主观意愿。很显然，任何事物经过人的意向选择归类后都可以表现出某种“系列化”的特点。但是，作为烹饪学、饮食文化学或食学的专业性术语，理应明确其概念的科学严密性，应当揭示和表述事物的内在本质和客观属性，用“系列化”来归纳和口语表述中国菜的某种特定地域属性固无不可。

（2）**系统解** 辞书解释“系统”的本义是“血统世系”，为“自成体系的组织；相同或相类的事物按一定的秩序和内部联系组合而成的整体。”引申为“始终一贯的条理；有条不紊的顺序。”“机体内部能够共同完成一种或几种生理功能而组成的多个器官的总称。”显然，尽管某一区域内出现并长久流行的若干菜品的集群可能具有选材、调味、工艺，乃至制作与消费上的“区域风格”共性或近似性，用“系统”的词义予以概括和表述流动多变状态的菜品文化未免差强。

（3）**体系解** “体系”一词的辞书释义：“若干有关事物或思想意识互相联系而构成的一个整体。”一定时空下的菜品文化可称“群体”并非“整体”，可作群体认知，难能整体概括。这样看来，“菜系”一词的系列、系统、体系三种词义选项的解释都名实不符，分寸失当，都不能很准确地表述其词义。

那么，“菜系”的涵义究竟是什么呢？最早的阐释是“对烹调技术的研究，饮食原料的选择，主副食的搭配，食品的营养成分”，注重的是“选料、调味和火候”[①]。报道1983年第一届全国烹饪大赛活动的《人民日报》上的一则资料说：“在原料的选择和切配上必须有其特殊的要求，烹饪技艺上形成独特的风格，菜肴的品种要达到一定数量，并带有某一浓厚

---

① 罗剑. 中国的八大菜系[J]. 百科知识，1981,（7）：36.

的风味。”[①]这篇没有署名的贴士小资料应当是该日《人民日报》全国烹饪名师技术表演鉴定会“侧记”撰稿记者采访业界管理人士而成，因此具有业界人士认知色彩。刊出这样一则资料，目的是帮助大众阅读，引导读者对中国菜品文化的认识，是旨在释疑、启蒙和普及。但是，中国各省市，甚至更次级区划县的菜品也无一例外都具备这些要素，都是这样一些特点。事实上，原料、切配、技艺、风味、数量这样一些指标，也同时应当是世界上任何一种类型菜品文化集群鉴定的要素。

比较一下既往各省市区域菜品文化讨论者的文章，就不难发现，在表述各“菜系”文化特征时，都会无一例外强调原料的广泛、技艺的精湛、调味的独特……而这是“中国菜”品文化大集群的共性特征。结果必然是菜品文化认知上的难分彼此。这种彼此难分现象也与各地厨师与餐饮人向“四大菜系”“八大菜系”模仿性学习的结果互为表里，必然是思考者一片惊讶的“中国菜系大乱”，必然是许多厨师家门无属、路数不清的尬境，“系”的迷乱导致“迷宗”说法的出现。餐饮界菜品文化的“迷宗”之说，起始不无自嘲与调侃意味，待其热议，则渐具江湖名号义，于是伴随“大师情结”发酵。其背景与实质是：伴随着地籍餐饮市场与企业间竞争的日趋激烈，20世纪90年代伊始，地域性特征菜品快速越界经营，省籍间菜品文化渗透影响，使得餐饮人文本上获得的“菜系”认知混乱。他们获得的“菜系”知识无法适应餐饮市场的纷纭现实，陷入无所依从的乱码状态。“迷宗”之说口传、标榜，意为包容万家，另居各系之外甚至高踞各系之上，既是对自己路数疑问的回应，亦是自高门户的标榜。“迷宗”一词在世纪之交的中国大陆是新派剑侠武打文学与影视支撑的大众习知热语，餐饮人是两者的拥趸受众，于是信手拈来。这一借用，犹如民国以下的甲鱼炖鸡（不一定是母鸡）一品菜，被经营者命名为“霸王别姬”一样，在命名者以为灵犀妙作，其实照猫画虎，愚不可及。这道民国时期的菜，所以命名为“霸王别姬”，是因为“霸王别姬”是梅派经典剧目，世人皆知，且霸王别姬故事深有民间基础。这道菜的营养价值、味道等品鉴标准与结果如何姑且无论，作为取材而论的大菜品种，与婚、寿、喜、娱、庆等宴会气氛不相和谐。因为“霸王别姬”的故事情节与场面、寓意，都是悲壮、血煞、死亡。这品菜名，笔者在40年前的课堂上就作为菜名文化的案例解析过。因此，在菜系“迷宗”说乍起之际，笔者就指出其系理念而非理论，或可菜品指称，难能技艺独到。

“菜系大乱”，既是餐饮市场发展势所必然的昭昭现实，也是烹饪文化或菜品文化研究者认知不可回避的铮铮事实。各省市区域菜品文化研究者都倾向性强调本地菜品“味兼南北”的广泛适用性与超越性，食材选取没有了地域限制，时令限制也已经因冷链长送、交通

---

① 我国的菜系[N]. 人民日报，1983-11-14：5.

快递的科技进步近乎为零，加上消费人群全国性流动的市场特征，那么各地区间菜品风格的加速趋同就注定势在必行。于是，在求解不得而又久惑不解情态下，人们萌生了“本来无解”的下意识，于是有“中国烹饪模糊性”的观点表述。“中国烹饪模糊性”疑问的由来，始自传统菜谱对于调料使用的“少许”表述。笔者20世纪80年代初就将中华传统烹饪或中国菜制作概括为“手工操作，经验把握”八个字，20世纪中国菜谱对主料以外的食材——包括主料、配料、调料等诸般原料的用量描述往往是“适量”“少许”，尤其是表述盐、料酒、醋、糖、味精、葱、姜、蒜、高汤、芡汁等用量时，大多如此。这种表述，在吃归吃、做归做，厨师做好飨客，食客吃好走人的食客与厨师很少交集的时代文化与餐饮市场情态下，久已习惯成自然。但是，当“烹饪”走进全国无数各级学校教育的课堂，当人类的饮食行为和大众社会饮食生活开始被作为学问研究时，太多的“少许”“适量”就必然成为疑问：“少许”少到何种程度？“适量”的量究竟是多少？人们都会理所当然地希望得到尽可能准确的答案。

烹饪既然被称为科学——准确说是寓有科学，就应当有严格量化的准确数据与规范程序手段，否则就是缺乏科学或不科学。但是，手工操作、经验把握的中国菜制作，缺少的恰恰是数据的明确和程序的严格。烹饪，作为食材向食物转变的形态与特性理化过程，其中固有质定与规律，有其科学内在，但绝非任何烹饪行为皆科学。因此，泛谈、侈谈“烹饪是科学”，江湖气太重，是王婆卖瓜式的自嗨，持论本身就科学有亏。烹饪，究其本质而言，首先和根本属于加工技术，而技术的要求就是准确与效率，不容许模糊和马虎。“菜系”一词无法涵盖这样的内容，“菜系”只是区域菜品集群最典型文化特征的标识，因为“菜系”一词本身就是模糊指称菜品文化区域特征的。因此，无论持论者如何“故震高深”（陈耀崑先生语）地力图将“菜系”一词诠释为科学，却总是让人感到吴刚斫桂、西西弗斯推石的效果，最终也没有超越百姓以地名菜口语表述的层面。因此，这种“模糊性”操作与消费意识，在离开业界与坊间语境就没有了生存空间：学校教育要求专业知识科学准确，教材编写必须正确规范。于是，“模糊论”必然陷入自身思维和社会认知的“糊涂”窘境，难免螃蟹爬滩、蜣螂推粪的横行逆进的自缚郁闷。当然，“模糊论”也有其认识的阶段性意义，同时从一侧面佐证了一些人热衷的“菜系说”的捉襟见肘，不仅见证了其理论的薄弱，同时印证了其社会实践的负效应。

（三）“帮”的传统表示法

近代以前，中国人对菜品风味、风格的区别，主要着眼于地域，这是唐宋以来城市餐饮业发达的结果。中心城市的发展，不断吸纳了五湖四海地籍的人口，社会餐饮供求关系随之同步进展，不同地域的食材、餐饮业者汇聚中心城市。于是，在较大的中心城市，往往有多种不同地籍人经营的食摊、酒馆、饭店纷纷错落，它们被以“帮”或“帮口”予以区别，业主也要以地籍区域风味标榜。因“帮”之名主要在于区别不同地区的肴品及其口味，故才又常常称某某“帮口”。以“帮”名菜的流行开来，大略在清末民初，并一直流行于20世纪50—70年代。这种称谓的出现，或这种区别的必要，正是饮食商业历史发展的结果。因为在一个都会（尤其是通都大邑）往往是楼、馆、堂、店鳞次栉比、星罗棋布，经营者、烹调技工也都是来自“五湖四海”，为适应不同地籍及口味的需要，当然也为了商业竞争的需要，便各以地方风味来标榜特色、招徕顾客。于是，区别和标识不同地方风味的特定称谓便应运而生了，这颇有《水浒》中“无号不响”的意味，闯江湖、跑码头，少不得耸人听闻的绰号，一如今天撩拨意味的广告词和网红雷语的效应追求。这种特定称谓的历史选择就是“帮”，用“帮”来表义，而非用其他的字词，这又要从都市文化和封建都市商业经济发展中去寻找原因。

明中叶以后，随着城市手工业、商业的发展，行会制度也随同发展。行会制度起源于唐代，发展于宋、元，而转化于明、清。不同的行业有不同的“行”，“市肆谓之行者，因官府科索而得此名，不以其物大小，但合充用者，皆置为行，……内亦有不当行而借名之者，如酒行、食饭行是也。”①就是说，官府为了管理诸工百业以达到“科索”目的，便规置于行，命之为“行”。故商行，手工业行以及其他各种职业均可称之为某某“行”。而许多商业和手工业行中又有不少的“帮”。“帮”的形成或者因操业者的经营品类，或因利益集团，或地籍相同而成。“行”“帮”一般说来有涵义广狭之分，但其本义都是可以相同的，故又可称为“行帮”。“帮”是一种行业性和地方性比较强的组织机构，它的封建性和封闭性很强。手工业的行帮一般都有较严密的组织和帮规，帮规严格地规定店东与帮工、客师间相应承担的义务，限定的工资水平，学徒制度，原料的分配，产品的规格、质量、价格，作坊开设的地点、数目；为保障本帮的利益还禁止城镇外手工业商品的输入和贩卖等。此外行帮也往往

① 耐得翁. 都城纪胜·诸行[M]. 北京：中国商业出版社，1982：4.

是迎神、祭祀、公益救济事业的主体，并有承应官府保证征役、征物的作用。商业因其变化和流动等特点，组织和帮规相对则比较松弛些，商人也自由得多。商业行帮主要是保障本行帮人的利益，规定同帮行业中人的权利和义务，独占行业的经营等。史料大量有载，如《武冈铜店条规》："盖闻百工店肆，各有规矩，……我行铜艺居是帮者，不下数十家，期间带徒弟、雇工者，每多争竞，较长计短，致费周旋。爰集同行，商议条规，约束人心，咸归无事，庶几和气洽，而业斯安也。"[①]《长沙京刀店条规，乾隆三十一年》："外来客师，本城未曾帮作者，新起炉造作，出银六两正。"[②]等。商业行帮的组织，除同一都市的同业商人之外，埠外某一地的商人也组织团体。一般说来在同一都市中有共同利害关系的商人（甚至包括异职业者在内）都组织行帮，以起到保护成员利益的作用。于是便有各类帮会的存在，如药材商人的"药帮"，船舶业者的"船帮"，以及盐、当、米、木、花布等均各有"帮"。清代的行帮较明又有发展，表现在"帮"数量增多，并且以地方性色彩为其突出特点。所以清代的"帮"，首先便代表某些经营者的地籍特点。"帮"几乎成了"区域性"的代名词了。

"帮"的这种表示经营者"区域性"特征的含义，大概是进入清中叶以后才逐渐明确的。从清初至清末的一些考据及小学大家知名学者的著述都没有反映出这种词语涵义的变化。编成于民国初年（1915年）的我国字典中收单字最多的一部字典——《中华大字典》方释其一义云："旧时业联之称，如茶行曰茶帮，丝业曰丝帮。"也没有明确释及表区域性之义。但这表区域之义，却是事实存在的。如清中叶苏州文人沈复的《浮生六记》有文：沈复到广州，"于是同出靖海门，下小艇……妓船名'花艇'皆对头分排，中留水巷以通大艇往来。每帮约一二十号横木绑定以防海风。""一友曰：'湖帮妆束如仙，可往一游。'至其帮，排舟亦如沙面。""靖海门对渡者扬帮，皆吴妆。君往，必有合意者。""所谓扬帮者，……系来自扬州；余皆湖广江西人也。""因至扬帮，对面两排仅十余艇。"又与沈复同时稍后的《蜃楼志》一书也记广州一地妓女成云，因地籍而称为诸"帮"："这扬帮、湖帮、银珠街、珠充里，沙面的大山花艇，都是我爹爹管的……"又一叫作岱云的嫖客对一个年还不过十二三岁的雏妓阿巧说道："好孩子，你是哪一帮的，记得多曲子？"阿巧回答说："小的是城内大塘街居住，还没有上帮。"书中"哪一帮"和"还没有上帮"的问答，表明"帮"同时是业界内部的管理机制。成书于民国五年的《清稗类钞》记叙清代妓女时，也称为"帮"：南帮、北帮、上海帮、粤帮、广州帮、苏帮、扬帮、湖帮、京帮、湖南帮、本地帮、鲁帮、晋帮等[③]。这里的"帮"，显然已经不全同于商业的"帮"，而侧重于表地籍，即所谓"何方人氏"，或何

① 彭泽益. 中国近代手工业史资料1840—1949第2卷[M]. 北京：生活·读书·新知三联书店，1957：35.

② 彭泽益. 中国近代手工业史资料1840—1949第1卷[M]. 北京：生活·读书·新知三联书店，1957：179.

③ 徐珂. 清稗类钞：第一一册 娼妓类[M]. 北京：中华书局，1984：5149-5246.

种地籍系统之义。民国时，封建社会里工商业的旧“帮规”已经大变化了，但“帮”之称谓仍然沿用，却是只指“地域性”了，“禹卿本来长于推销，对于北方客帮素极稔熟，如营口、烟台、天津各帮坐庄均有交谊。”[①]

显然，“帮”之用来表菜的地域性，就是在上述大的历史背景下出现的。但如前所述，“菜帮”的说法大约不会早于清末。因为此前的饮食文化著述似均未录及。值得注意的一个现象是与“帮”的说法约略同时，也有直接以地名菜的说法存在着。如成书于清末民初时《孽海花》一书（该书第一回发表于1903年，最后一回发表于1930年）的第二回讲道：上海的饭店，“京菜有同兴、同新，徽菜也有新新楼、复新园。若英法大餐，则杏花楼、同香楼、一品香、一家春，尚不曾请教过。”书中并没有提“帮”，而直以地名相称，这在当时也是比较通俗习常的。这种说法，无疑是远承两宋时便出现的商品与商业者地区标识的习俗源头。可以说，与“帮”说存在的同时，直接以地名菜的说法也同时存在着。随着清末及民国都市，主要是沪、穗、宁、京、津等开埠的大商业城市饮食业的繁荣，使“菜帮”之说流行了起来了，它鲜明标志了某个店馆的地区性特征及其特有的区域性口味——“帮口”。因为各地区饮食文化发展的越来越鲜明的特异性已经不能再用诸如宋代的“南食店”“北食店”或“川食店”一类的称谓来做更确切的表达了。明清期历史时代区域性经济文化的发展，也同时使该区域内的饮食文化得到相应发展。这种饮食文化发展的区域性特点和风格，无疑需要有一个能更好地反映它们自身的概念来表述。如上所述，历史的选择之一就是“帮”。饮食业既属于手工业，也属于商业，是典型的以服务为特征的手工业与商业的结合型。

应当说“帮”的菜品文化地域属性、族群习尚的表述是生动准确的，是其历史的必然性了。但这种历史的必然性并非永久的合理性，它所带有的旧制度下的隐约胎记，以及随着“行帮”的消失和人们对“行帮意识”与“行帮习气”的排斥心理，使得它在意识形态的新中国很勉强，但是在抑制消费的阶段，“菜帮”尽管已经是不和谐饮食业时代发展的表述，却因烹饪或“饮食文化”还没有被社会重视，也还没有新的表述词语出现。

可以说，以“帮”来表述菜品风味区域性文化特征，是民国时代流行词，如：“伦敦的中国菜馆，以广帮为最多，北方和苏式馆子绝少，以探花楼为最老，上海楼，香港楼，大世界生意最兴隆，”[②]尔后，是在世界潮流的文化热中的中国大陆改革开放，是中国大陆社会餐饮业的井喷式繁荣兴旺，“烹饪”开始被作为各种传媒热语的“国粹”大众意识的大力弘扬，一个新的概念——“菜系”开始流行了。“系”的说法既显得高雅、严肃，也有“犹抱琵琶

---

① 荣漱仁. 我家经营面粉工业的回忆. 中国人民政治协商会议全国委员会文史资料研究委员会编. 工商史料2[M]，北京：文史资料出版社，1981：44.

② 徐钟珮. 伦敦的中国菜馆[J]. 一四七画报，1948，（7）：14.

半遮面”的三分玄幻感，比称“帮”，甚至直接直白地呼为“×菜”显得“文化”得多了。它给人以庄重、厚重的感觉，没有了“帮”所留有的单纯“行业”和“技术”气息，开始有了“文化”“艺术”的意味了。总之，在“帮”的称谓逐渐弱化，连行业中人都对它没有亲切感时，“帮”指称菜品文化区域身份的话语权就逐渐淡化了。

但是，“系”并没有完全取代“帮”曾经的话语空间。直至20世纪80年代以前从业的餐饮人还是习惯自然地直白呼“×菜”或沿袭“帮”的表述法，而且至今依然。在既往的近四十年间，笔者访问过包括台湾、西藏、新疆、香港、澳门等在内的全国各省、市、区，甚至许多地、市、县级的餐饮业界行业协会，在向各地业界无数资深餐饮人求教中注意到，长年、“老派”餐饮人习惯了传统的表述法，比如，云南、贵州、四川一带年长些的餐饮人就习惯指称江浙一带菜品为“下江帮”；陕西、甘肃、宁夏、青海、新疆等西北地区指称中原、沿海一带风味菜品为“内地帮”；南、北两方业界遥相指称则习惯是“北方帮”“南方帮”。至今上海人还是习惯“帮”的口语表述，如说：“老正兴本帮菜”“德兴馆本帮菜”“老饭店本帮菜”“三林本帮菜”。

不同地籍业界人士议论之际，大多不经意流露对被指称方菜品文化的某种不屑。这种不屑，不是一般意义的个人修养，而是中国历史上手工业者行帮习气浸淫至今的业界特点。如：昆明一位曾在中国香港、缅甸业界闯出名气的欧姓面点名师在30多年前我与诸位滇籍名厨的座谈会上直率地说：“下江帮的活讲究精细，上海菜有名的都是外帮菜。北京没有自己的菜，也就是一只烤鸭。”有1983年第一届中国烹饪大赛“点心状元”之称的沪上名厨G女士这样对我说：“西北帮没有叫得响的菜，羊肉泡馍上不了宴会，过去是乞丐饭啊！”诸如此类的业间评议，或者不能用一句“同行是冤家”的俗谚轻率了结。在访谈中，没有个人的观点倾向，对整个业界表示充分理解与足够尊重，是我明确的原则恪守与风格把持，内心深处的思考与判断不会让被采访者揣度。我当然不会轻率附和，严禁褒贬臧否。我必须时时警惕被人不加限定地“赵教授说……”就如同打开网络发现的“赵荣光教授认为……”“赵荣光教授说……”并且还都明确指称我的某本具体书目，给人一种不容置疑的感觉。其实，许多都不是我的“认为”，也不是我在“说”，至少我根本不是那样认为、那样说的。我可以真名实姓、确切语境地准确再现场景细节，只是不得已隐讳注明，敬请读者信实，绝非杜撰。

总之，“帮”的称谓仍在，并且还是在笔者手里更加响亮光大了起来，那就是“中国杭帮菜博物馆”广泛影响力的结果。为了西湖景区向联合国申遗的需要，“杭帮菜博物馆”成了系统工程的预设。博物馆展陈文本出自笔者之手，尽管最终展现仍有许多违背设计文本之处，但杭州市民是满意的，国内外的反响是充分肯定的。“杭帮菜”的概念是项目决策者——时任杭州市委书记W的意见，这位对杭州菜品文化情有独钟的强势领导已经习惯了

"杭帮菜"的表述。因此，当我的"中国杭州菜博物馆"意见在市委决策会议上出现时，W书记显然不认同我这个"专家"的"杭菜"表述，他说："我看'杭帮菜'的提法也挺好的。"与会的C市长漫应："还是尊重专家的意见吧。"最后的结果当然只能是领导说了算，也就是一律"尊重领导意见"。但"中国"二字是我坚持的结果，如同我坚持的"中国饮食文化研究所""中国箸文化研究所""中国箸文化博物馆""中国酱文化博物馆"等设计理念一样。结果是"中国杭帮菜博物馆"成功了，"杭帮菜"叫得更响了。馆陈菜模依据样品制作组负责人、博物馆荣誉馆长胡忠英大师（另一位荣誉馆长是笔者）经常感慨说："中国杭帮菜博物馆让杭帮菜世界知名了。"也许这正应了某位资深烹饪文化研究者所说："用帮别代替菜系也许更合理、更科学。"①

（四）"地""帮""系"表述法的影响

1. 助力"中国烹饪热"

无论是以地名菜的"×菜"表述，还是传统的"帮"，以及后起的"系"说，都无异在助力"中国烹饪热"。分歧、讨论和分别使用，都在宣传和宣扬中国烹饪，都在为中国菜文化张目。无论是"系"表述法，还是"×菜"的直白指称，在持续的中国烹饪热、中国饮食文化热中被越来越多的人使用，这一持续扩衍的过程就是中国烹饪文化、饮食文化、菜品文化资讯的传播，就是大众层面知识的普及。关于"菜系"的源起，除了本人略加考证之外，其他持论者基本是揣测：菜系是"20世纪70年代才出现的名称"②；"近20年出现"的③；"菜系一词，乃20世纪50年代始出现的烹饪词语。"④而前引《人民日报》1983年11月14日那篇未曾署名的短文则说："近20年，才出现'菜系'的提法。"我们前引的中国财政经济出版社20世纪70年代中后期出版的《中国菜谱》丛书已经有了一些省市以"菜系"表述的字样。迄今所见资讯可知，"菜系"一词的出现没有早于20世纪70年代之前的文献依据，因此人们的揣测时段倾向性为"近20年"，也就是不早于20世纪60年代前。至于确定为"20世纪50年代"的

---

① 邵建华．菜系之我见[J]．中国烹饪，1984，（12）：16-17.

② 桃丹．风味流派略识[J]．中国烹饪，1984，（7）：8-9.

③ 杜世中．也谈中国的菜系[J]．中国烹饪，1985，（1）：9.

④ 熊四智．中国烹饪学概论[M]．成都：四川烹饪专科学校，1986.

说法，显系出自标榜“独家”之说的心理，正如其文章“(《清史稿》)”的习惯性文献注明法一样，只能在技校烹饪文化课堂上“故作高深”（陈耀崑先生讥刺语），没有任何严肃的学术意义。

2. “菜系”说的局限

实践已经证明“菜系”表述法有明显的负效应，使用的谨慎与辨析仍然必要。“菜系”一词的流行，在于其菜品文化地域性指代的简洁明快，人们的理解与使用也是基于此；一旦超越了地域性指代而被作为“地域饮食文化”过度诠释时，“菜系”就形同榨干了的柠檬、咀嚼无味了的橄榄，持论者总不免语焉不详，捉襟见肘。

（1）**表意模糊** 前面我们已经预作讨论，指出用“系”字表述菜品区域集群文化属性不免牵强。因为，“系”字的牵连、条贯、联缀、约束等涵义，以及系统等引申义，加之于“菜”有些张冠李戴的感觉，不是为菜品文化的量体裁衣。系统是自成体系的组织，是相同或相类事物按一定秩序和内部联系结成的有机整体。某一饮食文化区域的菜，是该文化系统的“构件”，它非其全部机体，故不宜称其自身为“系统”“系列”或“体系”。尤其是将“菜系”释为“体系”的说法，科学严密性更显不足，与“手工操作，经验把握”的即时性消费的“菜”的属性不匹配。我们知道，“体系”一词的意义为：“若干有关事物互相联系互相制约而构成的一个整体。”有关事物，互相联系，互相制约，一个有机整体，是四个分层要点。而某一区域菜品集群的文化特征，似乎只近乎“有关事物”与“互相联系”两点。至于“互相制约”“一个有机整体”两层关系则基本不存在。需要指出的是，筵式格局与宴间的菜品搭配并非区域内菜品之间的互相联系，而是人为设计；菜肴搭配是宴席或膳食设计者的主观意识与选择——只与他依据的知识与经验有关，而非菜肴彼此之间存在“一个有机整体”，并无彼此之间“互相制约”的作用。勉强有之，亦是人为设计的松弛群体。“理论体系”“语言体系”“工业体系”，凡称之为“体系”，都有严格的质的规定和要求，有很强的内在规律和规范制约，它们内部联系与制约是不能易置和随意打破的。既成其为体系，就绝不是低层次和简单的排列和组合，“体系”不允许主观随意性的存在。它不仅在理论上是严密和严格的，在实践中也是适宜和顺通的。并非任何稍有某些“共同性”的事物都可称为一个体系的。如同不能把有两只脚的动物都称为“人”一样，有生命的物也并不全属于动物。尽管人们一般都注意到某一区域的菜（无论其肴品有多少种，也不论某几品或某些品菜肴有多么久远的历史传闻）在口味上（这是最根本的一点）有何种程度的共同性（这是需要认真研究的），我们只看到其间的某种“互相联系”，而实在不好讲它们彼此之间的“互相制约”。它们在原料、工艺、习俗等方面固然可以找到某些相同或相近之处，即勉强属于“有关事物”，然而不好说存在什么内在的制约与纲系机制。因而也说不上是“一个整体”，最多也只是“群体”而已。就是说，从理论上讲，一个地区的菜肴本身没有像某学科或学术、理论门类，以及内部制约机制很强的事物群那样，可以自成其为客观实在的体系，当然也就不宜称之为“体系”。这样，我们就发现“菜系”之“系”为“体系”之说有问题了。“菜系”的准确含义究竟是什么？人们一直有疑问，而持论者的解答并不令疑问者满意。

（2）**释义过度放大** 作为一种区域饮食文化组成部分的地方性肴馔，无疑能某种程度地反映该区域文化的一些特征。作为“文化”构件的“菜”，它在一定程度上反映所在文化系统的某种或某些特性与风格。对中国菜品文化的历史与现实认知，让我们注意到有“原料选取的广泛性、肴馔制作的灵活性、进食选择的多样性、区域风格的历史延续性和各区域间交流的通融性”的“五大特征”。其中前三点和第五点都是“开放性”的，都是各区域间共有的。即便是第四点，即“区域风格的历史延续性”，也是在不间断的开放性的相互影响中存在和演化的。这些特点的形成，不仅由于中国各地可供撷取的食物原料极其丰富（地产有平原、山林，水产有湖、河、海洋；气候有亚热直至寒温，且领属广袤、类型齐全），也由于中国人基于生存发展需要的开拓精神，而且更基于人类饮食生活的充饥、营养、享受的本能要求。故实用、适用是基本特征，是其出发点和归宿。许多讨论菜品文化或更多使用“菜系”语词的人，都不同程度地注意到了菜品文化的地方区域性问题，所谓“×菜系”“××菜系”或“×菜”“××菜”，也都还有地域性观照的因素在内，不过，就此深入科学探索的人却很少见。

（3）**“菜系”释义过度放大的症结** “菜系”的“体系”阐释者，刻意将“菜系”一词意义无限放大，放大到包括指代地域的烹饪文化、餐饮文化、饮食文化，甚至成为地域文化的指代。所以如此刻意放大“菜系”的意义包含，是基于对“中国烹饪”的痴迷性理念，将烹饪文化理解为中华文化的集萃，并在内心深处隐约完成“烹饪文化”→“菜系”→“烹饪”→“菜”→“烹饪者”的递次转换，是厨师历史崇高地位的直言缅怀与现实地位提升的隐隐期待。为此某位餐饮文化撰稿者在20世纪80年代晚期扬州的一份刊物上撰文赞美历史上厨师职爵荣誉的同时，建议成立直属于国务院的部级“烹饪食品”行政机构。他的另一个同道坚持认为人类社会根本不存在“饮食文化”而只有“烹饪文化”观点的文章在《中国食品报》堂皇刊出。诸如此类观点的秉持者往往标榜自己的“烹饪世家”传统，强势表白独有的“烹饪情结”。于是，“菜系”约等于“烹饪”，对烹饪的痴迷执着，转化为对“菜系”的钟情赞美，其深层就是“烹饪”与“烹饪者”的“艺术家”心慰情结。

伴随着中国社会烹饪热文化情态一直以来的是各种形态演绎不断升温扩散的“烹饪大师

热”，当代中国社会已然成势的“烹饪大师现象”是无可置疑的文化存在：服饰标配、行为方式、习气特征、表达习惯、谈吐口气、惯用语词、肢体语言、志趣爱好、社交身份、交流方式，等等，都有鲜明的族群性、时代性特征。“烹饪大师现象”首先是“烹饪大师”社会族群的存在，但其所以能成为“现象”，是因为社会政治文化滋育促长的结果。政府政策的认可支持与“烹饪大师外延族群”的能量发挥是两个有力的支撑点，前者保证社会政治舞台空间，后者拓展社会文化生活空间。所谓“烹饪大师外延族群”的存在与影响力发挥也是当今时代的不争事实存在，即以“大师”为核心搭建的多级层次、庞大网络化的“师徒关系”利益人脉关系。“烹饪大师外延族群”形成了遍布全国的一个个事实上存在的隐形社团，组织、章法、行为都是明确的。而且各“烹饪大师外延族群”彼此间会声气相求、和谐呼应，交谊与交易二者交相存在。长期以来，“烹饪大师外延族群”的存在与机制作用发挥，对社会餐饮业态的影响是显而易见的。“烹饪大师现象”的社会影响，不仅仅在族群之中和业界之内，早在中国烹饪热的初期，笔者就予以敏锐关注。如同17世纪中叶满族入主中原之后的族群文化再造一样[①]，20世纪80年代以来的40年间，中国“烹饪”概念和“厨师”族群完成了从丑小鸭向白天鹅的涅槃突变，40年跨越了4000年的历史路程。

今天的社会餐饮人厨师族群，已经再也不能与历史上勤行卑微苦役相提并论。“烹饪大师现象”的社会影响是复杂的，从正面去思考，不容忽视的是：人格自尊、能力自强、事业自立的人数越来越多，代际更替的结果是重知识、冀成功、敏探索、锐进取结构成分不断上升，中国厨师族群正在整体消磨文化低、习气俗的旧时代行业烙印。一个值得特别注意的现象是：烹饪大师族群中烟、酒、茶鉴赏性嗜好者甚众，收藏、书法、绘画等文物艺术爱好者越来越多，社会“精致”成员辈出。在“书法家书法”流行的当代，“厨师书法家、雕刻家、绘画家”终将形成群落，成时代中国的社会文化现象。“烹饪大师”与“烹饪大师外延族群”正是“菜系说”的社会基础，尽管这一基础是错综复杂的。这让人们有了一种中国烹饪拜物心态的感觉，为了弘扬，“烹饪”与“菜系”都被无限张大抬高。甚至哲学家近乎戏谑的别有寓意之语“西方文化（特别是近代美国式的文化）可说是男女文化，而中国则是一种饮食文化”[②]，也竟然成了“中国文化”等于“饮食文化”等于“烹饪文化”等于“菜系”的逻辑演绎。

业界烹饪教育者习惯在课堂上这样影响判断力还很有限的青年，他（她）们许多都是期待美好就业前途的充满幻觉式理想的青年。这些撰文施教者有如此意识与认识，并且畅意淋

---

① 赵荣光. 满族食文化变迁与满汉全席问题研究[M]. 哈尔滨：黑龙江人民出版社，1996.

② 张起钧. 烹调原理[M]. 北京：中国商业出版社，1985.

漓地弘扬宣传，在20世纪末中国文化热时代情态下，不足为怪。问题是其影响力之大，社会土壤接受力之强，令人不能不沉思。当笔者指出应当注意科学界定这种“烹饪”无限宽泛性，强调“饮食文化”更具内涵并应当涵盖其加工方式——烹饪时，有学者竟然持异议[①]。“菜系”词义在使用中被刻意无限放大的结果是表意混乱与引发歧义，如：“菜系”既然讲的是“菜”，那么主食的“饭”是何位置？中国餐饮业中传统烹饪的分工有“红案”“白案”之分，那是勤行手工行业的认知、思维、表述特征，红案——烧菜，肉材为贵、为主，肉料多红色，以“红”指代；白案——小麦粉主料，质地白色，以“白”指代。就如同蒙语的乌兰伊德——红色的食——肉食，查干依德——白色的食——奶类制品。我的各种全国性学员的课堂上，就一再有白案学员“菜系只讲菜，‘点心’主食怎么算?”的疑惑。更重要的是，作为饮食文化重要组成部分的“饮”——“茶文化”“酒文化”等，就很难在“菜系”中囊括，菜品文化研究的烹饪专家、学者几乎没有人对此置喙。人们知道社会上有“川酒云烟”的说法，四川的白（蒸馏）酒，云南的香烟，都很有名，有国内名，也有国际名。中国黄酒许多省区都有国际知名的传统品牌与悠久浓厚的酿饮文化。云南茶、福建茶、浙江茶、安徽茶等诸多省区的茶都非常有名，这一切都无法在“菜系”的思维中适当表述。即便有几款如所谓“龙井虾仁”“抹茶糕点”一类的烹饪食品，也是勉为其难。至于“王老吉”“乌龙茶”之类的饮料则是工业化食品，与传统烹饪更近乎风马牛——即便都是四脚牲畜，都是食草动物。

40年前，笔者有“饮食文化圈”的观点，用以表述饮食文化的区域性：“由于地域（最主要的）、民族、习俗乃至宗教等原因，历史地形成的不同风格的饮食文化类型，即可称之为饮食文化圈。”[②]我们理解，一定自然地理特征（因而决定它食物原料的种类、数量及饮食习性等）的地域是个基本点，是个客观的因素。这是一个以一定地域为载体的生态系统，系统中的承受力和制约力，具有很强的作用和影响。而民族和习俗，则是主体方面的。这个主体同时也是生态系统中的一个环节，既要受系统的制约，又同时给系统以巨大影响。事实上，也可以理解为相互依存、影响的两个系统：自然地理生态系统和社会文化生态系统。两个系统合成为一种文化场域，是该种文化生成、繁衍、扩散的地域依托。所谓“历史形成”，则是前两者结合运动的时空状态、过程以及结果。“饮食文化圈”本身是个物质和精神交互作用的文化动态过程。它是历史地产生的，是历史区域性经济、文化相对封闭状态下的产物，并从而形成特定的历史文化形态。一个区域性饮食文化圈，与周围及其他饮食文化圈的关系是交互影响的。随着封闭的逐渐打破和交流的日趋频繁，封闭因素以及封闭因素造

---

① 赵荣光．也谈有关“中国烹饪史”问题的几点想法//赵荣光．中国饮食史论[M]．哈尔滨：黑龙江科学技术出版社，1990：63-71.

② 赵荣光．中华民族饮食文化圈[N]．黑龙江日报，1986-8-24.

成的陈陋和保守成分无疑将逐渐淡化。择优进化是个基本趋势。但这个基本趋势并不是呈直线和平稳趋同的。而是一个同化、异化的不间断的优化过程。在这个不断进化趋同的基本运行态势中，彼时的旧的个性特征（相对而言）被此时新的个性特征代替（一般是缓慢的量变）。

总之，它总要以新的个性面貌出现。不存在永远保持不变的区域性传统；也难以想象有那么一天，整个地球上的所有人类会采取无差异的一种固定不变的“地球人类饮食文化模式”。那么，作为区域性饮食文化圈或饮食文化系统中重要组成部分的地方菜，也无疑是处于动态过程中的。如前所述，尤其是作为人们直接物质消费的菜肴，它要受到物的方面（传统食材的新利用、新原料的引进，工具和工艺的改进等）和精神方面（人的心理、修养、习性、认识、要求等）多种变化因素的影响，不变的菜品文化的“体系”是难以寻求的。一定要用“体系”来表示某一或某些地方菜，其结果恐怕只能是欲扬却抑，“种下龙种，收获跳蚤”，违背倡说者初衷。这样做，易于使某一“菜系”中的操艺者和研究者固步自封、僵化思想，不利于革新和进步。

（4）**名分利益之争**　“菜系”一词的流行使用，与首倡者的初衷大相径庭，本来一个用来表述区域菜品文化特征的词语，竟然成了名分高下争夺的工具，行业意识，区域利益，驱动了不同区域间餐饮人的意气之争。“菜系”的热起来，大半同持论者的“在系”有关。积极主张“四大菜系”的一般是在四“系”之中，他们关于“体系”的标准也就“严格”得多，因为中国古人很早就知道“物以稀为贵”的道理。或者十分强调“悠久的历史”（“历史”是无法攀比也无法赶超的，“天增岁月，人增寿”，待到你也“悠久”了时，他岂不更悠久了吗?）；或者强调“省外甚至国外公认的影响”（这不过是某种程度的时限性影响或媒体资讯）；或者强调一定历史间内的影响或实力，总之是不乏理由的。主张“八系”或“十系”以至于更多系的人，多半也是有资格“在×系”，哪怕第一百〇八把交椅，也算得上是“首领”，而不是“小的们”了。这似乎让人们体味到一种隐约的排他性。1986年，笔者在商业部吉林烹饪师训班上谈到这个问题时，来自西安的已经颇有业界名气的学员李奉恭曾说：“赵先生否定‘菜系’的说法，我们认为很有道理，我们陕西菜不被承认，陕西烹饪界不认同现在的‘菜系’说。但恐怕‘在系’的厨师和写文章的那些人都不会同意。”我回答说：“你的这说法是有道理的。因为，在这个学术问题的背后有许多非学术的制约因素，很可能还有一个区域或‘行帮’的利益在发挥作用。”

（5）**约束“系”内餐饮人的创造性思维**　菜系的某些研究者，尤其是区域内业界餐饮人对自身所在区域菜品文化的研究，往往是先设定其高大上的品位，先确定其为“系”，随之把它当作“系”去研究，千方百计堆积、拼凑组合它的“体系”。而挖空心思的结果，最多造成了儿童智力积木的结构，到头来还是无法唤出“体系”的灵魂。所谓研究，主要不是在客观和科学地探索其固有之蕴奥，以期揭示其本质属性，而是以朝山许愿者的心情，希望自己心中的“体系”存在，并用种种迷离的解释使自己不怀疑这种存在。封闭，向后看，自高其值，混淆了学问研究与业主市场营销的界限，结果是中国烹饪与菜品文化的“弘扬”跌落成了武大郎走街串巷的炊饼叫卖。

20世纪80年代以后的20多年间，许多省区的菜品文化就被自设的“菜系”框架与菜品定格“标准”所束缚，一度束缚了新一代厨师的创造性思维，他们被要求必须尊重服从当时的“特级厨师”——后来的“烹饪大师”们的认知与套路，否则就是“不正宗”。不断从学校里走出来的新的厨师们在课堂上是被如此灌输的，更重要的是难以自立的新餐饮人的思维与行为会自觉不自觉地被业界不断扭曲强化的“师徒关系”机制所驱使。许多大师制度性、帮会化建构“师徒”利益关系网络，甚者至于代际重玄，数百数千成伙。而效颦体育竞技评判对菜品评价估分亦“89.95分”之类令人骇然，当事者却丝毫不以为意，尽管这些人基本腹中无书，亦无读书之力。所幸，对于此种乖戾，时下中国餐饮人大都心知肚明，且多诽议不取。

有了相当话语权的大师一般会安逸于被尊崇的地位，他们大多是20世纪中叶以前从业的餐饮人，长久的辛勤积累，使得其中不少人获得了许多从业经验和熟练独到的技艺。那时的勤行，既无文化知识的从业要求，也似乎不需要文化滋养自己的一技在手，师徒口手相传，始于效颦学步，久之心领神会，习惯成自然。改革开放之初，他们的经验理所当然地受到了业界、社会、政府的珍视，荣誉与尊重、利益就自然相继而来。但是这些开始进入“安享晚年”状态的老餐饮人们文化提高的自觉性并没有增强，社会似乎也没有预示他们有这种必要性。有“中国第一个烹饪教授”之称的W不仅没有任何学历，也毕生没有读过一本书，因为他既没有足够的阅读能力，也没有基本的兴趣。他在厨师班课堂上讲课是没有教案，也无须任何章法的。他会说：“文化不重要，会烧菜就行。”尽管他事实上没有正规的厨师经历也并不会烧菜。笔者这样讲是对历史的尊重，知道这位教授的人，听过他“讲课”或讲话的人，有一些还健在，他们会印证笔者讲的是信实。也许，这位烹饪教授的例子过于特殊，但是“烹饪教授”不是一个人，意识与观念影响则要大得多。被尊崇起来了的大师的观念、形象事实上有力地影响了后来餐饮人的思维与行为方式却是不容忽视的史实。大师们的尊崇要更多地高祭自己的师傅，于是向后看成了相当一段时间餐饮人的思维习惯。

（6）有碍菜品文化健康发展 严苛的“菜系”论，不符合中国菜众多区域性类型与不同级次地域风格存在的客观事实，不符合各饮食文化区域均有长久历史和相对发达的饮食文化的现实。一定区域内肴品数量的多少，也不应作为是否拥有“菜系”称谓的绝对制约条件，重要的是区域风格历史和现实的客观存在。民族有大小、族群有多少、习俗流被有广狭，每个区域内都有自己一定数量的传统的地方特色菜肴。“菜系说”轻视了这一点或者为了强调“在系”的高层次，便把它们称之为“体系”等级之下的“流派”或更低一级的所谓“风味”，岂不知任何档次或等级的“系”中的菜在大众理解也不过是一种风味而已。20世纪与21世纪之交餐饮业全国范围悄然兴起的“农家菜”“山里菜”“工薪族消费”，以及“土猪”“土（笨）鸡”“本（笨）鸭”等“土风”，事实上是消费者通过市场对卖家“正宗”的质疑反馈，这种反馈促使经营者顺应越来越大众化了的市场需求，变化的不仅仅是价位，更主要的是菜式，“创新菜”成为业界时潮。“菜系”禁锢事实上被打破了，于是“食道大乱”“迷宗泛起”[①]。

（7）“菜系”的负面影响仍在 尽管强调“系”的确立与否要依据他人或某种外在力量“承认”的前提这一观点已经失去了约束力，但是其潜在影响仍在。20世纪末，山西省的一份烹饪刊物《烹调知识》就刊登过该省研究者的一篇文章称“山西省没有菜系”。至今，许多餐饮人也在疑惑中：“我们省籍的菜能叫‘菜系’吗?”“××省的菜够‘菜系’吗?”“×××的菜也能叫‘第×大菜系’吗?”笔者时常听到这样的询问和疑问。“菜系”观念仍然如魔咒一般影响着许多餐饮人的思维。不利于区域间和民族间的正常文化交流。目前流行的“菜系说”，恐怕多少在事实上有这样的消极影响。忽视了区域文化总体风貌的研究，似乎一个区域的饮食文化，只是由一些菜肴的罗列而成；把饮食文化和烹饪文化的研究缩小、局限于“菜”的狭小空间，既不利于“体系”中的交流，也不利于各地区域间的互补共进。因为“菜系说”不可避免地要引起内部的较量和争夺，于是出现了谁是本“系”“正宗”的争论。“正宗”是佛家语，讲的是嫡传正派，这就不可免地要回到“行帮”中去，去搬出师父、师父的师父……，结果陷入复古、守旧的怪圈中去。“菜系说”衍出的“正宗”争议，还曾一度出现“谁是中国菜正宗?”这样问鼎轻重的趋势。有人似乎已经不满足三十六天罡位次，要试第一把虎皮金交椅了。诚若是，则危害将不限于本“体系”，更危及“烹调王国”之冠了。

事实上，相地而生，因时、因地、因人而异，与时俱进，这样一些生存特征，决定以满足人们基本生理需求为主要社会功能的菜品文化不具有“正宗”与否的属性。既然菜品文化是特定食生产、食生活区域的产物，其一切要素都是区域的物产、区域的历史、区域的文化、区域的工艺的决定，那就直称“×菜”，岂不更好？20世纪80年代，《中国烹饪》杂志发了10余期地方菜专辑，便直称“川菜”“闽菜”“秦菜”“粤菜”“豫菜”“鲁菜”等。许

---

① 唐振常．所谓八大菜系[M]．饔飧集，沈阳：辽宁教育出版社，1995.

多研究者也持比较审慎的研究态度，如史学工作者便只呼“辽菜”[1]，吉林菜的研究者也回避“系”的说法[2]，天津菜的研究者以及其他许多菜品文化的撰稿人，都是这样的基本态度[3]。还要提及的，是许多外国汉学家和海外华人的研究，也很少有“菜系说”的。因此，我们认为，如果一般地以地名菜，则可起到避免“系”说的弊病，是有利而无弊的。既然“系”并没有给我们带来新的实质内容，反而给我们中国菜文化研究的理论和实践带来了不必要的混乱和麻烦，以科学态度认知与谨慎使用“菜系”一词就是研究者不可轻忽的责任了[4]。

近年来，再引起餐饮人“菜系”思维关注的，主要是内蒙古自治区“蒙餐——中国第九大菜系”的持续宣传和中国烹饪协会主办的冠以“向世界发布中国菜”的“2018郑州”“2019西安”两次隆重省籍菜品文化推介活动。内蒙古自治区质量和标准化研究院、内蒙古自治区餐饮与饭店行业协会编著的《蒙餐：中国第九大菜系》对“蒙餐”的概念界定与解释是：“在继承和创新传统蒙古族饮食的基础上，融合内蒙古各民族的饮食习俗，以内蒙古草原牛羊肉、奶食及制品为代表的动植物食材为主要原料，以烧、烤、蒸、煮、涮、焖、烙为主要烹饪技法，吸收全国各地菜系的原辅调料和烹饪技法，结合蒙古族膳食礼仪，形成具有内蒙古民族饮食特点的餐饮体系。”[5]有趣的是，概念解释为“蒙餐是餐饮体系”，而书名则是“蒙餐是菜系”。应当说，“蒙餐是餐饮体系”的解读要比“蒙餐是菜系”的表述更好，尽管两者都是同义反复，若古汉语的“××者，××也”语式。但是，阅读者对“蒙餐是餐饮体系”语句的理解，一般会止于“蒙餐”是蒙古族或内蒙古地区饮食文化元素的简略泛称，其合理性的支撑是：任何一个族群庞大、历史文化影响深远的民族，任何一块自然与人文特征明显的地域，都理所当然地有其“×餐”，更何况蒙古族这样伟大的民族，内蒙古地区这样典型的草原文化区，这两点意义不仅是中国独特的，而且具有世界视阈的典型意义。但“蒙餐是菜系”则不同，并称“蒙餐是餐饮体系”“蒙餐是菜系”，则表意即是“餐饮体系”等于“菜系”，而事实上二者并非是全等的关系，充其量是意义近似词而非完全可以无差别语境理解与使用的同义词。毫无疑问，说“蒙餐”就是“蒙菜”，无论如何不能避免异议和歧义。《蒙餐：中国第九大菜系》是模糊二者差异混同使用的，这也正是编写者内心纠结与执拗持论，是在有意回避餐饮文化体系与菜品文化体系二者寓意并不能完全等同的困扰事实。但是，该

---

① 鄂世镛. 辽菜与满族饮食[J]. 中国烹饪，1984，(11).

② 吉林菜的形成、发展及其特色[J]. 中国烹饪，1986，(9).

③ 王诚博. 天津菜的形成、发展及其特色[J]. 中国烹饪，1987，(12).

④ 赵荣光. 关于“菜系说”否定问题的答复函//赵荣光. 赵荣光食文化论集[M]. 哈尔滨：黑龙江人民出版社，1995：634-653.

⑤ 内蒙古自治区标准化院，内蒙古自治区餐饮与饭店行业协会编著. 蒙餐——中国第九大菜系：“蒙餐标准体系表”[S]. 北京：中国质检出版社，中国标准出版社，2018：356.

书着意突出的还是“蒙餐”，正如长时间以来地区餐饮人习惯表述的那样。这大概也是内蒙古餐饮人以“蒙餐”而不用“蒙菜”标的本地区饮食文化的独到见地，因为“蒙餐”相对“蒙菜”的表述更加包容平和：既是蒙古族的，也是内蒙古地区的；既是餐饮的，也是菜品的。这事实上是时下业界漫泛使用“菜系”词语笼统指代区域菜品文化、烹饪文化、餐饮文化，乃至饮食文化的习惯自然现象。

（五）菜品文化与城市重心地位

1. 菜品文化

菜品文化，是一种族群习尚的社会性食生活特征，是某一特定文化区域餐饮业界特色经营及区域内大众广泛认知、经久习尚的菜品风味、风格的图像与意象。我们将其界定为：“具有相对固定模式且流行较广范围、较长时间的菜品或菜品集群体现的，所属族群的时空文化特征。”[①]一道道菜品是由一个个具体的制作者——职业厨师与中馈主理者完成的，而集群特征的菜品文化，则主要是吃出来的，是由无数代、无数量消费者的嘴巴鉴定的记忆积淀、口碑风传成就的。任何一种有重大和长久影响的菜品文化都是以特定的中心城市为依托的，中心城市是一定历史时空生态中菜品文化生存运行的重心。也就是说，没有中心城市，就不会有什么菜品文化，菜品文化是商业行为发展的结果。从这种意义上也可以说：菜品文化属于厨师，传统菜品属于“外婆”。

2. 中心城市

没有中心城市就不可能有一个地域规模性菜品文化的形成与发展。中心城市就是一片饮食文化的场域，我们界定其为“饮食文化场”：“催生促进社会餐饮生活发展各种文化形态的中心城市生存机制空间。”[②]中心城市可大可小，有了这种汇聚四远经济要素、活跃商业行

① 赵荣光．历史演进视野下的东北菜品文化//郑昌江．中国东北菜全集[M]．哈尔滨：黑龙江科学技术出版社，2007.

② 赵荣光．中国菜品文化研究的误识、误区与饮食文化场——再谈“菜系”术语的理解与使用[R]．“中国（博山）餐饮创新发展论坛”特邀主题演讲，2018-11-11.

为的地域单元，食材、食物的买卖行为得以实行，社会食生产、大众食生活的活跃延展得以实现。

3. 烹饪“艺术”说与菜品“正宗”论

当我们认识了菜品文化与中心城市的关系，知道了菜品本质是商品，而且是以满足口福、果腹为目的的即时性的商品，我们也就能正确理解烹饪或简捷说“菜品”艺术的特征了。烹饪的艺术是烹饪者的创意艺术，是技艺过程中的行为艺术，是菜品形态艺术（包括美器映衬）。20世纪80年代的课堂上，在阐述中华食学的“十美原则”或饮食文化的“十美风格”时，笔者就明确指出菜品文化的美学或艺术的灵魂是“饱口福，振食欲”六个字。菜品的形态美是靓眼的，同时也是凄婉的，犹如电光石火，朝露一灿，美是为了吸引消费。因此，菜品美是为了毁，以美促毁。菜品的美，尤其是中餐菜品的美，不容延时，出勺→盛盘→上桌→动筷子，即时销毁——享受即是销毁，如同娇美矫健的非洲草原瞪羚竭力逃脱猎豹追捕短暂博弈间的视觉感受，如同镁带燃烧的光灿一刻。与其他任何艺术品的仔细揣摩、用心把玩、延时供赏、长久珍存属性不同，菜品的艺术是商品的实用性，亦即其食用性所决定和限定的。基于对烹饪艺术这种特质的认识，餐饮人的艺术修养才可能更扎扎实实，创意与创制才可能更多成功。因此，餐饮人，或菜品烹饪者，不能过于沉溺“烹饪艺术家”促销劝购性梦幻，更不应陶醉梦呓，要知道高调蛊惑者往往自己就距离艺术家很远，且其业界经历与技术修养也不被业界行家认可。商品是有其入市规制的，品牌商品更有消费者希冀的规范，那么菜品的规制与规范如何呢？菜品的即时消费性决定了买卖双方的严格默契原则：悦目者喜，适口者珍。菜品消费者的审美情趣、商品选择都是因人而异，而具体个人的鉴定又会因诸多限定条件、语境要素不同。这一切就决定菜品只有精致而无所谓长久一成不变的“正宗”。适消费者口珍的菜品永远是活态的，总是在变化中，消费者观念、认知、情趣、意向决定选择的即时，生产者食材、加工的应时变化，这些都决定每一次烹饪、每一款出品、每一次消费都是此时此地的，都是一定意义独一无二的。一旦完成了独具匠心的完美创造，其过程才可以说是艺术，因为形象塑造、氛围营造寄托着快意的情感，那道菜品才可以称之为视觉+嗅觉+触觉+味觉→心理感觉的艺术品。艺术品是艺术劳动的结晶，文化价值、审美价值是其根本属性。因此，任何标准化生产线上出来的食品或菜品，都是科学与技术的结果，都是产品而非一般意义上的艺术品。无论工业化食品的味道与形态多么美好，它们都不是传统意义的艺术品，与“烹饪艺术家”不搭界，只是设计师的劳绩。

以菜谱学认识，就不难明白：餐厅的菜品与菜谱——尤其是出版销售的菜谱中的菜品时空距离很大。“正宗”一词不宜用于菜品本质与品格表述，这就是迄今为止没有谁的“正宗”具有业界说服力的原因所在。中国烹饪正宗或某一款菜品正宗的宣传，最初出自三神心态烹饪文化研究者，是旨在抬高烹饪行业地位的烹饪技术或文化弘扬性研究的逻辑结果。问题是，研究者的绝对化思维，对许多餐饮人，尤其是对一些好学上进的年轻烹饪业者的学习方向与方法产生误导，约束或限制了他们的思维。菜品只有精致与否，没有正宗是非，否则四十多年来的中国餐饮业与大众食生活都将改写，中国烹饪与菜品文化的连续性跨越发展都将打回原点。

4. “鄂菜”与“楚菜”，“龙江菜”与“蒙餐”正名，“沪菜”与“海派菜”，“陕菜”与“秦菜”称谓思辨

菜品文化与中心城市的关系，本来是浅显的常识，但是长时间以来却一直被许多烹饪文化研究者忽略。然而，作为大宗商品的菜品市场运营，总会引发一些餐饮人的深刻思考，“鄂菜”被湖北省籍餐饮人易名为“楚菜”是一个例证。现行政情体制下省籍区块餐饮市场的地方政府利益，决定了地方菜品文化生态与形态下不可忽略的商业性。于是决定品牌名号的市场价值，某地菜品的名号因此很耐讲究。“鄂菜”称谓习惯使用很长时间，一如其他许多省区简称指代一样。但深思品味之后，觉得不如“鲁菜”“川菜”等那般自然响亮，因为后者都有历史文化宏大依托，而“鄂菜”的鄂则现行区划的政治色彩太浓。而鄂的历史文化背景是“楚”——屈原祖国的楚，《楚辞》代表的楚文化的“楚”。且“鄂菜”谐音不雅，鄂与“恶”“饿”谐音，中国人很在意这点，商家尤其如此，出口入耳亦欠吉祥感觉。而邻省的湖南简称“湘”，谐音就好：“香菜”。同样道理，东北三省的“辽菜”“吉菜”都可以，但径呼“黑菜”就欠雅驯，于是只好称为“龙江菜”。“龙江菜”的称谓可以，若一定略为一字呼为“龙菜”，虽亦无不可，但细思似不耐寻味，有失矫情。1988年菜品命名的课堂讲题时，笔者曾与谢定源等几位鄂省学员讨论过，而后也多次与鄂省餐饮人议论过。“楚菜”之称颇为浩然大气，且谐音“楚材”“楚财”“楚才”“出彩”均朗朗上口，寓意吉祥。内蒙古餐饮人命名一改套路，不落“×菜”窠臼，另辟蹊径，直呼“蒙餐”，既寓深意，亦具创意。“沪菜”称谓是沪上餐饮人大胆思维，于20世纪80年代突破“菜系”压力的结果。时任上海烹饪协会会长的朱刚先生对我说：“上海菜不被有的人认为够‘系’，被说成没有‘系’。我们觉得京剧都能‘海派’，文化有‘海派’，为什么上海菜不能也称‘海派’？说我们只有外省菜，而且‘不正宗’，我们就创新。‘创新粤菜’‘创新川菜’，结果比‘正宗’的粤菜、川菜更受欢迎！”我说：“上海菜的特色、实力、影响、市场前途，许多省市无法比拟。各省

市，各地都有自己独具特色的菜品，上海可以径呼‘沪菜’。不叫不响，一叫就响，实力名号，响彻九霄，远过重洋。”

陕西餐饮人也有长期困惑，我曾建议陕西餐饮人易“陕菜”为“秦菜”，目的是借势周秦汉唐，打破陕西的行政地缘思维约束。我曾对这两个概念分别界定：秦菜，“泛指文化渊源深厚且流行于中国西北广大地区的菜品文化类别指称，主要特征是厚味、多辣，重畜肉、尚面食；汉族传统习俗厚重，清真食风鲜明；煮、烤、蒸、炒等传统烹饪技法为主。”陕菜：“陕西地区菜品类别风格的概称，其典型文化特征：重油、厚味、多辣，食材广泛，传统肴馔与历史名食众多，面食特色突出，烹饪技法以煮、烤、蒸、炒等为主。”①秦泛指西北广大地区，秦的寓意、核心与重心仍然是陕，只是隐而不露而已。而陕则明显限定在陕西，一定语境下的表述均无不可，但是菜品文化的严格区分却很困难。陕西或西安业界近期有一个自壮声势口号：“千年陕菜，美食之源。”我对力倡者说：“此口号似欠斟酌。‘千年’从何算起？从现在回溯，一千年之前则长安被彻底夷为一片瓦砾，经济重心与文化中心已离开陕西。”而秦川大地的精神依托、文脉联系，亦不宜以“千年”指称。讨论这个问题，是基于对时代中国国情下市场机制菜品文化的认识，而非纯学术的文化思维。

---

① 赵荣光．餐桌比菜盘更大：我对秦菜文化走向的思考与期待[R]．北京人民大会堂“陕西美食高峰论坛”演讲，2018-10-28.

三

菜谱学

“菜谱学”是笔者长期以来基于文化学的国际视野与民族历史文化深入思考的体会与归纳性表述。“菜谱学”的思维，是基于一系列基础概念和科学专业术语的明确逐渐建构的[①]。

（一）菜谱文化的历史源流

1. 菜谱文化

“菜谱文化”，是人类各种文明共有的文化，每个族群都是一天天、一代代不断吃着走到今天的。吃的经验积累——集中在进餐语境的记录留存，就是我们理解的“菜谱文化”的本义。菜谱文化，我们的理解是：“菜谱的形成过程、所承载的信息及其使用与影响的诸相关要素集合。”[②]菜谱文化的形成应当有一些不可或缺的要素，这里，有必要先来明确一下几个基本概念。这样一些基础概念对于我们认识菜谱文化，确定“菜谱学”的思维是必要的，它们都是菜谱学建构的基本要素，事实上人们早就这样思考了。

（1）菜品 通常指一款市场行为或交易目的的最终成品菜肴，原料、形态是其两大核心文化要素。菜品，是用于交易目的让渡性生产物，不是生产者自我消费，是通过交易手段提供给其他消费者的食物。商品属性，商业文化属性，是菜品与生俱来的属性。

（2）菜式 一般指具有相对稳定模式的外食菜品的式样，其主要文化要素是：形态、色泽、味道、原料、规格、盛具等。对比的方式，区别同异，有助于更好地理解“菜品”与“菜式”两个概念。“菜品”，更倾向于即食场合的物质形态，它是一个色、形、香、味、适等感官元素同时存在的实实在在的物质，“消费者”的人们更多注重的也正是这种物质属性。“菜式”，则无论其是作为一种具体存在还是理论抽象，作为“观察者”的人们，关注的仅仅是其精神方面，因此可以理解为“菜式”是“菜品”的抽象，而“菜品”则是“菜式”的具体。类似于商品学的价格与价值二者的关系。翻开一本图文并茂的菜谱书，映入眼

---

① 笔者40年食学教学与研究实践，提出或诠释了300余条学科名词与专业术语，参见本书附录“作者40年食学研究提出或界定的中华食学术语”。

② 赵荣光. 中国“菜谱文化”源流与“菜谱学”[J]. 中国烹饪，2010. 9；2010. 10；2010. 11；2010. 12. 赵荣光. 中国“菜谱文化”源流与“菜谱学”构建//赵荣光. 赵荣光食学论文集：餐桌的记忆[M]. 昆明：云南人民出版社，2011：718-734.

帘的是一幅近乎触手可及、栩栩如生的菜品摄影作品，我们审视，鉴赏。行家、专家会评头品足，一般人可能会萌生他日染指一试的欲望。对于我们来说，它就是一具菜式，而非摆到餐桌上来的令人馋涎欲滴的一道菜品。

（3）**膳品** 旧指王侯显贵享用的正餐食品或上层社会尊贵礼食宴享场合的肴馔，后亦雅驯近似情态的食品。一般包括隆重礼食场合的宴席品目。“膳品”通常是属于传统手工技艺操作的结果，而且特属于宴席上的结构品种。原始意义的膳品不是商品，但因其特别的礼食身份决定了书写记录的价值，因此被谱录，提供认知依据、研究资凭；而其活态则是视觉、味觉、触觉、心理的审视与受用。

（4）**食品** 泛指一切食料加工过程结束后的完成品。很显然，“食品”要比“膳品”概念涵盖的意义宽大得多，它既无加工手段的限定，也没有进食对象与场合的特别要求。因此，“食品”可以涵盖一切经过人工完成食料形态转化的可食性食物。但历史上，“食品”往往特指荤食。如陶谷《清异录·虚钉玲珑石镇羊》：“游士藻为晋王记室，予过其居，知昨夜命客。问食品，曰：‘第一虚装玲珑石镇羊。’”宋人洪巽《旸谷漫录》：“厨娘请食品、菜品资次，守书以示之，食品第一为羊头佥，菜品第一为葱齑。”从功能性、目的性二者审视，食品与菜品应当是同属的，当然食品比菜品的涵盖更广泛得多。

（5）**筵式** 一般是指为餐饮业沿用成习并为消费者均认知接受的相对固定的宴席模式，其文化要素有：大菜、行菜等基本膳品的品目与质量，冷盘、围碟、饭菜、点心、主食等品目的质量与数量等。如历史上上层社会习用的“上席”“中席”“燕菜席”“烧烤席”“翅子鱼骨席”“鱼翅席”“海参席”“满席”“汉席”“十六碟八簋四点心”“八小吃十大菜”“满汉席”“满汉全席”等；市井社会流行的“全羊席”“全猪席”“全鱼席”“八大碗”等；当代各级政府食事部门及管理机构编制的众多名目宴会的席面标准，时下各级各类酒店推出的时令、节庆、欢娱名目的“寿宴”“婚宴”“中秋宴”“年夜饭”，以及流行的“燕鲍翅”“开国第一宴”等皆是其例。它们都有明确的膳品名目、筵式结构，而非仅仅是头菜名称或食材指代。

（6）**食单** “食单”一词的传世文录始见唐代，本指专门用于铺陈在地面、坐床、台、桌等之上，用以陈放食品的编织物一类用品。食单的使用，在唐代极为普遍，不仅各地均有生产，而且风格各异，多有名优。如《唐书》记载，唐振州延德郡（今海南崖县）的“土贡”物品中就有“五色藤盘、斑布食单。”①引文中的“五色藤盘”应当是盛放果品食物的用具，而“斑布食单”则应当是手工编织的纤维料食单，是图案斑斓的精美手工艺品。食单最初主要是用于郊游野宴的场合。历史上，尤其是上层社会、知识阶层、市民族群，置身于山野园

① 欧阳修，宋祁．新唐书·地理七上：卷四十三上[M]．北京：中华书局，1975：1101.

林、湖渚水滨等与大自然亲密接近结合的野餐外食机缘很多，是浓郁悠久的风俗习尚。杜甫《陪郑广文游何将军山林十首》之七：“棘树寒云色，茵蔯春藕香。脆添生菜美，阴益食单凉。野鹤清晨出，山精白日藏。石林蟠水府，百里独苍苍。”[①]这种意义，直到清代还在使用，如曹寅《和毛会侯席上初食鲥鱼韵》：“蒌尾花残水驿忙，晚庭清荫食单凉。”[②]因一次聚宴的所有食品均布陈其上，故其始就隐有“一席宴会膳品名目总汇”之义。因此，后来也往往被用来指称一席膳品的“食谱”或一台酒席的“菜单”义，再后来又泛指食品名目登录。如宋人郑望之《膳夫录·食单》所记：“韦仆射巨源有烧尾宴食单”[③]；明王志坚《表异录·饮食》：“晋何曾有安平公食单。”[④]清黄景仁《午窗偶成》句：“只余童仆劝加餐，那望园官进食单。”[⑤]郑望之、王志坚二人文句中的“食单”系指晋、唐时代的两大权贵何曾与韦巨源府上的膳食记录，并非仅指一席膳品。而黄氏的“进食单”则是指一席或一餐的膳品名目。现存于北京故宫内中国第一历史档案馆的约两亿字的清宫御茶膳房档案中的“膳底档”“手掐”等均是规范的“食单”。

（7）菜单　“菜单”，应当是泛指膳食管理的肴品名目登录。它只记“菜”，而不应囊括“饭”——各种主食品。当然我们注意到，业界事实上有时是“菜单”“食单”不加以区分的，甚至是以“菜单”替代“食单”的。应当说，行业如何使用，尤其习惯或自由，无可无不可，自己清楚，他人明白，也就可以因循不计。但是，作为饮食文化学或烹饪学、食品学等独立学科的专门术语，则必须规范。烹饪学喊了多少年，饮食文化学倡导了多少年，之所以学科地位至今仍然还是计划外“黑孩子”可怜处境的重要原因之一，就是我们的许多烹饪专家、教授们不重视学科体系的建构，不注重专业术语规范性与科学性的工作所致。

（8）食谱　辞书的解释：“有关食物调配和烹调方法的书册或单子。”这一解释应当更恰切地表述为“膳品烹饪方法的纪录”。“食谱”应当是兼有膳品名目和制作技法二者的食事纪录。清人吴炽昌《客窗闲话续集·一技养生》：“又张生，系鹾商子。一无所长，惟好口腹，广搜古今食谱而准酌之。”[⑥]又有“乾隆三大家”之誉的著名学者赵翼《真州萧娘制糕最有名以作六绝句》有句：“一技成家动贵游，遂凭食谱姓名留。”[⑦]指的就是可以依样画葫芦，基本模式一直延续到今日的食谱或菜谱。

① 全唐诗：卷二百二十四[M]. 北京：中华书局，1960：2397-2398.

② 曹寅. 楝亭集笺注[M]. 北京：北京图书馆出版社，2007：156.

③ 郑望之. 膳夫录·食单//古今说部丛书（三）[M]. 上海：国学扶轮社，1910.

④ 王志坚. 表异录（及其他二种）：饮食类//丛书集成初编：第194册[M]. 北京：中华书局，1985：99.

⑤ 黄景仁. 黄仲则选集[M]. 张草纫，选注. 上海：上海古籍出版社，2017：296.

⑥ 吴炽昌，吴晴符. 最新消遣录：卷八[M]. 上海：上海中华新教育社，1925：13.

⑦ 赵翼. 赵瓯北七种：瓯北集：44[M]. 1790（清乾隆五十五年湛贻堂刻本）：85.

（9）**菜谱** 时下辞书大多解释为“菜单”，显然失于笼统和含混。如果说，历代文人表述不免率性和随意，近现代直至20世纪中国烹饪学和饮食文化学的发展还囿于阶段性限制的话，那么，今天我们则没有理由仍然含混其词，语焉不详了。民族大众科学饮食理念的逐渐成熟，餐饮市场的日益繁荣发展，国际食品科学与时代饮食文化的进步，这一切推促烹饪与饮食文化学科必须跟进发展。于是，学科术语的科学严格、系统完备就成了必然趋势。我们的理解，“菜谱”，作为一个烹饪科学的专有名词，应当，也必须与“食谱”有所不同，作为专业人员的我们，有责任予以明确界定。既然我们将“食谱”理解为“膳品烹饪方法的记录”，那么，“菜谱”的理解就理所当然地应当解释为“菜品烹饪方法的记录”。“菜谱”与“食谱”二者的区别，就在于后者比前者更宽泛，“食谱”是主食与副食，也就是中国俗语所说的“饭”和“菜”的加工方法记录。

20世纪80年代，亚述学家让·蒲德侯（Jean Bottéro）翻译了公元1700年前阿卡德语（Akkadian）刻写在几组陶板上的食谱资料，这些陶板出土于底格里斯和幼发拉底河之间的美索不达米亚地区，距离巴格达约55公里的巴比伦（Babylon）遗址。食谱资料涉及水牛、羚羊和鸽子肉的炖煮法。考古学家认为，这是人类历史上最古老的菜谱。如果按这样的思路追寻，中国先秦典籍中就已经有了“菜谱”的最早信息。《周礼》《仪礼》《礼记》“三礼”，尤其是《礼记》的《内则》篇，事实上已经是兼容了食料、食品、食技、食礼、食理等饮食文化的诸多基本要素，因此也就具备了“菜谱”原则性内容。至于《吕氏春秋》中的《本味》篇，则可以认为是饮食思想、饮食理论、加工技法等的综合性文献。从公元1世纪的罗马菜谱《论烹饪》（*De re coquinaria*），到哈里发阿拉伯王国时代的餐桌，都是“菜谱”时代，或可以视为“菜谱学”的前时代。或者可以以列奥纳多·迪·皮耶罗·达·芬奇（Leonardo di ser Piero da Vinci，1452—1519）在意大利城邦王公宴会设计的艺术发挥为标志，“菜谱”才焕发出了“菜谱学”的光辉。到了18世纪，美食学家让·安泰尔姆·布里亚-萨瓦兰（Jean Anthelme Brillat-Savarin，1755—1826）以他《味觉的变革》标志法国—欧洲—世界“菜谱学”的餐桌文化趋势，并且影响至今。萨瓦兰与其同时代的美食学家克里莫·德·拉·雷尼埃（Alexandre Balthazar Laurent Grimod de La Reynière，1758—1837）（1803年发表《美食家年历》）、美食家查尔斯·莫里斯·塔兰朗·佩里高（Charles Maurice de Talleyrand-Périgord，1754—1838）、美食烹饪艺术家安托瓦·卡莱姆（Marie-Antoine Carême，1783—1833）等是社会“群体性”的代表。他们都“希望确立美食学的‘法规’”①。卡莱姆是国际餐饮业界公认的法国近代厨艺之父，担任过英国乔治四世、沙皇亚历山大一世的御厨，为当时欧洲的许

① 伊恩·凯利. 为国王们烹饪[M]. 北京：生活·读书·新知三联书店，2007：76.

多帝王烹饪，奠定了法国古典菜式的基础。他的菜谱至今仍然点缀着全世界法国餐馆的餐桌，创立了大师级厨师用著书的方式传授知识与经验之先例。卡莱姆是名副其实的“烹饪艺术家”，是即便去掉“烹饪”二字仍可以拥有“艺术家”三个字的烹饪艺术家，他证实了“烹饪艺术家”的确实存在，并且树立了“烹饪艺术家”的历史范本。还有那位为了维护声誉而自杀的路易十四的御厨瓦泰尔。当然，也不能不提一下夏尔·傅立叶（1772—1837），这位对民众食事有独到思维与启示的思想家。影响欧洲，进而影响世界直至今日的法国美食文化、美食学无疑是受到了意大利饮食文化的深刻影响。而西笃斯四世与普拉庭纳（1421—1481）的合作，可谓开启了意大利“菜谱学”文化的先机。被称为第一本“现代”烹饪书著者马蒂诺·达·科莫的《烹饪的艺术》（约1450）、巴尔托洛梅奥·萨奇（普拉庭纳）的《论正确的快乐与良好的健康》（1470）为文本标志。还要说一下卡莱姆的菜谱学贡献，他的“菜谱”具有丰富的“艺术”意蕴与“学问”含量，他的《巴黎皇室糕点师》（1815）、《法国司厨长》（1822）、《巴黎厨师》（1828）、《十九世纪法国的烹饪艺术》（1833—1847）五卷本、数千个菜谱，是一部“高级烹调”技艺的全书、一部学术性专著，而《安托南全集》（1832）则获每年两万英镑的版税收入。他说：“我有一个极好的习惯。每天晚上回到家里，一坐下来，我就提起笔来……”笔者多年来一直倡导的“餐饮人在读”[①]，他可以是一个人类自有厨业以来的国际性榜样。

2. 中国菜谱文化历史特征

中国有注重文献积累的文化传统，中国最早的菜谱文化的文字记录大量地散见于《周礼》《仪礼》《礼记》《诗经》《楚辞》等先秦文献中，主要是祭祀与宴享的食材、膳品、食事记录。其中，《仪礼》的《公食大夫礼》，《礼记》的《内则》等篇是黄河流域风格；《楚辞》的《大招》《招魂》则是长江流域的代表。尔后是公元6世纪初的《齐民要术》有了对许多食物与菜品的确切烹饪方法的记录。尽管消费的社会等级性依然存在，但“编户齐民”的寓意，则显然更具有社会广泛性了。

检点中国历史上的菜谱记录，可以按功用界定为祀鬼神、享尊贵、售买家、吃庆娱四大类别基本类型。这四种类型，各自的功用虽然始终是交叉存在的，但也同时存在着明显的历史时序性。

① “餐饮人在读”，是笔者基于中国当代餐饮人文化修养状态与社会餐饮文化发展需求多年前发出的倡议，并多次在演讲场合阐述。亦曾屡屡向中国烹饪协会、中国饭店协会、世界中餐业联合会领导建言，但时下中国的业界协会功能及主导者意识专诸市场效益，均无兴趣于此。

祀鬼神之奉献食物记录，无疑是人类最早且最郑重的“菜谱”，中国尤然。中华传统的“天人合一”观，也主要是通过对鬼神的祭祀沟通与谐调的。泛祀和重祀是中国人的普泛民俗，因此，祀鬼神菜谱便自古至今存在。最初的祀鬼神活动是氏族成员以平等身份共同参与的，奉祀的食物也应当是平等分享的。

享尊贵菜谱，是历史上权贵阶层权力、身份垄断的宴食记录，因此其出现伊始就具有垄断性和独享性。最初，这些权贵可能是氏族族群的祀鬼神专司责任者的身份转化，久之许多宴事活动的主要目的并不是为了祭祀鬼神，而是直接服务于等级集团自身需求的各种社会活动，如：各种名目的庆娱、宴宾等。

售买家类型的菜谱，自然是早期商业活动的产物，社会餐馆、酒楼、饭店的菜谱文化是其后续发展。

吃庆娱类型菜谱，其始亦应寄寓于史前氏族社会欢庆性的聚食活动中。但随着社会等级分化，社会族群的贵贱、富贫差距不断拉大，并被制度强化之后，贫贱大众的饮食庆娱便受到了政治、经济、文化等诸多社会因素限制，只有社祭、族祭、乡饮酒、婚、丧或政府特许的各种名目的“酺”，庶民大众才有可能参与。汉文帝刘恒（前203—前157，前180—前157在位）即位，颁令全国欢庆：“朕初即位，其赦天下，赐民爵一级，女子百户牛酒，酺五日。”颜师古注：“文颖曰：‘汉律，三人以上无故群饮酒，罚金四两，今诏横赐得令会聚饮食五日也。’酺之为言布也。王德布于天下而合聚饮食为酺。”[①]秦始皇统一天下，即曾行“大酺”[②]。封建专制时代，国有喜庆，特赐臣民聚会饮酒名曰“酺”。“酺”上古的神名，“春秋祭酺亦如之。”郑玄注：“酺者，为人物灾害之神也。”[③]总之，在封建制的历史上，尤其是中世纪之前，寻常百姓一年到头很难得有几次大众聚餐的机会，因此，吃庆娱类食事活动的菜谱在民族菜谱文化的发展序列上虽属后起后进，但丰富与多样性则超越其他几类。

菜谱，食谱，贵族宴享的礼食单，不同时代、各个等级族群的食事活动菜谱均有相应的规范与制度，这些既是菜谱文化的一般属性，也是菜谱文化可以成学的基础。清代蒙古学者博明曾经说过如下经典的话语：“由今溯古，推饮食、音乐二者越数百年则全不可知。《周礼》《齐民要术》、唐人食谱，全不知何味，《东京梦华录》所记汴城、杭城食料，大半不知其名。”[④]应当说这位蒙古族学者的看法颇为符合中国文化的历史实情。博明的“饮食、音乐二者越数百年则全不可知”，指的是饮食、音乐二者历史文录的空疏。他说《周礼》、唐人

---

① 班固. 汉书·文帝纪：卷四[M]. 北京：中华书局，1962：108.

② 司马迁. 史记·秦始皇本纪[M]. 北京：中华书局，1959：239.

③ 周礼注疏·地官·族师：卷十三[M]. 阮元校刻，北京：中华书局，1980：719.

④ 博明. 西斋偶得（卷上）：“饮食音乐”[M]. 国学文库第十六编，1934重印.

食谱等“全不知何味”，是因其只有食物之名而无其制作记录。而所谓“《东京梦华录》所记汴城、杭城食料，大半不知其名。”则谓其笼而统之、泛泛指称，语焉不详。

博明的看法虽然基本属实，但也并非真的就无解。严格说来，对历史文献关于某一食品具体制作方法有限文字记录能否解读，还要看是否遇到真正的解人。以笔者的研究理解与实验操作体会，《齐民要术》中的许多食品均可以原形态恢复，事实上我们已经成功地对“水引面”“索面”等一些品种做过了这样的实验。至于“味”，由于时态变迁、物性变异等过多复杂因素，严格的历史恢复难度过大。尤其是书中所记各种酱、酒、醋等发酵食品的风味，再现的难度就更大。不过，以我们以上的理解，《齐民要术》八、九两卷是基本可以视为完整的食谱。事实上，它们也的确是后世食谱书的取法范式①。重要的是《齐民要术》的成书过程中，广泛地参阅征引了一百多种食生产、食生活相关的文献，如诸葛颖《淮南王食经》、崔浩《食经》、卢仁宗《食经》、竺暄《食经》、赵武《食经》等，而其中许多都在隋唐以后绝迹了②。而《齐民要术》之后，宋元明清各代传世的百余种烹饪类书籍的撰写，包括《随园食单》在内，也都承袭了其范式、风格，《齐民要术》在中华菜谱文化史上的地位是不容低估的。

（1）与菜单或食单仅记名目的性质不同，中国历史上的菜谱因其认识与表述的文化修养要求，故其编撰者基本都是有相当学养的文化人，而非出自纯粹的厨工或庖人之手③。

（2）中国历史上菜谱书的滥觞，应当与本草书药剂炮制、农书原料加工有启承关系。

（3）中国历史上的事厨者，无论其名目为“庖丁”“厨人”“食工”“食手”等何种称谓④，他们的群体特征都是识字不多，或基本手不握管的。他们基本都是凭经验和记忆实施操作的，他们的头脑里都有一本无形的“菜谱”和“食谱”。

（4）从《齐民要术》开始，直至20世纪中期，中国历史上的几乎所有菜谱书均是单一的字记录，而基本无图画说明。

（5）历史上的“菜谱”读者，两宋之前基本是权贵之家的郇厨私录，其后则多为小康阶层以上的城市居民，而非职业餐饮人。20世纪以降，则读者群始兼为小康以上市民及职业餐饮人。

---

① 缪启愉．齐民要术校释[M]．北京：农业出版社，1982.

② 参见《隋书・经籍志》《旧唐书・经籍志》《新唐书・艺文志》等。

③ 赵荣光．十三世纪以来下江地区饮食文化风格与历史演变特征述论//赵荣光．中国饮食文化研究[M]．香港：东方美食出版社，2003：392-438.

④ 赵荣光．中国历史上的厨师称谓//赵荣光．中国饮食史论[M]．哈尔滨：黑龙江科学技术出版社，1990：136-143.

3. 近百年来的中国菜谱文化

（1）中华民国时期的菜谱 满清帝国灭亡到中华人民共和国成立之前的三十七八年时间，是中国社会被饥饿、动乱严重困扰的时期，但菜谱仍有特定的社会需求。简胪其目，略有：卢寿籛《烹饪一斑》（1917）、李公耳《家庭食谱》（1917）、王言纶《家庭实习宝鉴》（1918）、梁桂琴《治家全书》（1919）、李公耳《西餐烹饪秘诀》（1922）、时希圣《家庭食谱续编》（1923）、时希圣撰《素食谱》（1925）、薛宝辰《素食说略》（1925年左右）、辽东饭庄《北平菜谱》（1931）、陶小桃《陶母烹饪法》（1936）、张恩廷《饮食与健康》（1936）、费子珍《费氏食养三种》（1938）、龚兰真、周旋《实用饮食学》（1939）、任邦哲等《新食谱》（1941）、单英民《吃饭问题》（1944）等。介绍饮食科学、宣传饮食文明是这一时期的菜谱的历史特征。但是，它显然不具有广泛的社会意义。需要指出的是，其间许多著名店家的手录菜谱，或印行数量很少的名号店家菜谱数量还是很大的，笔者几十年的勘察访求，就有大量的资讯积累，近30多年来民间有许多菜谱藏家也做了一些积极的收存工作。

（2）中华人民共和国初期的中国菜谱 1950—1966年以前，中国大陆出版菜谱很少。据笔者初步统计，大概数仅十余种（不宜包括20世纪60年代初大饥荒其间政府职能部门组织编写的近似《救荒本草》意义的“菜谱”），印行量亦极少，如20世纪50年代上海的“大众菜谱”。当时的菜谱，自然尚无生活菜谱书和专业菜谱书的区别概念，事实上它们基本上是“饭馆子里的”大宗菜品烹饪要点记录，而且，基本上是以政府主管部门或企业（同样是行政管理体制）名义编制的。可以说，与民国时期的菜谱有明显的不同，它们是特定社会治理模式下的历史文化反映。如：1955年北京饭店编《北京饭店名菜谱》；1957年城市服务部饮食业管理局编《中国名菜谱》第二辑；1958—1960年第二商业部饮食业管理局编《中国名菜谱》第三册～第十册；1960年上海市人民委员会机关事务管理局食品工业研究小组编著《菜谱集锦》第一集、第二集等。直到改革开放前相当长的时间里，中国菜谱类书主要由中国商业出版社、中国财政经济出版社、轻工业出版社、金盾出版社，以及各地方科学技术出版社出版。这一时期，较早的是轻工业出版社1966年出版的《大众菜谱》，至今已累计销售300余万册。除了上述菜谱的继续之外，设有烹饪、饮服专业的技校、商校、职高等各类中等教育学校的教材——教学菜谱应运而生：新政权的社会教育理念与就业管理政策，对社会餐饮业预备就业人员限制性要求必须是获得基础专业教育过程的合格者。1957—1959年出版的商业部饮食服务局编《教学菜谱》、1973年安徽省蚌埠市饮食服务公司厨师培训班编《培训菜谱》《冷餐菜谱》等即其例。

（3）改革开放第一个十年间的中国菜谱 “20世纪中国大陆改革开放以后，从中心城市的高星级饭店到一般城镇的普通餐馆，一夜之间迎来了千载未遇的生意兴隆时机。中国餐饮市场在充分解放的政策和相当宽松的环境中恣肆发展，以大中城市为先导的民众饮食生活和民族饮食文化率先于国民经济的其他部门和社会文化的其他领域步入了深刻变革的时潮旋涡之中。中国餐饮业二十余年的红火兴旺不仅是国人有目共睹的，而且是举世瞩目的，以秦俑出土的惊喜和原子弹上天的振奋来'弘扬''中国烹饪'，正是与中国餐饮业的这种勃兴繁荣相表里的。"[①]认识当代中国餐饮文化，显然不应当忽略中国国情因素。我曾用三个十年表述过改革开放以来大陆餐饮市场与文化演进的历史性特点，并且得到研究者认同关注。这一时段的菜谱，具有鲜明的两大特征：其一，经验记录与文化总结。某种类型菜谱的营销，能够鲜明地反映该社会的文化、经济，一定程度上是该社会特定时代社会生活诸多信息的生动反映。改革开放初期的菜谱，具有明显的文录属性。传统烹饪技术受到重视，优秀烹饪技艺保有人受到重视，陆文夫（1928—2005）的《美食家》可以视为这一时代文化特征的敏锐生动反映。《美食家》是陆文夫的巅峰之作，1983年发表于《收获》，"美食家"这个称谓也由此风行。《美食家》被收入各种文集，并翻译成英、法、日等语言，畅销海外。那是一个餐桌、厨房、厨师被从数千年的漠视中突然解放出来的时期，"中国烹饪热""特级厨师热"在中国大陆同步兴起。

三十多年前我应邀为韩国食生活文化学会作题为"我的饮食文化研究"的报告。该会的所有会员都是大专院校或科研机构的专家学者，他们无一例外均拥有博士学位和"副高级"以上的职称。答问时，一位研究所长问我："赵先生，听说中国的特级厨师相当于副教授，请问是这样吗？"虽然我没有直接明确回答该提问者的问题，但我清楚地知道：当时国内的确很流行这样的说法，它当然不仅仅是一种说法，而是"大厨"们的群体认识和实际利益佐证。记录食肆业流行的传统膳品，笔录名厨口述，总结业界经验，整理勤行故事，搜寻食客轶趣，成了改革开放最初一段时间的中国大陆"烹饪文化"或"餐饮文化"热点。这一时期的菜谱，对当时餐饮业界正在经营的肴馔名目和仍保留的传统膳品品种的记录整理之功显著而重大。它们更能有力地反映其时的餐饮文化、烹饪文化遗存、时代消费观念与水平。

其二厨房，操作参照。第一个十年间的菜谱，有明显的酒店饭馆、家庭灶房直接的参照意义。读者对象为普通百姓中的中青年职业厨师和厨事爱好者。比较旧式事厨者而言，他们的文化素养、学习与接受能力有明显的群体优势。书中的品种，基本为日常饮食，以制作方法为主，偶有营养、搭配等内容。这类菜谱书，基本是《大众菜谱》的范式与风格。均采用

---

① "大众餐桌：中国饮食文化的时代主题与中国餐饮业运营"，是笔者自20世纪80年代就不断观察思考并随处随即演讲的题目。

单色印刷，区别为文前是否加彩色插页。此外，影响较大的是金盾出版社，几乎可说把黑白大众菜谱书推到高峰。今天中国大陆的许多中青年职业厨师都从中得到了教益。

（4）改革开放第二个十年的中国菜谱 改革开放第二个十年，即20世纪最后十年的中国菜谱文化的特征有三大明显特点：菜品的“高大上”趋势、“大众菜谱”的美食图书转化、“文化菜谱”的流行。改革开放后的大约第一个十年间，中国餐饮企业的经营效益主要是靠公务和业务消费支撑的，也就是企事业单位的公款埋单。在中国现时段特殊的国情情态下，追求高精尖的餐饮消费与经营成必然发展趋势。经济的发展和政策放宽、制度松弛，使全社会的外食购买力持续溢溢暴涨，而中国的人口众多、分配与占有差距过大、社会级次繁复、购买力多层次化、社会消费的贵食心理，以及权力与权利的特别关系等原因则决定了社会餐饮市场定位的细密层次分化、经营风格异彩纷呈。“顾客是上帝”曾经是颇热闹了一阵子的拾慧西方的服务业经营口号。笔者伊始就对这一仅仅是营销口号而非真诚服务理念持不赞赏的态度，因为在中华文化和时政国情下，它的虚假和谄媚太过露骨。在当代中国，只有权力和钞票才是真正的上帝。当权力与钞票的紧密结合力作用到餐桌时，消费者的口味会表现得格外挑剔，享受欲和购买欲会同样强烈。

进入改革开放的第二个十年，事实上应当更早，中国菜谱一改昔日“大众”面孔和朴实格调，燕、鲍、翅纷纷登场，山珍海错竞相媲美。因为有企业、行业利益的驱动，菜品的高——高档食材、精——精制的烹饪工艺、炫——膳品品相与器皿的炫美，成菜谱编撰的新一潮趋势。各大、中甚至县镇高档酒楼饭馆门招竞相赫然标榜燕、鲍、翅经营成流行时尚。与此同时，是“菜谱”开始向“美食图书”变相。进入20世纪的最后几年，在香港、台湾菜谱书版权引进的带动下，中国大陆图书市场上的菜谱书逐渐由单色印刷、纯文本、大信息量、胶版纸印刷，过渡到如今的四色印刷、图文并茂、各种信息容量大、铜版或胶版纸印刷。美食图书的装帧大大改善，并且紧跟时下美食流行动态与趋势。如果说昔日“大众菜谱”的价值基本是使用的话，那么，“美食图书”则是集实用、阅读、观赏、收藏于一体的，是“可以上架”的藏书了。伴随这一主流趋势的是菜谱内容完善与文化意蕴的追求。它反映的是厨师文化水平、职业理念、审美情趣、价值观念与年龄结构变化的新趋势、新特征。传统的“大众菜谱”已经不适应读者大众的口味了。因此，笔者借用《新概念英语》[①]（*New Conception English*）来标示这一新趋势与新诉求，《新概念中华名菜谱》[②]的编撰代表了这一趋势。正如出版“内容提要”所说：“本书是新型菜谱写作的一次革命性尝试……它是各类

① 系1997年由外语教学与研究出版社和培生教育出版中国有限公司联合出版的一套英语教材。进入中国以后，《新概念英语》历经数次重印，以其严密的体系性，严谨的科学性，精湛的实用性，浓郁的趣味性受学习者青睐。

② 谢定源．新概念中华名菜谱[M]．北京：中国轻工业出版社，1999.

菜谱面世以来科技含量高，文化品位高的新型菜谱……体现了菜谱编写的全新理念。”在编写上“突破了传统菜谱的编写方法”，分别胪陈了“成名原因”“花样变化”“技术要领”“营养保健”等格式内容。该套菜谱的编撰者，都是具有多年实务体验和教学经验且术业有成的烹饪学专家。该书虽然出版在20世纪与21世纪之交，但是，其酝酿与编写过程则早得多。时下全国各地凡有“新概念”三字招牌的餐饮店，可以说均是受其启发而来。

（5）改革开放第三个十年来的中国菜谱　“名店”“大师”，是20世纪80年代以来中国大陆第一、第二个十年菜谱文化演变趋向逐渐累积的重要驱动力，致使名店菜谱、大师菜谱成为第三个十年的明显特征。由于烹饪大师现象和烹饪大师外延族群的社会存在，“大师菜谱”也因之成为凡取得“烹饪大师”名号者皆欲为之的族群心结与情结。“大师菜谱”心结是“大师”本人的，或曰“谱主”的，而“大师菜谱”情结则是外延族群的，是师徒谊、义、益的需要。所谓谊，当指感情；义则是勤行传统“师徒关系”的现实微妙存在；益，现实利益的存在。由于中国历史上手工术业基本都是师徒关系中的手口相传的存续业态，故师徒之间的依存、制约利害关系，这种关系远远早于行业协会——历史上行帮组织的出现以前。而且手工术业这种“尊师”“重道”色彩甚至比文人之间师从关系更加强烈，唐代时就引发士林的“学者薄师道，不如声乐贱工能尊其师”的感慨[①]。名厨立传的“大师菜谱”，无疑推助了精美菜谱的编撰与出版，来自名厨事业成就标志的追求或厨师声誉的渴望，成为不容忽视的第三个十年菜谱文化社会生态的重要支撑。

大师个人菜谱的竞相出版，拥有了不可低估的编著者和出版者两方面的积极性，菜谱的个性化和技术风格愈趋发展。但是，“大师菜谱”不可避免地会有高大炫色彩，就如同时下业界流行的“中国菜”或各地域菜都存在着所谓“表演菜”“经营菜”的区别一样。大师菜除了“匠心独到”的创造还必须是养眼受看的，道理近乎模特走秀服装、演出服与人们日常服——常装与礼服不同一样。因此，“大师菜谱”不可能一统菜谱市场的江湖。名店和大师招牌，高档饭店将日常经营的菜品精心制作成鉴赏画册，这种“名店菜谱”的制作与展示，成了流行趋势和业界特点。从宴饮环境、餐饮器具到菜品感官形态，都做到了近乎尽善尽美的追求与淋漓尽致的表现。通常，“名店菜谱”也会同时推介他们的主厨名师。尽管事实上那些大牌名师未必就真的掌勺操作。

20世纪与21世纪之交，中国大陆餐饮市场大中城市的饭店酒楼竞相以“工薪族消费”“家常菜经营”的口号热力营销，因而逐渐成为菜谱市场的又一趋势。这无疑是中国外食购买力结构变化的市场映像。而造成这一映像的主要原因，显然是社会经济的持续发展造就了越

① 欧阳修，宋祁．新唐书·韦表微传：卷第一百七十七[M]．北京：中华书局，1975：5275.

来越多的“工薪族”消费群体，他们是自掏腰包的消费者。无论是经常光顾的“白领”，还是偶然涉足的“蓝领”，城市中的这批工薪族消费者已经壮大为越来越重要的社会餐饮购买力。他们的经济实力、消费理念、文化趣味等决定了该群体购买行为的经济务实的特征。以家庭灶房需要为目标市场的菜谱编撰出版，成为数量上占相当大比重的现象，各城镇各类书店中，占有醒目位置和很大空间的“菜谱区”是形象的证明。

（6）改革开放第四个十年来的中国菜谱　“创新”“安全”可以视为第四个十年中国菜谱文化的两大新特点。“创新”，指的是企业的强势营销口号和菜品的新品名、新形态（形象、食材、口味等）实实在在的变化。而“安全”则基本是一种营销理念，口号表示则是食材原产地的“土”“绿色”等，抽象、含混不明确。两个世纪之交时，我们提出了“大众餐桌”的概念：“现时代中国以工薪食力族群为主体的国民大众日常饮食消费水平与食事文化特征。”我将其理解为“中国饮食文化的时代主题与中国餐饮业全新经营理念。”它是一个正在进行和发展中的时态，应当说，它比较接近我们希冀的“小康”标准①。中国菜谱市场，似乎冥冥中的一种力量在助推其紧跟“大众餐桌”的理念，“农家乐”名号或其风格、类型的菜谱创作新潮涌起，为“大众餐桌”理念提供了文本证明。

“创新菜谱”，是这一期菜谱新潮的明确意识与风格，因为“创新菜”在被热烈标榜、热情追逐中。所谓“创新菜”，不应简单理解为餐饮业哗众取宠的营销手段。相对于“旧菜式”的创新菜式，究竟“新”在哪里呢？2001年，本人曾有一篇文章对杭州市餐饮市场消费者高频点击的菜品做过二十年跨度的变化规律研究，得出的结论是：冷菜类更新率约50%，肉菜类更新率约70%，水产菜类更新率约70%，禽蛋菜类更新率约60%，野味菜类更新率约80%，素菜类更新率约30%，其他菜类更新率约70%②。更新内容包括旧品种的退出和新品种的增加，以及旧品种的改变（原料、技法、名称等）。这个变化频率，反映的是中国餐饮市场的一般规律和菜品文化情态的基本事实。20世纪末，食材的安全性就已经是严重的社会问题，消费者的忧虑进而发展成为大众心理的普遍恐惧、信心丧失。中国食学界发出了“食品安全是21世纪基本人权保障的底线”③的声音。大众对“绿色”“安全”“环保”食料与食品的期待越来越迫切，因应购买者的这种消费心理，餐饮业纷纷打出了“土鸡”“笨鸡”“老鸭”“山里人家”“农家”“农家菜”等招牌，似乎中国一夜之间就变成了绿色覆盖、处处安

---

① 赵荣光．大众餐桌：中国饮食文化的时代主题与中国餐饮业全新经营理念//赵荣光．赵荣光食学论集[M]（待出版）。

② 赵荣光．中国餐饮新热点：“杭州菜”热俏的分析与思考//赵荣光．饮食文化研究[M]．香港：东方美食出版社，2003：204-221.

③ 赵荣光．食品安全：时代人权保障的底线（*Safe Food: The Base Line of Human Rights Safeguard in the Present Age*）[R]．2003年国际会议发言稿；赵荣光．留住祖先餐桌的记忆：2011亚洲食学论坛述评[N]．光明日报，2011-8-23（10）.

全的美食天堂。餐桌的实际如何，姑且勿论，菜谱书则仅凭编著者的笔就可以轻而易举地完成“绿色革命”，给了读者言之凿凿的“安全”许诺。

总之，20世纪80年代以来中国大陆以菜谱编写为重心、教材为重点的烹饪文化成果累积，超越了既往四千年数量累积的总和还要多得多。从社会学和市场学角度看，菜品是即时性消费的物品或商品，依附其上并伴随其生成与消费过程的是商业性很强的“菜品文化”。烹饪文化研究与餐饮市场支撑的中国烹饪文化热对大众的菜品文化、烹饪文化、饮食文化认知的普及提高无疑产生了不可低估的重要作用。但是，不容忽略的是，在市场利益驱动与文化国粹心态驱使下的“弘扬”性研究，也同时让时代中国菜品文化的社会认识与发展受到了严重的干扰与困扰。尽管随着食生产、食生活世界大势驱动的中国餐饮市场结构的不断整合，餐饮人的观念、知识更新与代际更替，这种干扰与困惑逐渐式微，但其负面影响已然存在，解脱与走出仍然是个现实问题。

菜谱文化是时代社会餐桌与进食者行为、思想的映射，总结20世纪以来的中国菜谱文化，特别是20世纪80年代以后中国菜谱文化，让我们相信中国已经进入了大众饮食和烹饪—餐饮文化的时代。这一时代特征是：大众可以吃饱饭了，人们可以畅所欲言地讨论“吃”的问题了，社会被“吃”的各种信息覆盖，文本及其他各种形式的“菜谱”触目皆是。改革开放四十年的菜谱文化累积远远超越既往4000年总和无数倍。从“国粹”“菜系”文本到“舌尖上……”中国似乎完成了由历史上“病夫”“饿乡”向“吃货大国”的转变。能够将昔日骂人贬义俗语“吃货”“吃材货”骤变成网络热词自诩，中国真的是实现了“吃”的天翻地覆，这是非颠倒的变化，耐人寻味。冷静思考，连接二者促成这种转变的，浩如烟海的菜谱的充斥堆积居功不小，犹如鹊桥促成了牛郎与织女的难得相会。其间，由于社会烹饪专业教育的大量需求，各类学校中教学类菜谱书的编撰、施教，既对当代中国餐饮界数以千万计的职业厨师培训发挥了重要作用，同时对中国菜谱文本规范与科学性提高的影响亦不可轻估。

4. 菜谱文化的国际视野比照

2009年，日本研究者曾指出：虽然还存在城乡差异，但总体而言中国人的饮食正在日益“奢侈化”和“发达国家化”。根据联合国的统计数字，中国人的人均日热量摄取1961年为1622千卡，2004年达到2935千卡。特别是在城市区域，由于热量摄取过多造成的“肥胖现象”已成为社会问题。从1978年到2008年这30年间，中国的恩格尔系数出现了大幅度下降，城市区域从57.5%降至37.9%，农村区域从67.7%降至43.7%。北京2009年上半年的统计显示，其恩格尔系数（25.34%）已与日本（25.4%）基本持平。与饮食“高级化”同时形成的是人们的食品卫生和安全意识。追求蔬菜、食品的新鲜度和安全性已不仅是少数富裕阶层的专利了[①]。中国菜谱文化的未来发展，正应当从国际化的发展趋向大势中去思考和把握。

（1）中国香港、台湾地区流行菜谱书的风格 港台菜谱书的体例、排版、印制，以及连带的菜品制作与拍照技术，无疑对中国大陆菜谱书的制作、出版产生了积极的范式与推动作用。赏心悦目、触手可及、图文并茂、读图知理、按图索骥，可以概括港台菜谱书的总体风格。尤其是高档酒店的经营性菜谱，更是不惜成本，精美绝伦。

（2）日本与韩国现代流行菜谱书的一般模式 日本和韩国流行的菜谱模式，可以视为均有东方文化的特征。除了文化上的原因之外，大概主要还是因为日本、韩国、中国的菜式基本是东方的，这应当是决定日、韩菜谱书内容、风格与西餐差异较大，而与中国更接近的根本原因所在。当然，日、韩文化，尤其是第二次世界大战之后深受美国文化的影响，表现在菜谱编写印制上，除了民族性、地域性的原料与品种的传统特征之外，绿色、安全、健康、科学、生态意识明显；少而精，淡而鲜，异器具，尚环境；印刷精美，赏心悦目，是其普遍特点。

（3）欧美现代流行菜谱书的文化特征 欧美菜谱书在视觉上给人的感觉颇富丰富多彩，设计精巧，印制精美，而其专用性与类别区分又非常明显。由于美国是一个移民国家，多民族、多文化类型是其菜谱书的独特国情。除了美国、法国、意大利、德国、葡萄牙、西班牙等民族风格的菜谱书外，中国、日本、韩国、阿拉伯等国家与地区文化的菜谱书在美国也都可以买到。集实用性、鉴赏性、收藏性于一体，并且生动直白、便于理解仿效是其编写的规范。例如，*400 SAUCES*一书，近似工作手册，分解图如连环画册，望之了然，分别介绍了各种酱汁的制作方法（基本酱汁、西班牙式、意大利面式、用于肉类的酱汁、用于鱼和海鲜的酱汁、用于蔬菜类的酱汁、腌泡汁、甜点酱汁）和使用，以及酱汁的储藏与保鲜：芥末酱、酸辣酱、泡菜酱、泡菜和果脯、果冻、果酱和黄油。一本记载了400种酱料，厚达512页的图书，翻看阅读，毫无沉重的压力。一本西红柿菜肴制作的菜谱书*The Tomato Cookbook*，制作成了一枚鲜艳的大西红柿的形状，图文并茂，阅读起来，轻松愉快，亲切随和。最吸引笔者的是一本名为*Cooking USA——50 Favorite Recipes from Across America*（《横贯美洲的50种最佳食谱》）的美食文化导游书，讲述的是美国50个州的最精美的饮食及其文化，同时配有很多珍贵有趣的图画。当然，大酒店的经营性菜谱同样是华贵雍容的经典风格。

① 中国人饮食日益“奢侈化”[J]. 东洋经济，2009-10-17转引自人民网，2009-10-19.

（二）菜谱学的形成与发展

1. 菜谱学的形成

菜谱文化是人们宴食活动的自然反映与记录，人们只要循序从俗地自觉不自觉一直吃下去就可以了，“饮食文化”或“菜谱文化”也就自然而然地被创造了。但菜谱学却是人们研究菜谱文化的成果集结，“只知其然不知其所以然”的吃不会成“学”，一般来说，促成一种菜谱学的形成，需要若干研究菜谱文化人物的“群体性”坚持努力。中国饮食文化的历史鼎盛期，就具备了这样的历史条件，他们是16—18世纪活跃在中国社会食文化舞台上的一批学者和文化人，诸如高濂（嘉靖1522—1566初—万历间1573—1620）、袁宏道（1568—1610）、李渔（1611—1680）、张岱（1597—1680）、袁枚（1716—1798）等一大批有社会情怀的人文学者。他们大多都活跃在时代经济繁荣、文化发达的运河沿线一带的中心城市。“中国古代食圣”袁枚被法国食学界称为中国或“东方的萨瓦兰”。袁枚在今日的国际食学界仍然享有崇高声誉，美国著名食学者安德森高度认同中国学者将袁枚诞辰3月25日设定为“国际中餐日”的主张。而作为中国古代“菜谱”经典的《随园食单》和现代“菜谱”范本的杨步伟著《中国食谱》两部书，则无疑是古今中华菜谱学研究的经典文本①。《随园食单》和《中国食谱》可以视为中华菜谱所以能够成学——成“中华菜谱学”的文本标志。

2. 菜谱学的发展

中华菜谱学的发展，是20世纪80年代以后的事情。其后是《中国菜谱》（中国财政经济出版社1975—1982）、《中国名菜图谱与营养分析》（中国轻工业出版社1996）、《新概念中华名菜谱》（中国轻工业出版社1999）、《国菜精华》（生活·读书·新知三联书店2018），以及《中国面点史》（青岛出版社2010）、《中国菜肴史》（青岛出版社2001）、《中国烹饪文化大典》（浙江大学出版社2011）、《中国菜肴文化史》（中国轻工业出版社2017）、《中国面点文化》（东南大学出版社2014）等的文本继续②。20世纪70年代以后近半个世纪时间是菜谱印行的持续洪泛期，种类和数量都无法确凿统计，是它支撑了中国菜谱文化的兴旺发展。难计其数的

---

① 赵荣光. 中华食学两高峰:《中国食谱》《随园食单》——从袁枚到杨步伟[J]. 南宁职业技术学院学报，2018（6）：11-16.

② 赵荣光. “中华菜谱学”视阈下的“中国菜”——2018郑州·向世界发布中国菜活动主题演讲[J]. 楚雄师范学院学报，2020（1）：1-5.

菜谱书，以及更强势充斥到人们生活各种空间的菜谱资讯，使菜谱文化成了中国大陆改革开放40多年来最为普及的文化知识。顺应其势，菜谱文化的现象与学术问题也自然引起了研究者的关注。

“菜谱学”概念的明确，是笔者40年研读菜谱历史文录的体会，也是审视当代中国汗漫40年“菜谱现象”的感悟。因此明确了系统考察中国菜谱文化流变后的四点认识：第一，界定并明确基本概念是科学地研究中国菜谱文化的前提；第二，梳理清楚中国菜谱文化在不同阶段的时代文化特征；第三，将中国菜谱文化置于国际视野下进行比较研究，从而认识中国菜谱未来的发展趋势；第四，构建中国“菜谱学”方法论雏形。

（三）中国菜谱学的走向

1. “菜谱学”定义

是否可以提出“菜谱学”的概念？这一概念能否确立？“菜谱学”，既然是一门“学”，它的研究对象、基础理论、专门术语这样一些基本元素如何认识、整理、建构？当然，这还仅仅是一种美好愿望和热心期待。目前，我们需要做的，我们必须应对的是基本的和基础的工作。所谓“菜谱学”，似乎可以理解为：“以古今菜谱数据作为基本信息对特定社会的食物加工、食品制作、食事等相关视域以及菜谱著述及其文化承载体制作技艺、经营、使用等进行研究的学术领域。”

应当对“菜谱学”这一上述界定作如下阐释。

（1）**“菜谱数据”** 这里说“菜谱数据”而不说“菜谱”，是因为人们一般会习惯地将“菜谱”作范式化的成见理解，而“菜谱数据”则要宽泛得多，它应广及历史文献中的相关记录，现时代的摄影与声像数据等。

（2）**“特定社会”** 应指明确地域、具体时限、特定文化系统与结构中的民族、族群、阶层、类型，甚至特定地位、身份。

（3）**“食物加工”** 包括加工对象的各种类别、质地、形态的食料，各种加工技法与阶段结果。

（4）**“食品制作”** 包括手工操作、经验把握的传统食品和工业化生产的食品两大类。传统食品又分为“中馈”——家庭饮食与“外食”——饭店食肆经营的品类。工业化生产的食品，如模具月饼的生产线流程、机制快餐，以及其他项目。

（5）**“食事”** 包括一切与“菜谱”相关的文化，参与者行为、事象、习俗、心理、礼仪、规范等。如各种宴会的“食单”设计，菜谱审读，菜品选择，膳品食用知识等。

（6）**“‘菜谱’著述”** “菜谱”编写的原则、技艺、风格、规范、评价标准等。所谓原则，应当包含科学性、准确性、实用性、适用性、可读性、趣味性等。

（7）**“文化承载体”** 古今各种记录材质，以及工具等。

（8）**“制作技艺”** 制作材质选择，承载体设计艺术，摄影、录像技艺等。

（9）**“经营”** “菜谱”营销理论方法、谋略技巧。

（10）**“使用”** “菜谱”的选择、识读、利用、批评、鉴赏、珍藏等。

以上，均是菜谱学作为一个学科可以涵盖和应当研究的具体内容。“菜谱学”既称为学，则研究是基本功，理论、方法、成果为必须，否则只是基础资料之砖瓦建材，必得赖蓝图规划、成科学建构适用之形体。尤其是在纸张出现和印刷术普及之前，中世纪欧洲的最初“菜谱”只是皇室或贵族家庭手写记录的“一些重要用餐或大型宴会的食材列表或菜单，其中仅仅包含着一些菜肴的名称和上菜顺序。”那是操作者的备忘录，很个性化的材料，其他人不易看得懂[①]，年会制的牛津饮食与烹饪研讨会（Oxford Symposium of Food and Cookery）就对菜谱研究颇为关注[②]。

2. 中国菜谱学的进行时态

中国菜谱文化的未来走向，总离不开特殊的国情因素，经济、文化、政治三元基本要素是最终的杠杆。2009年住宿和餐饮业零售额的17998亿和16.8%的增长率[③]，是持续看涨的强势需求。公款消费一直是中国餐饮市场繁荣的强力泵，据有关方面不完全统计，中国公款吃喝开支1989年为370亿元，1994年突破1000亿元，2005年突破了3000亿元，2008年已经是4000多亿元了。

2009年世界金融风暴席卷而来，媒体一直说唯独对我们影响不大。因而在中国却更是一个公款吃喝之年，有分析其支出已突破5000亿元[④]。“吃过”“在吃”的感觉，已经远远超越

① 赫斯顿·布卢门塔尔：前言//彼得·罗斯. 大英图书馆里的秘密食谱（*The Curious Cookbook*）[M]. 战蓉蓉，译. 广州：广东经济出版社，2020：5.

② 赫斯顿·布卢门塔尔：前言//彼得·罗斯. 大英图书馆里的秘密食谱（*The Curious Cookbook*）[M]. 战蓉蓉，译. 广州：广东经济出版社，2020：2.

③ 据2008年和2009年《国民经济和社会发展统计公报》，增长率根据各年零售额计算。

④ 中国公款吃喝缘何堵不住?[OL]. 新民网，2009-12-9.

肚皮的需要，无数中国人都将这种感觉视为社会地位、人生价值的重要指标。尽管它本质上无异于肺病患者的两颊潮红，无异于裹足女人的摇臀移步，但中国人就是以其为美，它的确是一种举足轻重的文化。如果从乾隆时期自日本特别购运鲍鱼为标志①，中国“吃遍世界”的历史至少有300年了，而满清帝国也最终落了个“吃垮清朝”的结局。但是，以“燕鲍翅”标榜的“顶级中华料理”或“高档中国菜”在20世纪80年代至21世纪初这三十余年间又如罂粟花开极其灿烂，全世界的鱼翅、鲍鱼以及其他所谓珍奇食材都涌向中国②。2012年年底颁发的“中央八条”③是中国社会餐饮转向的政治性界标，它深得全社会的理性认同，而在2013年3月，笔者则率先在济南组织了“中国餐饮业转型经营”报告会④。至此，中国菜谱走过了传统菜品烹饪经验文字记录简略版、高档饭店精品营销版、大师个人艺术宣传版等不同特色的阶段，过程中“文化”色彩不断突出、印刷渐趋精美、商业意味更浓。

（1）“菜谱学”应当立项研究　多年以前，我曾建议中国烹饪协会的主要负责人组建中国烹饪研究所，组织、引导开展中国社会需求、“烹饪”涵盖与涉及的技艺、文化、科学的相关问题，菜谱学研究就应当是不可忽略的选项。并对人选、机制、运行等有关原则、方法发表了意见，强调名副其实的有效性。希望其成为引导中国烹饪科学化、学术化、现代化的智库和参谋部。我觉得，具有相当实力的——主要是拥有此种思维组织者的业界省籍协会也可以做起，许多集大成模式的省籍菜谱的编撰出版做的就是基础工作。院校和相关的研究机构也可以从食品、经济、商业、餐饮、烹饪、旅游、出版、印刷、图书市场等不同的角度选题立项，展开研究。

改革开放以来，伴随着餐饮业的兴旺繁荣和国际文化热的兴起，中国烹饪文化热、中国饮食文化热一直持续至今。媒体宣传，业界期待，“中国烹饪走向世界”是长时间以来业界充满信心的口号。关于中外饮食文化交流，关于中国饮食文化走向世界，笔者长时间以来一直思考，并且相继有一些文字发表。2009年，笔者曾先后接受美国最具影响力的两份饮食文化杂志的邀文和专访⑤，我坚定不移地相信，中国饮食文化在当今世界仍有十分广阔的吸纳空间，走向世界的前途仍然光明。但是，首先是我们中国餐饮人把事情做好，美人——有教

---

① 赵荣光．中国饮食文化的“山海经”——兼及中、日两国饮食文化的比较：“‘满汉全席’：一衣带水的中国与日本”//赵荣光．赵荣光食学论文集：餐桌的记忆[M]．昆明：云南人民出版社，2011：389.

② 赵荣光．燕窝·鱼翅·海参·鲍鱼视角下的中国饮食文化[J]．中国国家地理，2004（1）.

③ 审议关于改进工作作风、密切联系群众的有关规定分析研究2013年经济工作[N]．人民日报．2012-12-5（1）.

④ 参见2013“妙味哆”山东省酒店餐饮经营转型论坛会议手册（2013年3月1-2日，济南山东中豪大酒店），论坛由赵荣光倡议发起，山东省烹饪协会、山东省旅游饭店协会主办，济南李大厨酒店管理咨询有限公司与中豪大酒店协办，山东中科凤祥生物有限公司承办。

⑤ Zhao Rongguang. Celebrate Yuan Mei’s Birthday[J]. (NY) *Flavor & Fortune*, 2009(2)；赵荣光．“国际中餐日”：如何推进中华饮食文化？[J]．中餐通讯（*Chinese Restaurant News*），2010，2（16）.

养的高尚的人、美事——优雅的文化和理想的程序、美食——让人指动涎滴的经典食品，缺一不可。而我们正在进行的菜谱学研究，就是这种极有建设性意义的工作。

（2）贾桂琳·纽曼博士的榜样 说到中国菜谱、菜谱文化、菜谱学，我们不能忽略一位美国学者，她就是贾桂琳·纽曼（Jacqueline M. Newman）。这是一个成功实践中国“菜谱文化”和“菜谱学”的美国人，对于中国人来说，纽曼博士的卓越成就无疑是极富启示性的（图3-1）。纽曼博士主要依据菜谱实物长时间深入而独到的研究，使她获得了对中国文化与历史的卓越贡献奖[1]。1994年，她与汤富翔先生联合创办了全美唯一的全英文介绍中国菜品文化的《美味与财富》（*Flavor & Fortune*）杂志（季刊），在国内外餐饮行业具有非常大的影响力。2002年，纽曼博士把自己2600余册在世界各地收集到的中国菜谱捐献给了纽约州立大学石溪分校图书馆，这也是全美最大的中国菜谱博物馆。时至今日，收藏数量还在不断增加[2]。事实上许多中国学者也是这样思考着的。在我眼里，他们不仅是某一个具体的个人，而是时下中国大陆三千万餐饮人的抽象。我看到的是中国餐饮人的力量与智慧，看到的是中国餐饮文化的前途，是从田野、餐桌、厨房一直望出去的中华民族健康、文明饮食的未来希望（图3-2）。

（3）审美与需求的社会分析 鉴赏与珍藏意义，人类居室，最初注重的是客厅，因为那是主人和家庭的门面，是给客人看的。继之是卧室，人生的近乎一半时间是在卧室里流连

图3-1 Newman博士在纽约州立大学石溪分校图书馆为她的捐赠设立的中国菜谱藏书室，本人供图

① Lisa Mancuso. 烹饪荣誉奖：菜谱作者在中国文化和历史领域的贡献而获奖[N]. 史密斯敦新闻，2010-4-15（7）.
② Vivian S. Toy. 需要菜谱吗？来石溪大学吧[N]. 纽约时报，2006-7-9（14）.

图3-2　2019年年末，赵荣光赴美访问Newman博士寓所，向其请教菜谱学研究心得

度过的，那是自己私密的空间，希望尽可能温馨。再后来才是家庭厨房。对于上流社会的家庭来说，厨房不仅是自己的，同时也是客人的。那里提供人生享受的美味。厨房因而也是家境实力、主人品位、社会地位的标志。有能力享受美味，有修养鉴赏美味，有格调和风度与友朋在府邸中享乐美味，那是上层社会名流的生活。因此，专用厨房，最好是拥有设备齐全的中餐、西餐、日餐、韩餐等不同的操作间，有专业厨师。与我合作过的一位日本国著名艺人、美食家的家中就拥有装修典雅、功能齐全的和式料理、中华料理、西餐料理的现代化厨房。我的一位美国小康家庭朋友的家中也有一个综合功能的现代化厨房，可以进行美式、法式、意式不同风格的食品加工。与家庭厨房相配备的，一定是数量可观的菜谱书。

据本人的观察了解，有理由这样说：当中国社会进入小康社会的时候，中国的大众家庭应当平均拥有10本菜谱书，中产家庭则平均拥有30本，富贵阶层会有50～100本，豪富大贵之家则可能拥有更多。这是因为，不断更新内容和装帧的新菜谱书在厨房参考之外，同时具有鉴赏与珍藏的意义；而中国人的尚食传统在富裕人群中会表现得尤为突出。

因此，笔者对菜谱书编撰方向有几点设想：①前瞻的菜谱书编撰。②异域文化菜谱书的编撰。③更具视觉效果和直观指导意义的菜谱书制作。④更喜闻乐见、更具趣味性的菜谱书制作。⑤明确适用对象的菜谱书编撰。不同的对象决定了菜谱视觉形象、内容取舍编排、功能界定的若干基本原则。以笔者的理解，时下和可以展望未来一段时间里的菜谱书编撰大概可以区分为餐饮企业的经营性菜谱、技术培训的技艺性菜谱、阅读兴趣的知识性菜谱、欣赏收藏的鉴赏性菜谱、翻译出版的异域文化菜谱等五大基本类型。

四 中国菜品文化

（一）“中国菜”正名

尽管中国餐饮人和社会大众已经熟稔“中国菜”的口语表述，中国烹饪研究者也“中国菜”呼之若佛禅，但是一直以来却没有给予严格界定。大众往往人云亦云，习以为常，满足于知其然而不求其所以然的日常生活层面认知，这在“烹饪”“饮食”“菜品”还仅仅是活命之需，还不登大雅之堂的旧时代是可以理解的。但是，当我们将人类的饮食之事当作学问来研究，当“烹饪”事务进入初等、中等甚至高等的教育序列，科学与学术要求就会不期而至，首先就是研究目标的明确和术语的规范。

1.“中国菜”

历史是以经验知识为基础的，而知识则是通过形成概念并对其加以证实才获得的。没有科学的概念，认识的明确与深化都是困难的。所以，什么是“中国菜”？还真的是一个不能回避的严肃问题。对“中国菜”我们早有界定，要言之，“中国菜”应当理解为：“本土华人以地产原料、传统烹饪方式与调味品加工制作的大众积久习惯食用的菜品总称。”当代最具影响力的法国大厨和法餐文化代言人阿兰·杜卡斯在回答人们“正宗”类疑问时说：“并没有唯一一种法国名食，法国有多少寸土地就有多少种法国美食。它们没有高下之分，只是不同而已。”[①]我们对“中国菜”的原则性解读则是：就其原料、制作、调味、成品四大要素来说，原料特征：东亚地区地产食材为主，原料选取广泛；制作特征：烤、煮、蒸、炒等十余种基本烹饪方法及数十种变化方法；调味特征：鲜、咸、酸、甜、辛等味觉追求广泛，各种风格调味料丰富；成品传统特征，最典型的是形美、味厚、即食，所谓“出勺→装盘→动筷子”。中国菜的审美理论方法是质、香、色、形、器、味、适、序、境、趣“十美原则”[②]，助食具的最佳选择是中华筷。

“中国菜”，无论就其技术还是艺术视角与层面认知，都是应当，并且可以科学解读的；

① [法]阿兰·杜卡斯. 吃，是一种公民行为[M]. 王祎慈，译. 北京：中国社会科学出版社，2019：112.

② 赵荣光. 中国古代饮食审美思想初探[J]. 黑龙江商学院学报，1991（1）.

都是需要实证的，都应当是可以实证的。人类的任何发明创造、经验积累都是文化，手段的熟练与效率都是技术，娴熟与技巧都是艺术，烹饪自然亦不例外。但是，烹饪毕竟是熟物的经验、技术，对其艺术性的研究不能违背基本事实，不能偏离科学，无论怎样强调其艺术属性，它都是活命手段，都是满足人基本生存与生理需求的活动。因此，过度地扬厉中国烹饪的模糊性，以致“模糊”到语焉不详，就成了屠龙之术，更遑论科学。

但是，长期以来“中国菜”的确被泛解了，以至于语境错乱，语义模糊。首先，应当清楚，“菜”就是菜，就是与淀粉类食材制作的“饭”相对的，以非淀粉类食材为主制作的可食之物。“菜”是与“饭”相对应，并且通常是与后者相辅相成提供人一餐营养需求的食物。一般意义上说，“菜”是用来“下饭”的，只有酒宴场合才以菜为主。由于“菜系”概念的被无限放大与抬升，“菜”甚至也反噬将“饭”蛇吞。于是，东北大米饭、吉林大饼、辽宁饺子、内蒙古馅饼、北京炸酱面、天津煎饼果子、山西刀削面、河南饸饹、陕西锅盔、山东馍馍、兰州拉面、新疆拉条子、湖北糍粑、云南饵块、西藏糌粑、上海生煎、浙江小笼、潮州粿条、广西米粉……尽皆笼而统之地被“菜系”了。而无论怎样牵强解读，都最终无法脱去这些食物品种或品类“饭”的胎骨，它们最终还是“饭”。“饭”——主食的功用地位无法改变。

有两千年以上传统的馄饨、饺子、包子一类裹馅食品，在中国历史上是主副食合一，即“饭”+“菜”的食物形态与进食模式。在甑被发明并普遍化之前，鬲煮是基本的食材致熟方式，那时是没有“饭”与“菜”对应的概念的，人们吃的基本是“饭菜合一”的“一锅煮”的流质食物。鬲的普及使用始于距今7000年前，甑的普及则比鬲迟了2000年。即便是没有任何器皿盛物的直接烧、烤、炙、炮等阶段，也不可能有“饭”“菜”的分类概念，那时的人类只有“食”的观念，“食材”与“食物”“食品”的概念可能会有的，至少早晚会产生的。“食材”——可食之材，自然状态的食材未必都是直接可食之物；“食物”——可以放到嘴里咀嚼下咽的自然状态或被加工过了的食材；“食品”——加工过了的可食之物。主食——“饭”与副食——“菜”分别出现并协作丰富人类“餐桌”之后又2000多年，堪称“国食”的馄饨、饺子、包子才相继出现。在此之前，主食主要是蒸制谷粒的“饭”，那时基本是粒食。包括麦——大麦、小麦等各种麦，也都是甑蒸粒食的。因此，一切粉制食物或食品，包括馄饨、饺子、包子、馅饼、面条（有各种浇头与配料的汤、拌、炒、冷等品类）等都是“饭”“菜”分列之后的逆向重合，是前人的有意创造，目的是简捷、高效、美味。炸酱面、“虾爆鳝面”不是菜，肉粥、盖浇饭不是菜，被作为菜摆上宴席的“年糕炒蟹”“八宝饭”也算不得严格意义的菜。即便是越剧男角、泰国人妖，也仍然本根犹在。就如同三明治、汉堡、热狗不会被认为是菜的道理一样。至于一定要把法棍说成是“法国菜系”，那恐怕只是中国“菜系”思维的表述。

“菜系”思维的一个深层的社会原因，是中国人吃饭艰难的畸形重食心理，是“菜”获得的更加艰难，因而更为珍贵。中国俗谚有“看菜下饭”，意为一个人进食时的食欲强弱，会影响进食者饭量的大小，而食欲则是受进食时佐餐的“菜”的质与量影响的，菜好则会食欲大增，或曰“有胃口”“胃口大开”。《水浒传》中多有这种临餐食欲大开的生动描写，鲁智深醉打山门一节：“那庄家连忙取半只熟狗肉，捣些蒜泥，将来放在智深面前。智深大喜，用手扯那狗肉，蘸着蒜泥吃；一连又吃了十来碗酒。吃得口滑，只顾讨，那里肯住？”[①]武松景阳冈打虎一节：“武松道：‘肉便再把二斤来吃。’酒家又切了二斤熟牛肉，再筛了三碗酒。武松吃得口滑，只顾要吃……”[②]“口滑”就是食欲大振，“胃口大开”，因为“端的好酒”，狗肉、牛肉都很香。又有“看人下菜碟”“杀鸡问客（读音且）”的俗谚。前者意不能一视同仁待人，针对对方身份能量，权衡利益对待，尊贵且对自己有利者会很热情，等而下之则区别对待。所谓好菜给贵客，一般客人则搪塞应酬。旧时代，庶民百姓生活艰难，虽家无常贮，然埘中有鸡，偶来贵客，杀鸡飨待，视为隆重热情之礼。陆游的“丰年留客足鸡豚”诗句[③]，讲的是900年前的山阴（今绍兴）乡俗，其实是中国历史上绵延数千年的习俗。

中国人为什么重菜？因为菜奢贵，寻常百姓家通常三餐都是以齑（腌菜）、酱为主，既极难得荤腥，也很少油水。能煮一瓯无荤腥少油水的“清汤寡水”蔬菜，也算不错了，总没有到“无菜下饭”的地步。故菜贵，因而重菜。笔者是20世纪中叶生人，经历了20世纪50—70年代基本“瓜菜代”的持续艰难。至少清代中国历史上的绝大多数农民生活是一直维系在与果腹线重合水平的[④]，农家普遍的用油方式可以证明其特征：用一根竹筷插入一枚制钱的方孔中作为油提，清水煮蔬菜，仅以盐或酱为调料，然后用制钱油提从油罐（瓶或瓮）中象征性地提取三五次滴入菜汤中，致使汤面漂浮散漫油花。明代时，号称富庶的江浙地区小康之家，也都是节衣缩食，艰难每日，三餐一菜下饭。一年之中难得的几次节庆，也就是三簋四碗，亲朋往来饮食亦有常规良俗：“虽燕新亲，勿逾五簋。常会不逾三。”[⑤]至于菜品的原料也不过是豆腐两方、腌肉或鲜肉一块、鸡卵数枚、鱼虾少许、时蔬若干，外加每家常年必备的腌渍小菜。当然，通常肉、鱼是不会兼备的。宋代时，还有进食时为节省少得可怜而倍

---

① 施耐庵．水浒：第四回“鲁智深大闹五台山，赵员外重修文殊庙”[M]．北京：作家出版社，1953：56.

② 施耐庵．水浒：第二十三回“横海郡柴进留宾，景阳冈武松打虎”[M]．北京：作家出版社，1953：258.

③ 陆游．游山西村//钱仲联．剑南诗稿校注：卷一[M]．上海古籍出版社，1985：102.

④ 赵荣光．中华饮食文化概论[M]．北京：高等教育出版社，2018：72-77.

⑤ 陈确．陈确集·从桂堂家约·宴集[M]．北京：中华书局，1979：517.

珍惜的下饭菜，主张先吃三口白饭后才开始吃菜①。生活如此艰难，菜如此珍贵，故有骂人废物“吃了干粮瞎（可惜）了咸菜”的俗谚，连咸菜都是珍贵的。清代有一民间笑话讥讽老财主刻薄：众扛活者各捧一碗白饭围餐，这里的白饭并非俗语所说的“大米白饭”，而是一碗五谷杂粮中的任何一种单纯的制熟的饭。主人悬一枚咸菜疙瘩于诸劳工目击上方，注目咸菜而强咽白饭，某人长时间注目，主人呵斥：“你不怕齁着吗?”寻常的下饭菜难得，酒菜就更是贫寒百姓可想而不可即的了，不是可望而不可即，因为他们很难得有一望的机会。

2. 科学界定、准确表述“中国菜”

科学界定“菜”，是为了正确、准确认知，使其成为严肃科学的知识，因此才可能准确表述。将“菜”作为一个领域和学科知识来研究，从方法论上来说，经验感知、类别比较、学理探索是三个递进关联的界面或基本要素，同时也包括模拟实验的手段。以此观之，则业界内外许多言“菜”者，基本属于经验感知类型，他们的见解表达，基本是个人感知的体会描述性表述。这种理解与表述，基本是感知经验性质的，全面、深刻、准确往往不足。类别比较是更进一层的认识，总结归纳、比较分析的思考，已经是探索性的认知过程了。一些烹饪文化、餐饮文化或饮食文化研究者属于这种类型。学理探索是类别比较探索的更进一步，是学术研究层面的深刻思考。三者的特征，如同登山游览者、标本采集者、实验室检验者，学理的探索才将“菜”的认知提升到了食学的界面，才能从本质与规律上回答问题。

“本土华人以地产原料、传统烹饪方式与调味品加工制作的大众积久习惯食用的菜品总称。”是我们对“中国菜”的简洁概括（图4-1）。如果我们将概念中的“本土华人”四字置换成“本土朝鲜族”“本土日本人”“本土法兰西人”“本土澳大利亚人”，这一概念同样可以确立，因此可以成为：“本土族群以地产原料、传统烹饪方式与调味品加工制作的大众积久习惯食用的菜品总称。”这就是适合任何一种文化类型的菜品文化，即“×菜”

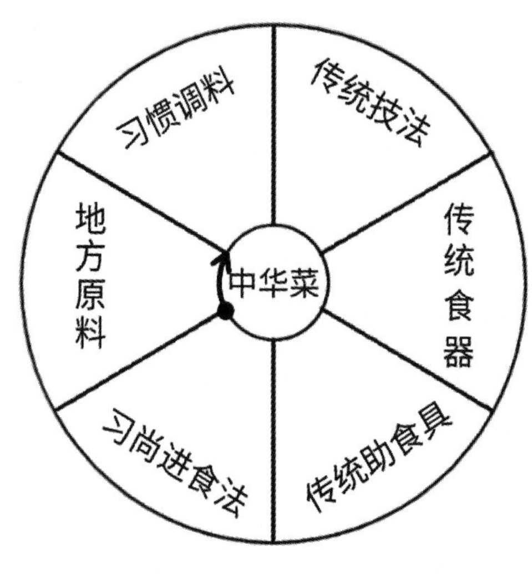

图4-1 “中华菜”文化结构示意图，赵荣光绘图

① 鲁直．食时五观//高濂．遵生八笺[M]．成都：巴蜀书社，1988：647.

的概念界定。如此才能准确认识自我，也才能参照认识其他，“文化有根，文明无界”，才会交流补益，发展进步不止。菜品，作为即时性的消费之物，是劳动产品，因此既是可此时此地制作的，也是可异时异地复制的。中国餐饮人，尤其是中国烹饪、菜品与餐饮文化的研究者应当有这样的理论意识。

日本料理的市场与文化，不足一个世纪的时间深度影响世界，食学研究支撑宣介治理不容小觑。“会席料理，是由饭店、旅馆以及日料餐厅等提供的套餐。它最初为室町时代（1336—1573）的一种宴会料理，因此风格会华丽一些。整个套餐的设置基于和食中‘五味五法五色’的原则，能够让人通过料理而感受到四季。五味是指甜、咸、酸、苦、鲜这五种基本的味道，五法是指生、煮、烤、炸、蒸这五种料理方式，五色则是白、黄、红、绿、黑这五种颜色。将这‘五味五法五色’以一种平衡的方式结合起来，就能让客人感受到料理的色彩、香气、口感和味道等的复合魅力，让客人在整个用餐过程中始终都兴致勃勃，不会厌倦。而作为客人的一方，也应该动用五感去品尝料理。以吸物来举例，将盖子打开之后要先去感受它的香气，然后去欣赏它的姿态，最后才是品尝。会席料理的真谛就在于，通过料理去感受四季、自然、风土，还有料理人的心。”①中国烹饪与餐饮研究者，应当可以从日本学者对日本料理的阐释中受到启示。

（二）地域差异性

中国菜既然是“本土华人以地产原料、传统烹饪方式与调味品加工制作的大众积久习惯食用的菜品总称”，这一概念的界定，就涵盖了中华菜品文化的地域、族群、历史等一切要素性属性。

1. 食材品种分布的自然地理属性

我们对菜品文化的界定，首先强调的是本土，“本土”一词是关键，就是饮食文化与菜

① [日]小仓朋子．受用一生的餐桌礼仪[M]．食帖番组，译．北京：中信出版集团，2019：54.

品文化的地域属性与限定，我们称其为“原壤”，“一方水土一方人”，当地的人，当地的物。任何一种类型的菜品文化都有其鲜明的地域性，赖其而生，赖其而长，赖其而为人知、为人爱。菜品文化的生——犹如物种的原生，菜品文化的长——则要以来“饮食文化场”的机制发挥。前者是后者的根，后者则是前者的似锦繁花。菜品文化的根，可以做三层解读：一是原壤性，特定菜品的最初发生之地，若婴儿诞生地的户口注册；二是某一菜品的文化属性地域追溯，若人之籍贯；三是“原壤”的不可让渡、不可置换性，即原壤是一种特定历史条件下的封闭空间。

“饮食文化场”则不尽然，它是原壤或原壤文化依存关系的发展，是原壤特定空间的突破，甚至是异变，笋的多次拔结脱箨而成竹，蝌蚪蜕尾而成蛙。传统菜品文化的根，一般是严格意义乡土的；而其演化为区域代表，则是打破封闭的结果，是人口流动、商业发展的必然。地域菜品的出名是他者的口碑，因此是城市化的结果，没有城市餐饮业就不会有地域风味与风格菜品文化的发展，菜品文化是“饮食文化场”机制的生成物。随着商业的发展，食材或食品会离开原产地向需求地流动，而且随着交通与贮藏技术的不断进步，流动半径会不断延长，但是食材品种分布的自然地理属性基本不变。尽管异地种植、饲养同样是食材流动的一种方式，而一旦落地生根之后，它们就转变成了新地籍的物种。

2. 食生产与食生活的地方特性

人们的食生产与食生活，都是凭借、依赖特定的地域环境进行的。历史上的中国幅员辽阔，北南跨越寒温带、中温带、暖温带、亚热带、热带，东西递变为湿润、半湿润、半干旱、干旱区，高原、山地、丘陵、平原、盆地、沙漠等各种地形地貌交错，自然地理条件的复杂性和多样性决定了食材种类与分布的地域差异性，因而也决定了“土生土长”原住民的食生产与食生活的地方性特征，俗谚所说“一方水土一方人”。草地民族讥笑农耕族群说：“我们是人吃羊、羊吃草，你们是直接吃草。”讥讽之意明显。我们简约地概括人类的食生产、食生活历史会说：我们人类是历史上三种人的后代，即打猎（放牧）的、打鱼的、种地的。这三种类型的食生产方式，是由人们食生活所在的山野、近水（淡水、咸水）、平原的生存环境所决定的。笔者几十年的田野经历，深深地感受到了这一点。新疆的几个少数民族不会对东南沿海的海鲜有多少兴趣，不会对杭州的龙井虾仁有食欲。我的维吾尔族、哈萨克族朋友对我说：“（虾仁）是不是有点像虫子?”我会哈哈大笑地说：“是海里的虫子。还是草地上的四条腿虫子好吃!”于是，我们一起吃肉畅谈。而早在1966年笔者混迹“革命大串联”潮在首都钢铁公司厂房“红卫兵接待站”宿地与来自五湖四海的“红卫兵”（我并不是组织上的红卫兵）聊天南地北的风土人情时，大家对于我这样一个来自极北边陲齐齐哈尔的“野蛮地区”人深表不屑。上海、广州、汕头等地的学生一致讥笑北方的五谷杂粮，尤其是“小米”，认为是“鸟食”，“不是人吃的，人吃了会‘跑警报’。”我则理直气壮地回以“小米加步枪革命胜利。”后来见识、知识渐长，才深刻理解其中的道理。

食生产与食生活的区域性，其意义还不仅仅是园田、厨房、餐桌的活动空间和人们的行为层面，这是个人与物的长久时间互动的历史过程。这个过程中，人和物二者都在改变。进化是一个无意识的、非有意操作的过程。自然界是各种生物相互吸引的机体，各种生物当然包括一切动物、植物、微生物。人类在选择动物、植物，反过来动植物也在利用人类。草和羊是相互吸引的关系，人与羊也是同样的关系。当然这种关系受制于生态机制的制约，而非单纯的草与羊、人与羊的关系。30年前，笔者田野考察到青海玉树，受访的一位年过古稀的藏族老人指着公路旁的茫茫沙碛感慨地说：“我小的时候，这里的草茂盛得看不见骆驼。”我闻之大骇。对于我的疑问，他无奈地说：“羊太多了，政府要羊肉。”于是，我立刻想起了《蒙古秘史》中以警惕与恐惧心理记载的“黑灾”和“白灾”，再次震撼草地民族一次次南下突进的生存压力。“在野地里，一种植物及其害虫持续共同进化，这是一种抵抗与征服的共同舞蹈，不会有最后的胜利者。”[①]人们食生产与食生活方式的选择、风格的形成，归根到底是由其活动的地域决定的，是大自然在选择。

（三）民族风格独特性

中华民族饮食文化明显地存在着食物原料选择的广泛性，进食心理选择的丰富性，肴馔制作的灵活性，区域风格历史的延续性和各区域间文化交流的通融性等五大特性。这五大特性，同时也是中华菜品文化的基本特征。

① [美]迈克尔·波伦．植物的欲望——植物眼中的世界[M]．王毅，译．上海：上海人民出版社，2015：68.

1. 食生产与食生活的族群风格

食生产与食生活的族群风格，应当有特定生态与文化系统中相同或相近方式的社会族群，一定生态与文化系统中相同或相近方式的民族族群，不同等级的社会群体，这样三重基本含义。前者没有或基本没有明显的民族差异，后者则表现为某一民族特有的。

中国人在“吃”的压力和引力作用下，表现出来的可食原料的开发极为广泛。中国历史上历代统治集团的驭民政策和过早出现的人口对土地等生态环境的压力，吃饭问题数千年来就一直是摆在中华民族历代管理者和每一个普通百姓面前的生死攸关的大事。中华民族的广大民众在漫长的历史性贫苦生活中造就了顽强的求生欲望和可歌可泣的探索精神：“于是造就了中国祖先特异的嘴巴和牙齿。凭着这一张嘴巴和牙齿，我们中国人便从树上吃到陆地，从植物吃到动物，从蚂蚁吃到大象，吃遍了整个生物界。”我们这个民族不但吃过一切可以吃的东西，而且还吃过许多不能吃和不应吃的东西。明初朱橚（1361—1425）《救荒本草》（1406）一书开给中国百姓救荒活命的草木野菜就达414种之多，在这本植物学著作的背后就是劳苦百姓的民食惨状。人类文明史上许多文化创造的成就是光彩夺目的，而其创造的过程却是充满了创造者的辛酸和痛苦。中国人开发食物原料之多、利用深度之彻底，是世界各民族中所罕见的。中国人不仅使许多其他民族禁忌或闻所未闻的生物成为可食之物，甚至还使其中许多成为美食。

当然，在这种原料开发中，与下层民众的无所不食的粗放之食相对应的，是上层社会求珍猎奇的精美之食。这种进食心理选择的丰富性表现在餐桌上，就是肴馔品种的多样性和多变性。对于上层社会成员来说，饮食早已超越果腹养生的生物学本义而跃上了口福品味、享乐人生的层面。不仅如此，他们的食生活还大大超越了家庭的意义而具有相当的社会学功能。官场上的迎来送往，社交往来的酬酢，以及为了声势地位、礼仪排场的需要等，都使上层社会成员的餐桌无限丰富，都使得他们的进食选择具有永不餍足的多变与多样性追求。而下层社会受到政治、经济、文化诸方面明显弱势的限制，心理选择的丰富性就要受到极大的制约。这同时也决定了下层民众更多地是以廉价或无偿（如渔捞采集）的低档粗疏原料及可能的变化来调剂自己粗陋单调的饮食，许多流传至今的民间风味小吃、家常菜与此不无关联。

一方面是上层饮食社会层追求多样和多变的丰富心理，另一方面是庶民社会补充调剂的多样和多变的努力，于是整个社会表现出了似乎一致的追求食生活多样化丰富的心理倾向。历史上的中国人将这种丰富性的心理发展到了极致。中国人以为自然界中的万物都是“天”造地设以供人养生之需的，所以他们食一切可食之物便合于“天道”。因此，中国人食的想象、追求与创造便没有了什么禁忌。但中国人同时又主张与自然和谐相处的生存原则，提倡取之有时、用之有度、反对暴殄天物的用物原则，这既不限制中国人索取自然的自由，又使中国人对自然之物的利用充分发挥了物尽其用的创造性才智。这一点，从中国人对食物原料的加工利用几乎到了毫无弃遗之物的传统中可窥一斑。早在周代天子常膳的食谱中，仅肉酱“醢”和各种酸味的“醯”便各有百余种之多①。上层社会豪侈之宴的“炙牛心”“烧象鼻”“燔熊掌”“烧驼峰”“扒豹胎”“啜猴脑”“煨鱼翅”“烩鸭舌”以及鱼骨、燕窝、犴鼻、猩唇，甚至各种名堂古怪、创意离奇的虐食、怪食等均频频见诸历史记载。而俗话所说的“稀罕吃穷人”，更生动地反映了这种普遍性的民族心理。任何一种未曾品尝过的食品，都极大地吸引中国人的食兴趣；每一种风味独特之馔，都鼓动中国人的染指之欲；中国人的确是一个尚食而又永不满足于既有之食的民族。

2. 饮食文化的民族特性

食生产与食生活的民族风格既是饮食文化的民族特性，中国人肴馔制作的灵活性就是最突出的民族特性。由于上述的广泛性和丰富性，以及中国人对饮食、对烹饪的独特观念，富于变化的传统烹调方法，从根本上决定了中国人肴馔制作的灵活性。

对于饮食，中国人以追求由感官而至内心的愉悦为旨要，追求的是一种难以言状的“意境”。对于那种“只可意会不可言传”的美好感觉，人们又设法从感观上把握，用“色质香味形器”等可感可述可比的因素将这种“境界”具体化，其中的“美味”又是人们最为珍视和津津乐道的。中国菜制作追求的是要调和出一种美好的滋味，一切以菜肴味道的美好、谐调为度，“度”以内的“鼎中之变”决定了中国菜的丰富和富于变化。而“一个厨师一个法，千个师傅千个样”的宽松标准和“适口者珍”的传统性准则，传统菜点制作习惯上缺乏严格统一的量化指标，甚至也不去追求这种标准。“手工操作，经验把握”，是中华传统烹饪的历史性特点，也是最大的优点和不容忽视的弱点，民族历史文化的悖论在中国传统烹饪领域同样鲜明地存在着。在这种悖论状态下，高明的厨师能有章无矩、匠心独运，通过自己的聪颖和努力将中国传统烹饪发展成仅属于个人的艺术；而对于绝大多数厨工来说，则主要停留在经验操作的复制性层面。烹饪者技术的熟练程度和具体操作时的发挥状态，直接影响着肴馔的质量。所以有中国烹调技法的复杂多变，有中国肴馔的万千名目、无穷花色，也同时有

① 赵荣光. 中华饮食文化史[M]. 杭州：浙江教育出版社，2016：215-218.

中国肴馔因店、因人、因时不同的质量优劣差异。

当然，这种灵活性表现在上、下两大不同等级的社会结构中是风格迥异、差别甚大的。上层社会的示夸、悦目和适口之需，要求他们的厨下不拘一格竞出新肴，以致餐桌广延方丈不足以悉数罗列珍奇。肴馔色、质、香、味、适、形等诸多审美指标的无穷变化，正是中华食文化的优秀传统，也是尚食者追求的美学境界。正是尚食者的价值指向，决定了美食创制的风格趋向；后者又不断培育了前者的审美观念和价值观倾向。中国肴品的制作，总是厨者依人们的尚食习惯，本人的传习经验，依据不同原料随心应手地操作而成。其中每一个参数都不是十分严格不变的，他们几乎都是变量。一切都在厨师每一次具体烹制的即兴状态下完成。没有也无法一成不变地把握每一道菜肴的量和质，它们都在厨者经验的眼光和灵巧的手的掌握中。因而，它们一直都属于“大致差不多”的模糊状态。应当说，这是中华传统菜肴制作的特点，至少既往数千年的历史上是如此。

伴随着20世纪80年代以后中国社会经济持续发展与人们生活节奏渐趋加快的趋势，人们试图用西餐的工业化、标准化模式来规范中餐烹调，但是实践中往往忽略了中西肴馔与饮食文化二者间质的差异。事实上，至少在相当长一段时间里，人们至多可能规范若干便于规范同时又易于为人们接受的品种，不太可能，也没必要规范中国人久已习惯了的数百上千甚至更多的菜肴品种。因为它们大都是灵活制作的，而灵活性是它们因地、因时、因人诸多具体特异因素而成的，它们是适应现时代中国人消费心理、习惯的，是适者生存的文化形态。因为基本是手工操作、经验把握，因此传统中国菜品没有所谓百代不易的“正宗”。传统意义状态下的中国烹饪和中国肴馔，是无法用“正宗”来准确表述的，所能表达的充其量只是某种文学色彩，而难以反映严格的科技意义。正是这种灵活而非机械、模糊而非精确的即心兴、随时意的熟练经验、技巧操作，方使中华传统菜品完成了从感性到理性的跨越，致使其充溢着丰富的想象力和无穷的创造性。可以说，中国当代餐饮业的“正宗”招徕，不过是某些经营者利用消费者好奇心的一种俗文化的商业手段。

至于广大下层社会民众平居三餐的餐桌，虽然无法与上层社会相比，但也同样充分体现了这种灵活性。如果说上层社会——富贵之家中馈或主要服务于中上层社会的酒楼饭庄的肴馔制作的灵活性主要表现为传统风格的应手复制和习惯品种的匠心变通，即灵活性还有相当的经验章法的话，下层社会庶民之食则没有那些顾虑和约束。他们更多的是随意性，是在有限原料（就每一次烹饪来说）和简陋条件下家庭厨房里的“妈妈味”。没有严格的章法可循，也不必特别考虑烹饪技巧——她们认为那是“饭店里的事”。但这种不循严格章法和不特别考虑烹饪技艺的亿万之家的家庭烹调，正反映了更广泛的千差万别性和每一次操作的特殊性，从而充分地体现了庶民社会肴馔制作的灵活性。中华饮食文化传统肴馔制作既然有灵活性的特点，也就意味着其原料、工艺、形态等要素的易变性，它们既是历史传统的，更是现实、演变的，我们必须以变化的观念来认识它。

（四）“中国菜”的文化共性

1. 各地域菜品的通融性

由于自然地理环境、气候与物产存在着不同地理区块间的较大差异，加之各区域间民族、宗教、习俗等诸多情况的不同，在中国版图内历史上形成了众多风格不尽一致的饮食文化区。这种从食文化角度审视的文化区域风格的形成，是在漫长的历史过程中逐渐实现的，它的存在和发展都体现了食文化的历史特性——封闭性、惰性、滞进性和内循环更生性。这种特性，在以自给自足小农经济为基础的分割和封闭性很强的封建制时代尤为典型。从某种意义上说，某一人群的社会生活越是孤立和封闭，其文化的地域性便越明显，该种文化的民族的和历史的，即传统的色彩便越典型，个性的特征便越强。人类的历史文化，至少是殖民时代以前的世界各民族的文化，首先便是这种意义的地域性的文化。

中世纪的中国，一方面由于自给自足自然经济的封闭性、封建政治的保守性，另一方面也由于商品经济的极不发达和广大庶民生活的非常贫苦，使得各区域的食文化在漫长的历史上保持着极强的“地方性”，“邻国相望，鸡犬之声相闻，民至老死不相往来”，可以说是近代以前中国数千年广大农村、山区，尤其是边鄙地区经济文化生活的主体风貌。于是，自然地理的差异，经济生活的差异，人文的差异，进而是习俗和心理的差异，其结果便是在封闭性极强的历史条件下区位文化的长久迟滞及内循环机制下的代代相因，即区域内食文化传承关系的坚实牢固保持。食物原料品种及其生产、加工，基本食品的种类、烹制方法，饮食习惯与风俗，总之是区位食文化的总体情况与风格，似乎都是这样代代相因地重复存在的，甚至区域内食品的生产者与消费者的心理与观念也是这样形成的。因为在迟滞生产力水平基础上高度封闭的人们，食生活的变化的确是太慢、太小了。这种传承性在区位文化历史顺序的每一个时期及历史过程的交替阶段表现得极为明显，它们几乎是凝滞的或周而复始、很少变化的。由于中国幅域广大，各文化区域彼此间存在着诸多的差异，对比之下，不相毗连，尤其是距离遥远的各区域的这种属性便更为鲜明突出。当然，不是事实上的丝毫不变，只是说变化与发展非常微小和缓慢，因而在历史上呈现为一种静态或黏结的表象。文化就其本质来说是只有一定的地域附着而没有，或很少有十分严格的地理界限的，只要有人际往来，便有文化的交流；食文化因其核心与基础是关乎人们养生活命的基本物质需要，即以食物能食的实用性为全体人类所需要，因而便天然具有不同文化区域彼此间的天然通融性。无论历史上各文化区域间的权利利益封闭是如何高垒深沟、关梁阻断，也无论各地域内人们的生活是怎样单纯的自食其力，绝对的自给自足和完全的与区位外隔绝在人类历史上都几乎是不存在的。各区域间的交流是随机可能发生的，并且事实上几乎是无时不在发生的。丝绸之路精神的“文化有根，文明无界”[①]，就是对人类文化关系的最好概括。历史上的中华大地，由于很早就形成了经济互补共济、文化趋同向心、政治一统中枢文化生态系统，系统内各区域间的饮食文化交流更是频繁和紧密。“天下熙熙，皆为利来；天下攘攘，皆为利往。”[②]可以说，在食文化和更广泛意义的文化交流史上，无论时间发轫之早，范围之广，频率之高，还是渗透与习染能力之强，都是以商旅为最。和平时期的商旅往来固然频繁，对峙和战乱时期的彼此需求也并不减弱。事实上，历史上的战争则往往能引起更大规模、更迅速、更积极、更广泛和深刻有力的食文化交流。商人的活动之外，官吏的从宦，士子的游学，役丁的徭戍，军旅的驻屯，罪犯的流配，公私移民，荒乱逃迁，都是食料、食品通有无和食文化认识融汇的渠道。

当代国际食学界有一个“中华食文化圈”的观点，照这一观点的理解，历史上以中国为中心，包括朝鲜半岛、日本列岛以及更广阔的周边地区在内的广大地域同属于中华特征的食文化区。中华本土食文化与周边国家食文化的历史交流彼此通融，互补增益，相得益彰，因而呈现出毗连或邻近国土之间的共同体结构风格，如稻米、小麦、大豆等食料及其加工品，茶及茗饮文化，加工工具与助食器具，进食方式，饮食思想与礼仪等。中华本土内部各食文化区域就“中华民族饮食文化圈”来说，是文化共同体母圈之中的子圈，它们彼此之间的联系当更为紧密，通融自是更加频繁。事实上，中华本土内各食文化圈的历史孤立与独立性，它们各自有别于其他子属区域的个性，都是相对的，既是历史形成中的相对，也是历史不断发展中的相对。那种各区域自身食文化风格的历史传承，同样也是在不断吸收本区域外文化影响的相互交流中实现的。新石器时代最重要的加工具石搓盘、杵臼，煮食器鬲、蒸食器甑，商周时代的青铜礼食器，东周以下的石碾盘、旋转磨、踏碓等，在中华大地都有广泛存在。

青海4000年前遗址出土的“喇家索面”与汉代就已经逐渐形成的中华大地北面条、南米

① 2014亚洲食学论坛全体代表. 第四届亚洲食学论坛西安宣言文化有根，文明无界：永恒的丝路精神!//赵荣光，王喜庆. 第四届亚洲食学论坛论文集[M]. 西安：陕西师范大学出版社，2015：9.

② 司马迁. 史记·货殖列传[M]. 北京：中华书局，1982：3256.

线条形食品普及风习无疑有深厚渊源。西北少数民族的“胡饼”——中原汉人所谓“胡人”的炉烤饼——也即今天主要流行于新疆等地区的馕的早期形态，汉代时对黄河流域农耕民众的食生活产生了重要影响。同样，以原产北方的大豆为原料的豆腐，唐代时就已经渐渐成为华夏通食。茶之作为饮料，其饮用风习最初形成于西南地区，汉以后茶的种植沿长江而下至大江南北推广开来，并于唐代形成普遍种植与全社会广泛饮用的局面。唐代这种通国嗜饮之风又很快流行于西北广大地区。与中土盛行饮茶之风相辉映的，是西藏地区的饮茶之习，那里因与西南的川、滇地区早有商道相通，饮风流被或更早于唐代。其后的茶马互市，是中央政府或中原政权同周边少数民族的经济交流；至于茶通过几条丝绸之路长途输送域外则是更大范围的国际交往。边疆地区畜牧民族对中华民族茶文化的创造性贡献之一，是奶茶的发明与普遍饮用。

中华民族共同体是在数千年历史上相互依存、互补共进的文化系统之中逐渐形成的，并且随着时间的延续而不断加深这种彼此依存的关系。从根本上说来，正是各区域间互补性的经济结构决定了彼此的共存共荣关系，决定了这种结构之上彼此沟通联系的民族共同体的全部社会生活，决定了这种关系活性充分展示的各种文化形态。而贯穿于这一庞大生命机体中的一条主动脉即是各区域间人们食生产、食生活的紧密纽结和食文化网络。

2. 各地域菜品技法的近似性

中国菜的制作特征：烤、煮、蒸、炒等十余种基本烹饪方法及数十种变化方法；调味特征：鲜、咸、酸、甜、辛等味觉追求广泛，各种风格调味料丰富；成品传统特征：最典型的是形美、味厚、即食，所谓“出勺→装盘→动筷子”。中国菜的审美理论方法是质、香、色、形、器、味、适、序、境、趣“十美原则”，这种中国式菜品文化审美理论虽然也是符合“国际惯例”的“各民族通则”，但毕竟是中华文化传统，最适宜于中华饮食文化圈内各子区域的菜品鉴赏，因为彼此间的烹饪技法相通。

3. 各地域间菜品文化理论同一性

中国版图内各地域菜品食材、成品菜肴的交流通融，各地域菜品技法的近似，最终导致“中国菜”文化体系的整体风格。“中国菜”文化风格的体系性，表层是习尚的趋同，而究其根底则是菜品文化理论的同一性。中华饮食文化的四大基础理论应当是中国菜文化理论的最深根基[1]，“食医合一”的敬畏和谐自然，“饮食养生”的科学饮食观，“本味论”的食材与食物的食理理念，“孔孟食道”的饮食文化文明理论，四大基础理论是共同的。各地域间菜品文化理论的趋同是一个漫长时间的历史过程，而这一过程同时也是互动补益的，也就是说，是历史过程中各地域间各民族食生产、食生活共同创造的结果。它们表现在行为层面，就是近似或彼此认同的口味爱好，就是中华民族饮食礼仪与餐桌规矩，就是中华筷的进食方式等，总之，是他文化比照下的“中国式”、中国风格。

① 赵荣光. 中华饮食文化史[M]. 杭州：浙江教育出版社，2015：4-17.

五

中国菜地域代表名目识鉴

（一）地域范围与文化级次认识

1. “饮食文化圈”理论

“饮食文化圈”是研究中国饮食文化区域性的理论方法，饮食文化圈是由于地域（最主要）、民族、习俗、信仰等要素，历史地形成的具有独特风格的饮食文化地域性类型。文化区又称作文化地理区，每一个饮食文化区可以理解为具有相同饮食文化属性的人群所共同生息依存的自然和文化生态地理单元。我们依据客观存在的饮食文化的区域差异，提出了“饮食文化圈”“中华民族饮食文化圈”等一系列表述饮食文化区域性的概念。“饮食文化圈”与“饮食文化区”所表达和反映的均是中国饮食文化的区域性属性与特征①。

2. 省籍或更次级地域菜品文化理解

应当认识到省籍或更次级地域菜品文化的认知都是基于人们社会生活的行政区域机制制约与影响的。现实生活中，陌生人的彼此认知首先了解的一般是对方是“哪里人?”而回答，首先是省市籍，比如你问：“先生是哪里人?”他回答“黑龙江”，下面就没话了。除非是填表格的要求，他可能写上嫩江县七星泡。也可能回答“哈尔滨”，但实际上他是呼兰县下属的某个乡的。没有走出国门之前，省籍是基本标记。部队征兵源、学校生源等，都是按省籍运作，菜品文化的最高和最响亮地域层级通常也是省籍，并且一般是以省会城市——同时是政治、经济、文化（现实或历史）第一大埠标的。因为餐饮市场中心与社会餐饮生活重心的地位，最能体现菜品文化的诸多要素都集中在这里。当然，许多传统的地标性名特产，通常是更具体的地籍，即我们说的原壤，如“德州扒鸡”“沟帮子烧鸡”“文昌鸡”……各省籍都会有许多分布地域广泛、各级次的传统风味名食。

① 赵荣光. 中华饮食文化概论[M]. 北京：高等教育出版社，2018：38-42.

（二）“向世界发布中国菜”

1. 2018郑州“向世界发布中国菜”名目

2018年9月10日在郑州隆重举行了由中国烹饪协会、河南省商务厅联合主办，河南省餐饮与饭店行业协会承办的“2018向世界发布‘中国菜’活动暨全国省籍地域经典名菜、名宴发布会”。为了各省籍业界与社会的积极性和利益，平衡政策是必须的，于是有“十大名菜与名宴”的既定原则。笔者作为重要名分的“专家组”成员，坚持各省籍协会遴选推介的原则与程序。这里，我们仅将各省籍协会推介发布的“十大经典名菜”名目照录如下①，以备历史存录和研究者参照思考：

北京：一品豆腐、东来顺涮羊肉、北京葱烧海参、北京烤肉、炸烹虾段、三不沾、红烧牛尾、砂锅白肉、北京烤鸭、黄焖鱼肚。

天津：天津红烧牛尾、火笃面筋、炒清虾仁、银鱼紫蟹火锅、煎烹大虾、天津烧肉、扒全素、官烧目鱼、麻花鱼、罾蹦鲤鱼。

河北：白玉鸡脯、白洋淀炖杂鱼、金毛狮子鱼、皇家御品锅、脆皮虾、烩南北、锅包肘子、滋补羊脖、煨肘子、熘腰花。

山西：土豆焖鲍鱼、山西什锦火锅、山西糖醋鱼、西红柿烩莜面鱼鱼、黄芪煨羊肉、小米炖辽参、山西过油肉、牛肉窝窝头、红枣蒸黄米、酱梅肉荷叶饼。

内蒙古：大汉牛尾、内蒙古烤全羊、风干羊背子、欢庆敕勒川、金汤滋补牛尾、金穗羊宝、烤羊脊、鸿运当头、鸿运羊腩、鹅蛋盐焗菊花羊宝。

辽宁：三鲜火锅、小鸡炖蘑菇、扒三白、辽宁㸆大虾、拔丝地瓜、葱烧辽参、锅爆肉、焦熘里脊、熘鱼片、赛熊掌。

吉林：白肉血肠、砂锅鹿宝、雪衣豆沙、锅爆豆腐、熘三样、拔丝白果、家鸡榛蘑粉、锅包肉、滑炒长白山松茸山药、熘肉段。

黑龙江：杀猪烩菜、鱼面知了、烤奶汁鳜鱼、野生猴头蒸肉、黑龙江狮子头、黑龙江葱烧海参、御品赛熊掌、御品鳇鱼骨、榛蘑蒸肉、赛鱼翅。

江苏：大煮干丝、无锡酱排骨、水晶肴肉、红烧河豚、松鼠鳜鱼、软兜长鱼、盱眙小龙虾、金陵盐水鸭、砂锅鱼头、砂锅狮子头。

---

① “2018向世界发布‘中国菜’活动”2018年9月10日在郑州举行，笔者被委以专家组长，并作《根深口碑“中国菜”》主题演讲。主理“2018向世界发布‘中国菜’活动”的中国烹饪协会执行副会长李亚光指着已经署名香港文汇出版社印刷成册的《中国菜——中华人民共和国省籍地域经典名菜名宴》对笔者说：“菜品和宴席确定，都是各省市协会报上来的，为了发布赶印出来，问题很多。希望赵教授帮助改定。”同时希望笔者促成正式出版。

上海：八宝鸭、水晶虾仁、白斩鸡、红烧蹄髈、红烧鮰鱼、油爆虾、砂锅糟香鱼头、素蟹粉、清蒸鲥鱼、糖醋小排。

浙江：三丝敲鱼、千岛湖砂锅鱼头、西湖醋鱼、新二锦馅、鲳鱼年糕、烂糊鳝丝、雪菜笋丝大汤黄鱼、干菜焖肉、手剥龙井虾仁、里叶莲子鸡。

安徽：八公山豆腐、老蚌怀珠、胡适一品锅、蜜汁红芋、徽州臭鳜鱼、火烘鱼、李鸿章杂烩、椒盐米鸡、霍山风干羊、霸王别姬。

福建：大黄鱼吐银丝、白斩河田鸡、半月沉江、竹香南日鲍、佛跳墙、鸡汤氽海蚌、武夷熏鹅、客家生鱼片、海蛎煎（蚝仔煎）、涮九门头。

江西：三杯鸡、永和豆腐、余干辣椒炒肉、啤酒烧麻鸭、鄱湖鳙鱼头、井冈烟笋炒肉、米粉蒸肉、莲花血鸭、景德镇泥煨鸡、藜蒿炒腊肉。

山东：爆炒腰花、博山豆腐箱、春和楼香酥鸡、葱烧海参、滑炒里脊丝、九转大肠、孔府一品锅、糖醋里脊、氽西施舌、潍坊朝天锅。

河南：豫式黄河大鲤鱼（红烧、清蒸、糖醋软熘）、煎扒鲭鱼头尾、炸紫酥肉、扒广肚、牡丹燕菜、清汤鲍鱼、大葱烧海参、葱扒羊肉、汴京烤鸭、炸八块。

湖北：沔阳三蒸、莲藕排骨汤、黄州东坡肉、荆沙甲鱼、原汤氽鱼丸、葱烧武昌鱼、潜江油焖小龙虾、钟祥盘龙菜、粉蒸鮰鱼、腊肉炒菜薹。

湖南：毛氏红烧肉、发丝牛百叶、花菇无黄蛋、剁椒鱼头、汤泡肚尖、红烧海双味、麻辣仔鸡、腊味合蒸、红煨水鱼裙爪、雷公鸭。

广东：广东脆皮烧鹅、广州文昌鸡、白切鸡、传统菊花三蛇羹、迷你佛跳墙、客家手撕盐焗鸡、客家酿豆腐、家乡酿鲮鱼、麻皮乳猪、潮汕卤鹅。

广西：阳朔啤酒鱼、沙蟹汁豆角、环江香牛扣、荔浦芋扣肉、柚皮渡笋扣、柠檬鸭、贺州三宝酿、梧州纸包鸡、横县鱼生、螺蛳鸭脚煲。

海南：干煸五脚猪、文昌鸡、加积鸭、红烧东山羊、红焖小黄牛杂汤、烤乳猪、海南全家福煲、清蒸和乐蟹、椰子盅、温泉鹅。

重庆：水煮鱼、毛血旺、豆花、重庆火锅、重庆回锅肉、重庆烤鱼、粉蒸肉、酸菜鱼、辣子鸡、黔江鸡杂。

四川：大千干烧鱼、夫妻肺片、宫保鸡丁、四川回锅肉、鸡豆花、开水白菜、麻婆豆腐、清蒸江团、砂锅雅鱼、鱼香肉丝。

贵州：乌江豆腐鱼、花江狗肉、青岩状元蹄、苗家酸汤鱼、贵州辣子鸡、宫保鸡丁、素瓜豆、盗汗鸡、骟鸡点豆腐、糟辣肉片。

云南：大救驾、山官牛头、水煎乳饼、白油鸡枞、老昆明羊汤锅、汽锅鸡、宣威小炒肉、圆子鸡、野生菌火锅、酥炸云虫。

西藏：咖喱牛肚、香猪薄饼配松茸酱、夏布精、原味牛舌、酱烧牦牛蹄、烤羊排、萝卜拉锅、雪域羊头、酸萝卜炒牛肉丝、灌羊肺。

陕西：奶汤锅子鱼、带把肘子、莲菜炒肉、烧三鲜、海参烀蹄子、商芝肉、葫芦鸡、温拌腰丝、蒸盆子、糟肉。

甘肃：玉泉烤全羊、四喜金樽狮子头、兰州手抓羊肉、团圆百合、红烧黄河大鲤鱼、红焖藏香蕨麻猪、陇上香酥鸭、秘制牛掌、秘制卤肉、蝴蝶羊肚菌。

青海：西城牛排、百花金瓜羊肉、富贵牛大运、如意发菜、杏花羊肠、青海三烧、青海酸辣里脊、茶道香薰羊排、乾坤牛掌、虫草福禄牛骨髓。

宁夏：大蒜烧黄河鲶鱼、亚宝蒸全羊、手抓羊肉、白水鸡、宁夏烤全羊、沙湖大鱼头、热切牛肉、烩羊杂、清炖土鸡、碗蒸羊羔肉。

新疆：大盘鸡、天山雪莲牛排、煮熏马肉、葱爆羊肉、戈壁烤鱼、手抓肉、椒麻鸡、新疆烤全羊、羊肉焖饼、馕包肉。

香港：过桥客家咸鸡、招牌大煲翅、金奖乳鸽、金牌酱焗龙虾、鸿运烤乳猪、窝烧溏心鲍鱼、蜜汁叉烧、飘香东星斑、避风塘炒蟹、烧鹅皇。

澳门：干煎大虾碌、白焓马介休、姜葱腌仔蟹、焗葡国鸡、澳门脆皮烧肉、瓦罐浓汤鸡煲、金钱脆蟹盒、骨香鲳鱼球、清蒸澳门龙脷、霸王八宝扒大鸭。

台湾：凤梨苦瓜鸡、鸡仔猪肚鳖、荫豉蚵仔、咸蛋黄瓜仔肉、香菇肉羹、菜脯蛋、蚵仔面线、酥炸鸡卷、鱿鱼螺肉蒜、鲳鱼米粉。

2. “郑州发布”的双重意义

正如我们肯定“菜系”说的积极意义一样，我们也应当充分意识到中国菜“郑州发布”的积极意义。最不容忽视的积极意义就是：

（1）第一次如此郑重地充分肯定了省籍地域菜品文化的存在客观性、生存合理性，是一份打破既往四大、八大等“菜系”意识禁锢的中国地域菜品生存发展的“菜权”文化宣言。

（2）促进了餐饮人对菜品文化的深入思考，有助于我们一再倡导的“餐饮人在读”产学研活动的深入。

（3）有助于餐饮市场与地域性菜品文化的良性发展。

应当说，此举的业界与社会文化促进意义是毋庸置疑的，大众会关注思考。各省籍协会也是足够重视这一推定结果的，推定者应当是有责任意识、荣誉感与利益思考的。而以行家眼光、学术审视，不难发现各省籍协会推介的各自的“十大经典名菜”有如下一些局限性特点：

（1）必须清楚，如同餐饮业界与其他行业的许多行为一样，“2018向世界发布‘中国菜’活动”是一次商业意识与市场运作的行为，是参与各方利益协同后的程序运作。而正如几乎所有餐饮人都十分清楚的，由于主办方的过度受制于市场与社会因素影响，科学、准确、公正原则往往大打折扣。

（2）当代中国政情中的企业，任何市场行为都有强烈的“政治正确”意识。

（3）现时代中国餐饮行业协会长期以来的活动，基本囿于应酬各种赛事、荣誉性评选、促销经营、联谊庆娱等活动层面，缺乏菜品文化的数理统计分析与必要的学术研究是积习通病。因此，品种选定多是基于感官印象、经验认知、习惯心理。

（4）时下各地协会的体制与运行模式决定了事权者见识的主观成分过重，且不排除特殊关系企业利益的影响，于是偏颇、失衡势不可免。

（5）各省籍协会推介品种的店家经营色彩过浓、流行菜谱名称。凡此种种，决定其代表性大打折扣。因而，名单一公布，网评意见纷纷，热烈点赞的同时，质疑与批评亦不少。

因此，应当将“2018向世界发布‘中国菜’”名目公正地视为中国菜品文化认识的一份历史档案，一份2018年际中国烹饪与餐饮文化的体检表，一张中国菜品文化的CT照影。立此界标存照，备思考研究。

（三）省籍地域代表菜应名副其实

1. 各省籍地域代表菜应有客观标准

2016年9月4日，“中国十大名面邀请赛”在咸阳隆重举行①。作为负有重要名分的特邀专家，笔者对主办方提供了理论、方法、具体品目等系统支持。就品目而言，在全国名以百数的各地名面之中最终推定10品，遴选原则的科学合理和程序的公正无疑必须是坚定明确的。笔者提出的遴选原则是：

① 由CCTV-7农业频道、中国烹饪协会、陕西省商务厅、陕西省质量技术监督局、陕西省旅游局、中共咸阳市委、咸阳市人民政府联合主办的“中国十大名面邀请赛”2016年9月4日在咸阳隆重开幕，“中华面食文化论坛”当天同时举行。笔者被委以专家组长，作为唯一主题演讲人作了《中华面条民族魂》题目的演讲，当晚几位临听者感慨“听赵先生演讲，我们一直禁不住流泪”云云。

（1）明确地域依托的名食。

（2）受众广泛，不仅有依托地域民众的广泛喜爱，同时也为不同文化区民众认知与接收。

（3）为社会各层次消费者所习尚。

（4）市场覆盖率广。

（5）较长时间的流传历史与文化记录。

（6）选料选取的地域与族群特色。

（7）技艺的独特性。

（8）市场前途与文化承传。

（9）经得住质疑性批评。

（10）特别关注庶民大众的认可度与消费选择。

笔者的意见得到了主办方决策者的认同。然而执行过程中，也出现了始料所不及：笔者推定的阳春面品种落选了。众所周知，阳春面是在下江地区，近海一带，至少有数百年传统的城乡大众习尚之食。应当说，阳春面是符合上述10款原则的理当入选品种。但是，正如以上所说，市场机制与商业原则不接受。活动要颁发荣誉与名号性质的牌子，因此要求入选品种必须有经营企业，也就是说此项活动的利益流程是：主办方名分支持→地方协会中介→餐饮企业目标介入，利益关系及目的兑现，是充分互动协商的，也可认为逆向流程的存在，即名分需求的餐饮企业→地方协会中介→目标支持主办方。六朝以下繁华的南京，明清隆盛持续的苏州、扬州，近代的上海，是阳春面曾经家喻户晓、人人喜爱的著名中心城市，而今竟几乎找不到一家规模的品牌店在继续经营了。在几张台面的小店都在营销30元起价一碗面的现时代，“谁还卖阳春面！”阳春面，百姓又习称“光面”，几乎没有任何浇头，是十足的中国老百姓的面食。但是，利润目标的高速公路市场规则，禁止百姓传统节奏的光面驶入。但是，阳春面依然存在，宴会的点心小食，平居的正餐，依然是阳春面最惬意，下饭菜肴分盘另装，面的色、味、适，纯粹的感觉不受扰乱。但是，商家不再打阳春面招牌。

20世纪80年代以后，餐饮业以“家常菜”口号呼唤“工薪族”消费，曾流行了一段时间的“家常豆腐”就极具代表性，可以视为“中国菜”时代市场生态的一道标本菜。大豆原产中国，豆腐是中国人的发明，大豆制品是历史上中华民族大众体质保障至关重要的食材，大豆的演化形态：豆芽、豆浆、豆酱、酱油、豆腐、豆皮、腐竹、腐乳等，几乎无人不爱，以至于豆腐有“国菜”的美誉[①]。“贵人吃贵物，贱人逮豆腐”是流行了数百年之久的俗谚，“家

① 赵荣光．中国传统膳食结构中的大豆与中国菽文化//赵荣光．中国饮食文化研究[M]．香港：东方美食出版社，2003：237-263.

常豆腐”为无数代的中国人所喜爱和依赖。十几年前笔者应邀赴韩做“中国菜”文化主题演讲，论文准备过程中参考了网络资讯，注意到“家常豆腐”几乎遍布全国各省区的餐饮店馆，图片显示一百数十种开外，不仅煎、炒、烹、炸、煮、蒸、炖、烩、熘、煲、拌等中国烹饪传统技法皆有介入，且豆腐种类齐全，配料也是五花八门、异彩纷呈。于是，我们得出结论，所有这些“家常豆腐”菜，唯有一点是相同的，那就是豆腐的存在。而事实上，人们美好记忆中传统意义的“家常豆腐”已经没有店家在经营了，它无一例外地都被“蟹黄豆腐”一类可以抬高价格的菜品取代了，原因一如阳春面，“谁还卖家常豆腐!”家常豆腐真的名副其实，回归家庭厨房，只能再现于家庭餐桌了。文字记录一旦完成，字面意义就开始凝固，而最初书写事象的活动却不会停止，因此，文字记录失水干瘪、木乃伊化之后，往往与书写当时的事象不同轨迹，甚至差异时空。因此，历史研究最忌望文生义、简单以今律古。理解“贵人吃贵物，贱人逮豆腐”俗谚亦然。从懂事时起，我就听说过这一俗谚，那时我知道自己家很穷，但不理解“贱”，因为“贱”是很恶毒的骂人话。而且，豆腐一直以来都是我个人餐桌上的贵物，轻易吃不起。过去经常在小食店里点“国菜”下饭，也经常在哈尔滨的“二如居囚斋”中以“国菜”待客。老来，我深知自己是穷且贱的人，但是对豆腐的爱心依旧，眷情却衰，因为转基因令人担心，“国菜已然不国了”，一如“北京烤鸭”的国际化——鸭子原料多非国产了。

阳春面、家常豆腐在市面基本绝迹，是中国饮食文化演变的时代缩影，研究这种现象颇有启示意义。笔者对杭帮菜、东北菜演变形态轨迹的系统考察，注意到：餐饮市场菜品变化的基本规律是，20世纪90年代以前基本是经典品种恪守传统标准为主流，新食材、新技法、新品种同时活跃。20世纪90年代以后，餐饮业界或烹饪界“创新”成热潮，结果是近百年来的流行菜品近乎整体整容，甚至脱胎换骨，或者名实不在，或者名存物非，或者改头换面、似是而非[①]。这就告诉我们，各省籍地域代表菜标准的科学性不容轻视，那么，科学性是什么？或者说省籍地域代表菜标准的科学性有哪些要素呢？我们将其统称为客观标准，具体来说应当是以下五点：

（1）菜品在本省籍地域内有较长时间的流传历史与市场口碑。

（2）主料为风味独特的地产食材。

（3）为社会各层次消费者所习尚。不仅为原生地地域民众广泛喜爱，同时也为不同文化区民众认知与接受。

---

① 参见赵荣光．中国餐饮新热点：“杭帮菜”热俏的分析与思考//赵荣光．中国饮食文化研究[M]．香港：东方美食出版社，2003：204-221；赵荣光．历史演进视野下的东北菜品文化//郑昌江主编．中国东北菜全集[M]．哈尔滨：黑龙江科学技术出版社，2007：1-11.

（4）烹饪技法或调味的独到、独特性。

（5）具有长久生命力与文化承传潜力。也就是食材、风味、技法、受众、传统五大要素集中的地方代表性。着重的一点是，要尽可能从社会生活与民族文化大时空审视把握，也就是说，不要被短时间段市场冷热现象所干扰。

2. 各省籍地域代表菜之管见

基于上述原则，我们的选择，在品目与数量上可能会与流行菜谱书及时潮观念有较大的差异。我们给出的是一种理论与原则的范本，另外的认识与标准则会是不同的结果。多种规则，会有多种选项，各种选项结果都会具有不同的寓意与启示（表5-1）。

表5-1 省籍地域代表菜

地区	省籍地域代表菜
东北地区	黑龙江省：猪肉炖粉条、白肉血肠酸菜锅、杀猪烩菜、尖椒干豆腐、锅爆肉 吉林省：小鸡炖蘑菇、锅塌豆腐、拔丝地瓜、熘肉段、荠菜粉 辽宁省：三鲜火锅、小鸡炖蘑菇、㸆大虾、拔丝地瓜、葱烧辽参、焦熘里脊
京津地区	北京市：北京烤鸭、东来顺涮羊肉、北京烤肉、砂锅白肉 天津市：火笃面筋、银鱼紫蟹火锅、扒全素、罾蹦鲤鱼
黄河下游区	山东省：爆炒腰花、葱烧海参、滑炒里脊丝、孔府一品锅、糖醋里脊 河北省：烩南北、煨肘子、熘腰花、白洋淀炖杂鱼 山西省：山西糖醋鱼、黄芪煨羊肉、过油肉、酱梅肉荷叶饼
长江下游区	上海市：水晶虾仁、白斩鸡、红烧蹄髈、红烧鮰鱼、油爆虾、糖醋小排 江苏省：大煮干丝、无锡酱排骨、水晶肴肉、红烧河豚、松鼠鳜鱼、金陵盐水鸭、砂锅狮子头 浙江省：油焖春笋、雪菜大汤黄鱼、千岛湖砂锅鱼头、杭州酱鸭、荷叶粉蒸肉、油爆虾、糟青鱼干、东坡肉 安徽省：八公山豆腐、徽州臭鳜鱼、李鸿章杂烩
东南地区	广东省：脆皮烧鹅、麻皮乳猪、牛肉丸、潮汕卤鹅、瓦罐汤 福建省：佛跳墙、鸡汤汆海蚌、客家生鱼片、土笋冻 海南省：文昌鸡、椰子盅、温泉鹅 香港特别行政区：金奖乳鸽、烤乳猪、蜜汁叉烧 澳门特别行政区：焗葡国鸡、脆皮烧肉 台湾省：荫豉蚵仔、酥炸鸡卷

续表

地区	省籍地域代表菜
中北地区	内蒙古自治区：手扒羊肉、烤全羊
黄河中游地区	河南省：黄河鲤鱼（红烧、清蒸、糖醋、软熘）、葱扒羊肉、炸八块、胡辣汤
长江中游地区	湖北省：葱烧武昌鱼、腊肉炒菜薹、莲藕排骨汤、沔阳三蒸 湖南省：剁椒鱼头、麻辣仔鸡、腊味合蒸、雷公鸭、梅菜扣肉 江西省：烟笋炒肉、米粉蒸肉、莲花血鸭、藜蒿炒腊肉
西南地区	云南省：白油鸡枞、汽锅鸡、宣威小炒肉、野生菌火锅、炸云虫 贵州省：乌江豆腐鱼、花江狗肉、宫保鸡丁、糟辣肉片 广西壮族自治区：荔浦芋扣肉、螺蛳鸭脚煲 四川省：麻婆豆腐、鱼香肉丝、夫妻肺片、宫保鸡丁、四川回锅肉、干烧鱼 重庆市：水煮鱼、毛血旺、重庆火锅、酸菜鱼、辣子鸡
西北地区	陕西省：莲菜炒肉、烧三鲜、商芝肉、葫芦鸡、蒸盆子、糟肉 甘肃省：白水羊肉、红焖蕨麻猪、陇上香酥鸭 青海省：西城牛排、百花金瓜羊肉、富贵牛大运、杏花羊肠、青海三烧、青海酸辣里脊 宁夏回族自治区：白水鸡、热切牛肉、烩羊杂、清炖土鸡、碗蒸羊羔肉 新疆维吾尔自治区：烤羊肉串、杂碎汤、米肠、面肺、马肉肠、葱爆羊肉
青藏高原地区	西藏自治区：烤藏香猪、酱烧牦牛蹄、烤羊排、灌羊肺

以上基于饮食文化区域理论，把握原壤物产、地方风格、族群习尚、历史传统、文化传承、生存趋势等原则所选定的各省籍代表菜的“代表性”，时下中国不同族群、不同文化层面的认知者一定会仁智分歧很大。笔者所秉认知理论与甄择结果，排除了利益族群异见等各种非科学研究因素影响，不作委曲迎合。笔者设想，可能会有一些职业餐饮人，尤其是各种“大师”誉名或口碑的厨师会内心不受用。因为我们选择的菜品似乎没能鲜明凸显大师们的高超技艺，关注点没有倾向各地最高档的精品菜。是的，14亿人中的庶民大众无由问津染指、只属于特殊消费对象的燕、鲍、翅之类高档食材菜肴，我们一般不予考虑。而且那种近乎模特走秀时装特色的“表演菜”，我们也持谨慎态度。因为，它们都与中华烹饪文化的精髓真谛具有营养学与伦理学的过度距离，既不能代表中国菜品文化的历史主流，也不会是走向风标，至少不应当是如此。中华古代食圣袁枚认为，菜品与技法之重切忌“贪贵物之名”，“鸡猪鱼鸭”等是中国菜食材中的“豪杰之士”，“豆腐得味，远胜燕窝；海菜不佳，不如蔬笋。”[①]

① 袁枚．随园食单：戒单·戒耳餐[M]．上海：文明书局，1918：5.

如同意大利菜中的皮埃蒙特香蒜鳀鱼热蘸酱、伦巴第炖猪肉、罗马风羔羊排；法国菜中的法式橙汁鸭、鹅肝、蜗牛；和式菜中的天妇罗；这些享誉世界的名肴，都是大众口碑而非表演性质的作秀菜。又由于数量的限制，各省籍餐饮与饮食文化代表的经典菜品远不会是三道、五道，五道、七道，当然也不止十道、八道，选定的结果必然有挂漏之失。因此，我们的这一选定，只是为区域省籍菜品文化研究提供了又一参照，一种思维模式与图像版本的批评借鉴。需要特别声明的是，上述区域代表性菜肴的品目遴定，只是笔者基于局限见闻思考的历史、习俗、受众、趋势原则的一己之见，而非个人口味、选择与实践。至于笔者的饮食理念与个人餐桌，则完全是时下果腹大众都无法认同和难以接受的粗糙简陋。

六 中华菜在世界的发展历程

文化学视野的中国菜与世界关系，应当是池中落石波纹不断外延的路径情态。外国或域外——历史上称为“方外”，其人进入中国之后感受中国菜，是一种重要的路径，既是最古老途径，也是迄今为止最重要的路径之一。这种认知方式，特点是鲜明的本土性、原真性。但菜品文化的这种国门之外扩衍力度一般很低，旅行或侨居者一旦返归故土就会是自身习惯养成的“妈妈味”回归，中国菜基本是经历记忆的保留，没有多少文化传播学的意义。因此，严格意义的“中国菜在世界”，一定是“中国烹饪走出去”，饭店开到世界各地。女婿上门不是外人，落地生根，厨房外延，如法餐、意餐在世界各地生根发芽。因此，“中国菜”不在中国，不再中国，作为文化意象，落地生根的“中国菜”事实上已经是当地的各种新版本，是中国菜的各种适者生存的变化或变异，是由实在而虚化了的“中华风格”“中华风味”“中华意象”的新菜种。

菜品文化的异地生根，势必是异化与同化的过程，即原壤习尚形态的变异和适应移入地习尚的趋同。近现代以来，中国菜的走向世界就是这样的路径。几年前，将留学中国期间中国菜感受亲切的记忆带回美国经营，并以“老金煎饼”名号一度热俏的“天津煎饼果子”，已经不是“外婆家”中国本土原样，而是时下美国人理解和接受“中国煎饼果子”的纽约版。相反的例证则是：大张旗鼓进军纽约时代广场的“正宗”高端理念大D烤鸭，以哈佛、耶鲁学生为消费目标的G其食包子经营，却都没能坚持长久。应当说“基因排斥”与“水土不服”的主、客双方因素都有。国际知名学者翁贝托·埃柯（Umberto Eco，1932—2016）曾对菜品文化的异地认知有一段精准的论述：“景观、语言和人种的多样性，尤其对烹饪饮食起了重大作用。这里说的并不是在国外吃到的意大利菜，这跟在中国以外的地方吃中国菜是一样的道理，不管它们多好吃，充其量不过是从意大利常见菜肴中分支出来的变体，这些餐厅供应的是一种从意大利各地区取得灵感的综合菜色，注定得根据当地人口味加以调整，而且等待的是想要寻求典型意大利形象的中间客层。”[①]走出国门的中国菜，就面临这样的生态演变，中国菜走到了哪里就变成了那里的“中国菜”，而非中国本土的中国菜。这种入乡随俗的演变，是移民文化的一般规律，就地取材的饮食文化更是如此。中国菜在世界，就是这样一个极具代表性的题目：华侨移民数量大，移民大多是聚居生活方式（至少早期是如此），故土食习维系牢固，以经营中餐谋生是立足异国他乡的主要生存方式选择，中华饮食与中国菜的独特文化魅力等，这一切汇集成了世界近现代食生活史的“华侨—中国菜”文化景观。

① [乌克兰]艾琳娜·库丝蒂奥科维奇. 意大利人为什么喜爱谈论食物？——意大利饮食文化志[M]. 林洁盈，译. 杭州：浙江大学出版社，2016：9.

（一）中国移民的“中国菜”

1. 华侨中的“中国菜”

（1）华侨“中国菜”基本格局 伴随移民而携入式进入移居地的中国菜，历史上大致是时空差异的东南亚、日本、美欧三种形态。东南亚地区至晚可以从宋代时溯起，日本则应以18世纪中叶的清日口岸贸易为标志，两者的华人主体基本是商人，并且都已融入当地文化。前者的融入很彻底，东南亚诸国的饮食文化中都不同程度地消化吸收了中国闽、粤、滇、桂等南部地区的中国菜文化元素。中国菜在日本的生态略有不同，本土“和氏”吸纳中国菜文化发展自身的同时，“中华料理”仍在，当然也已经是日本化的“中华料理”，而非中国本土的“中华料理”。至于中国菜的欧美路径则基本以19世纪中叶以后为时间节点。19世纪中叶以后的约一个世纪间，世界各地的“中国菜”基本是该地中国移民聚居区或社会圈中的消费品，是“唐人街”中“唐人”的食物，也就是中国移民在各寄居地的消费，是中国人在海外吃中国菜。自中世纪以来，就不断有中国人断断续续移居异国他乡的记录，至21世纪初已经形成了几乎无国不在的局面。但可以作为规模移民问题研究的，基本是19世纪末至21世纪初约一个半世纪间的移民，大致可以20世纪中叶界分为前后两个历史阶段。19世纪末至20世纪中叶以前的移民，尤其是清末的移民基本是希冀图存性质，因为国内维生过于艰难；其后则基本属于求富期盼。而将中国菜带到移居地，也就是造成中国移民“中国菜”历史文化的主要是前期移民。考察世界各地中国移民的“中国菜”，尽管分布散广，但集中地区还是东南亚、日本、美洲——美国为主、欧洲——英国、法国、德国、荷兰等为主，三者成因与特点又不尽相同。东南亚地区历史最为久远，经历了宋明、清末以来漫长的时间演变，中国菜极大地本土化。今天，东南亚地区“中国菜”的影子很难找到，有的也只是中华菜品文化元素在该地区菜品中的扑朔迷离。日本则应以清中叶以下的华商麇集长崎等地携入式为初始，后继则是20世纪80年代开始的华人或中式餐饮经营①。美国的中餐发展过程，则呈现清末至第二次世界大战前、第二次世界大战至20世纪80年代、20世纪80年代以后三个大致的时段。中餐在欧洲的发展，相当长时间里以法、英为主，20世纪80年代以来则以荷兰为代表。2020年的资讯显示，仅荷兰中餐业组织中饮公会（VCHO）中属下就有大约2200家会员餐厅，说“荷兰人吃中国菜”似乎并不过分。

---

① 笔者的理解与日本学者的认知不尽一致，参见[日]草野美保．日本における中国料理の受容：历史篇——明治—昭和30年代の東京む中心に//[日]岩间一弘．中国料理と近现代日本食と嗜好の文化交流史[M]．东京都：庆应义塾大学出版会，2019：55-76.

中国菜世界格局的基本板块，应以美国最具代表性，也因此最具现实生态与未来趋向的解析意义。在既往两个世纪时间里，随着华人移民的逐渐进入，中餐文化在美国得到了蓬勃发展，并与美国文化不断融合，最终演变成一种中国人并不熟悉的“美式中餐文化”。时至今日，美国的中餐馆已经超过了40000家。研究者的美国中餐史审视是颇有道理的：食物的视角，中餐在美国经历了从“舶来食品”“穷人食品”“快餐食品”到“本土食品”“精制食品”“文化食品”的过程；历史的维度，华人群体在美国则同时经历了从“外来人”“开荒人”“边缘人”到“华裔美国人”“文明人”的过程。

（2）华侨“中国菜”的处境 就地取材，艰难谋生，故土习惯，这一切因素限定或维系了相当长一段时间里“中国菜”移民圈子内的故国情调、乡土风格。初期阶段移民聚居区的中国菜，基本是移民族群的自调理、自消费，移入地民众很少介入。19世纪中叶掀起的中国海外移民潮，以涌赴美国的“淘金热流”为代表。1850年，加州已经有了4000多名华人，1851年，约2700人去了旧金山，1852年，就增至近20000人。他们基本都是中国珠三角地区谋生艰难的人口，他们每个人都头戴一顶独特的大草帽，身着宽松的外套和长裤，脚上穿着做工粗糙的大鞋，用扁担挑着两个大筐就乘快帆船漂洋过海了。筐里装的是他们全部的家当：被褥、衣物、锄头、铲子、锅、茶炉、大米、海鲜干货、腊肠、酱、腌菜调料等，总之是走到哪里都可以就地卧睡、起火烧饭。

毋庸讳言，直到太平洋战争爆发前，中餐或中国菜在西方列强世界的名声总体上并没能实至名归，也就是：“实至”颇有差距，由于种种原因的制约，中华烹饪或中国菜的文化与品质没能在总体上充分准确体现；因为“实”未充分至，“名归”固然大打折扣。但“名”未归的原因不仅如此，应当说原因很多，但很重要的原因则是清朝、民国，以及两国之民不受待见，饿乡败国、政黯官愚，清朝与清朝民众在整个世界上的形象地位卑微低极，国皆不齿，人均可侮，国卑则民辱，外交礼貌背后的国际社会游戏规则一向如此。至少直到几十年前，偏见、疑惑、误解，甚至偏执、诋毁，不仅频见媒体，更严重的是口传信息和舆论，它们不仅影响了中餐的海外声誉，也阻碍了中国菜融入移入地的社会生活。重要的原因不在中餐或中国菜的文化本身，而在文化群体的实力与形象，世界对中国菜的感觉判断也是因人及物。清政府的腐败无能、满大人官僚的恶习丑闻、愚昧刚愎，劳苦大众的贫贱卑微、毫无尊严，八旗军官兵烟枪必备、临阵必溃，男人脑后的长尾巴，女人裹的小脚，中国文化锢守和习俗的鄙陋，这一切汇成的整体麻木愚昧，于是，“荒谬可笑”成了西方人眼中的中国人形象。“在西方人眼里，他们似乎和猿猴没什么两样，而他们的社会状态、艺术和政府在基督教国家眼中看来也是同样地滑稽。”[①]中国被鄙视为“旧毯子上的烂蒜”[②]。那些养尊处优、颐指气使习惯了的上层社会的“主子们”，在西方人看来不过是一群冥顽得无药可救之物，“他们的生活习惯最为堕落残忍；赌博四处流行，并且已然上升到一种毁灭而且罪恶的地步；他们服用致命的药物和烈酒给自己带来快感；他们还是粗暴的杂食家，地上跑的、走的、爬的、天上飞的、水里游的，实际上几乎所有可以吃的东西，不管是海里的，还是土里的，哪怕是别人看来最恶心的东西，他们都会贪婪地往嘴里送。”[③]相当长一段时间里，各国外交官把到中国不得不接受的政府豪华宴会视为冒风险，甚至连钦差大臣极力讨好美国公使的满汉全席也被定义为“吃的全是一堆恶心恐怖的东西。”[④]

当然，也不能排除最初的劳力移民的厨房与餐桌给移入地社会的印象与影响。我们知道，最初到海外的谋生的移民基本都是清朝社会最底层的难民和贱民，他们因艰难的生活所迫铤而犯险，为求生存以身家性命相搏。他们是中国社会经济、文化的最底层，得不到任何尊重和依赖，在国内是衣牛马衣、食猪狗食。到了举目无亲、四周冷眼的异国他乡，是身无分文又饥肠辘辘的流浪者，自然是尽可能因陋就简、饥不择食，他们食物的粗糙简陋，也就不难想象。也许因为笔者经历、见闻了太多的生存艰难，自身长久为匮食、饥饿所苦，因而感悟人生食事切肤，因而理解、悲悯早期移民的痛苦艰难。在1852年的短短几个月间，似乎“全亚洲所有多余而低等的人”都聚集到了加州的采矿区：“如果说我们当中有那么一群‘臭歪果仁’（nasty foreigners），比谁都令人厌恶、比谁都凄惨倒霉的话，那无疑是华人……在当地矿工的眼里，华人的地位很低。他们什么都吃，这些‘毫不挑剔’的清朝人向来都把老鼠、蜥蜴、泥龟和所有散发着恶臭且难以消化的贝类，以及‘那些可怜的幼鹿’当作自己的食物，而且在现在这样一个满是面粉、牛肉和培根等适合‘白种人’吃的食物的地方，他们依旧如此。”[⑤]偏见和歧视虽然不近伦理与情理，但却几乎无一例外合乎逻辑地油然而生，1855年的《旧金山编年报》再次反映了这一事实：“加州的美国人十分厌恶华人的风俗习惯。一方面，他们的语言、血液、宗教和性格与美国人存在不小的差异，另一方面，他们在精神及躯体上的许多方面都不及美国人，因此一些美国人会认为，华人只是稍稍要比黑人优等一点，但其他美国人则觉得他们连黑人也不如。”[⑥]

---

① [美]安德鲁·科伊. 中餐在美国的文化史：来份杂碎[M]. 严华荣，译. 北京：北京时代华文书局，2016：38-39.
② [美]安德鲁·科伊. 中餐在美国的文化史：来份杂碎[M]. 严华荣，译. 北京：北京时代华文书局，2016：41.
③ [美]安德鲁·科伊. 中餐在美国的文化史：来份杂碎[M]. 严华荣，译. 北京：北京时代华文书局，2016：35.
④ [美]安德鲁·科伊. 中餐在美国的文化史：来份杂碎[M]. 严华荣，译. 北京：北京时代华文书局，2016：54.
⑤ [美]安德鲁·科伊. 中餐在美国的文化史：来份杂碎[M]. 严华荣，译. 北京：北京时代华文书局，2016：125.
⑥ [美]安德鲁·科伊. 中餐在美国的文化史：来份杂碎[M]. 严华荣，译. 北京：北京时代华文书局，2016：125.

华人的近代移民史，充满了辛酸血泪，移民美洲的经历更是历尽艰难。19世纪中叶以后对“满大人”（The Mandarin）的鄙视与欺凌是世界性的，华人移民连同中国菜就是在这样的环境中挣扎生存的[①]。“华人在许多就业领域都证明了他们的竞争力：首先是参与修建铁路，接着是在三角洲地区筑坝排水，随后又进入农业种植和工业制造领域。在任何一个领域，业主们都发现华人可信赖，肯出力，而且还特别廉价。”[②]尽管他们都知道，这些靠卖命活命的中国贱民都是畏缩胆小、规矩老实、肯出力气、不怕脏累、任劳任怨的可怜人，是“诚实的矿工们”。考古学家曾在19世纪60年代居住过数百名华人的爱达荷州皮尔斯的一座矿营里发现了一些酱油坛子、数陶罐进口咸菜和几罐食用植物油。当时，那里极为偏僻，生活条件异常艰苦，但是，那些华人仍然能设法吃到来自中国的东西。后来，腌牛肉和牡蛎等美式罐头食品的出现，才开始为他们单调的饮食增加了点新内容。美国研究者指出：直到“19世纪60年代，旧金山的上层白人并不怎么喜欢中国食物。虽然每年他们都会参加一两次这样的正式宴会，但多半都是冲着提升自己与华商合作的贸易利益而去的。”相比之下，旧金山的上层白人更喜欢到侍者“对美国人说法语，对法国人说英语”的“舒适又充满卖弄意味的上等法国餐厅。”[③]历史回顾，让我们知道，中国菜文化的世界之旅，其始也艰难，诽议，挣扎，坚持，改进，拓展，最终扎住脚跟，异地生存、开花、结果。

2.“唐人街”的中国菜

（1）世界各地“唐人街”的中国菜　“唐人街”是海外华人聚居社区的他者称谓，是移民聚居区发展的结果，唐人街亦称“中国城”。呼中国人为“唐人”，其来已久：《明史》即有郑重记载：“唐人者，诸番呼华人之称也。凡海外诸国尽然。”[④]“诸番”可以理解为世界各国，沿袭呼中国人为“唐人”，自然是盛唐帝国时代的播誉世界影响。但是，呼中国人为“唐人”，却不称其所食之菜为“唐菜”。因为“菜”的文化彰力，或曰人们的重视，是近现代以来的事，而这时中国——满大人清帝国、中国人——饿乡愚昧卑贱族群已经很不为世界待见了。19世纪中叶以后，越来越多的中国人——清朝役民决心犯万难海外谋生，造成了中国近代以来的持续移民潮。有研究表明，到了20世纪初，也就是大约经历了半个世纪时间，欧洲马赛、利物浦、阿姆斯特丹等一些著名的港口城市都相继出现了“中国水手馆”“华

① [美]韩瑞．假想的“满大人”：同情、现代性与中国疼痛[M]．袁剑，译．南京：江苏人民出版社，2013：1-8.

② [美]孔飞力．他者中的华人：中国近代移民史[M]．李明欢，译．南京：凤凰传媒出版集团，2016，204.

③ [美]安德鲁·科伊．中餐在美国的文化史：来份杂碎[M]．严华荣，译．北京：北京时代华文书局，2016：117.

④ 张廷玉，等．明史·外国·真腊传：卷三百二十四[M]．北京：中华书局，1975：8395.

图6-1 美国纽约唐人街某中餐馆后厨的中国厨师，引自美国国家公共电台网（NPR），1940

人水手馆”“行船馆”，那是以华人为服务对象的宿泊之处，同时是解决吃的迫切需求的中餐馆、食杂货铺的出现[①]。“唐人街者，中国水手麕集之区也。……而饭馆之菜肴，则较饶中国味，因为此地之中国饭馆，始系真为中国人而设也（图6-1）。”[②]“‘唐人街’是在外国的中国人聚居的所在，特别是在美国，较大的城市，都有唐人街，唐人街的英文名字是China Town。在这儿住的大概都是做生意的中国人，这唐人街里尽是中国人开的商店，中以小吃店和洗衣店最多，……”[③]这是中国观察者的记录。

（2）“中华料理”在日本 如本书在先指出，“料理”一词是源于中国的日化烹饪术语，日化的文本根据应当主要是宋版《齐民要术》。“料理”在日语理解初为“烹饪”，继之延伸有厨事与食物泛指义。近现代，中餐、中国菜、华人食事一概被日语表述为“中华料理”，自1942年就开始发表中国食事研究的田中静一先生的封山之作《一衣带水：中国料理传来史》可为最有影响力的代表[④]。幕府锁国时代的日本，唯对中国有限开放，中华料理在日本传播历史的标志性时段，一般被认为在江户时代（1603—1867）初期。对华贸易窗口为长崎出岛，许多中国人居住在出岛。出岛建成于1689年（东山天皇元禄二年、清康熙二十八

① [英]约翰·安东尼·乔治·罗伯茨．东食西渐：西方人眼中的中国饮食文化[M]．杨东平，译．北京：当代中国出版社，2008：108.

② 余自明．英国留学生生活之断片录[J]．现代学生（上海1930），1933（6）：7.

③ 新术语：唐人街[J]．新生周刊，1934（14）：4.

④ [日]田中静一．一衣带水：中国料理传来史[M]．东京：柴田书店，1987.

年），中国人的聚居区称为“唐人屋敷”。中国商人多来自广东、福建等省，居住在“唐人屋敷”的中国人基本是独立的世界，商人们的佣人与家厨也是随同携带的。这些商人基于职业与业务需求，都一律注重自奉与宴客餐饮，《唐山款客式》生动记录了这一历史情状①。长崎的中华料理对日本社会很有影响力，1867年，日本人开始进入“唐人屋敷”的中华料理店消费，不过大部分中华料理店还只向中国人开放（图6-2，图6-3）。1871年《清日修好条规》签订，随着旅居日本的中国人越来越多，长崎、横滨等地出现了被称为“南京町”的中国人聚居区。据《横滨市史稿》记载，1871年的横滨南京町，共居住了963名中国人，有130家中华料理店。有统计表明，今日日本中华料理店的数量比寿司店还要多。

20世纪80年代初，笔者在东京飞往北京的航班上见到中学休学旅行的日本小朋友手持日文版的“*Follow Me*”在座位上用功，“麻婆豆腐”“宫保肉丁”“鱼香肉丝”等赫然在目。浏览20世纪70年代以来的日本各县市地菜谱书，就不难发现，中国菜的影子到处存在，尤其是长崎、京都、大阪、东京等地的菜品更是中华料理深嵌其中。图片上煎饺、汤面、烤豆腐、

图6-2　日本东京最大之中国菜馆陶陶亭（1932年旧照）

图6-3　1937年，日本北海道最早的中餐厅“陶陶亭”在函馆市开业

① 唐山款客式（日本190代天皇光格天皇宽政八年、清嘉庆元年，1796年）一册，日本内阁文库35775号，见赵荣光. 满汉全席源流考述[M]. 北京：昆仑出版社，2003：225-226.

图6-4 江户时代方桌上摆的普茶料理

羊羹等各种花色点心等靓丽悦目，恍若热气香味扑面而来，而在日本和风或称作日料店里点要也几乎是索骥如图，无论何时何地举箸品尝均感快意。日本料理真的让中华料理升华了。

“普茶料理为来自中国的料理之一，……日本许多文化都深深受到中国影响，料理当然也不例外（图6–4）。从中国传进日本的非精进料理有桌袱料理，两者都是从中国传入长崎，普茶料理之后于京都普及，位于宇治的黄檗山万福寺即为其代表。桌袱料理后来在长崎生根，也保留了与其名桌袱，也就是桌巾而来，将料理排放于桌上的形式，而料理本身则日本化，发展为极有特色的长崎乡土料理。”[①]与时下中国各地食店里的同品相比，除了食材品质的差异之外，日本餐饮人的匠意用心与责备精致令人感慨。

当今世界，一般消费者只知日本拉面很有名，“拉面”与天妇罗、寿司成了日本料理的代表，荞麦料的乌冬面也很和风，但它们的源头却都在中国[②]。研究日本饮食的学者葡萄牙作者Rath的*Southern Barbarian Cookboook*（《南蛮料理书》2010年）论述天妇罗源流，认为其和式化于17世纪。但它们和氏化的结果却更让人指动，也更具国际名声了。一些直接音译的中国菜如麻婆豆腐、担担面等，也都入乡随俗日本料理化了，因为中国人习惯了的厚油、重辣、强热等菜肴特点，并不适合日本人的饮食习惯。这也是中国厨师往往批评日本的中华料理“不正宗”的依据，尽管批评者并不清楚“正宗”的确切含义，他们并不理解大众日常生活的菜品文化并不具有“正宗”与否的严格界限。甲午战争（1894）排斥华人的结果却促

① [日]大久保洋子. 江户食空间：万物汇集的料理与社会[M]. 孟勋，等，译. 北京：中国工人出版社，2019：203.

② [美]任韶堂. 餐桌上的语言学家[M]. 游卉庭，译. 台北：麦田出版社，2016：69.

使中华料理店加快了向日本社会普通大众的开放。1910年“来々軒”在东京浅草开业，这被认为是日本首家拉面店，此后，越来越多的和风化的中华料理出现，以致中国留学生可以在东京随意“饱餐家乡风味”[①]。当时代的研究者指出：“以前在日本的华侨很多，卖布的（浙江青田人居多数）和开菜馆的（广东人居多数）作别的生意的都有，后来就只有开菜馆的一种，做布生意或别的生意的都被‘打倒’了。因为‘中国菜’日本人无论如何烧不好，而且日本人也和欧美人一样喜欢吃‘中国菜。’”[②]

图6-5　日本东京福禄寿饭店，1951年，美国国家历史博物馆藏

1945年，第二次世界大战结束，日本战败，陷入粮食危机，而由于中国是战胜国，“南京町”中相对粮食充足。当时，很多中国人和日本人都来到“南京町”来填饱肚子[③]。可以说，是中华料理让当时的人们度过了困难时期。战前，日本的中华料理主要以广东料理为主，而战后，归国的日本人带回了北京料理（图6–5）。1960年，日本电视节目请川厨演示，麻婆豆腐等川菜因此更为电视机前的主妇习知。1978年以后，上海餐饮人也涌入日本。于是逐渐形成了日式中华料理的四大分支：广东料理、北京料理、四川料理、上海料理。日本做过的一个调查，82.7%的日本人都喜欢中华料理，而排名前三的分别为饺子、麻婆豆腐和炒饭。但是，日式中华料理不能完全等同于中国菜，而是成为了一个独特的门类。

（3）美国唐人街的中国菜　“唐人街”称谓虽不独美国，但以美国为最，美国的西雅图、旧金山、洛杉矶、芝加哥、波士顿、纽约、费城等大都会，都有颇具规模的唐人街，既因为华人拥趸的谋生人众，也因为移民之国美国对世界各种文化的相对包容。公元1850年，即爱新觉罗皇朝清帝国纪年的道光三十年，美国旧金山开设了一家Chinese Chop Suey Restaurant，中文招牌是“杂碎中餐馆”，据说那是华人在美国开设的第一家中餐馆。后来的历史学家和社会学者之所以会很看重这家招牌挂出的那一刻，是因为它具有不容忽视的历史寓意：被迫冒险越洋求生的华人正在开拓一条无可选择的，充满艰辛的存活之路。一个半世纪以后的今天，纽约华侨社会仍然流行着这样一句顺口溜：“男人做餐馆，女人车衣厂。”美

① 留日女生通讯[J]. 东光，1942（3）：28.

② 曾今可. 谈吃[J]. 论语，1947（132）：645.

③ [美]乔治·索尔特. 拉面：一面入魂的国民料理发展史[M]. 李昕彦，译. 新北：远足文化，2016：37.

国华人的这种基本生存方式，在林语堂先生的《唐人街》一书中有着非常生动的描述。资料统计告诉我们，今天在美国的大约300万华侨中，几乎有一半是跻身中餐馆或与中餐馆直接、间接有关的行业谋生的。事实上，经营中餐是既往一个半世纪以来绝大多数华人在侨居地谋生图存的主要手段、途径与生存空间。这条道路，一代代海外谋生的华人一直络绎不绝地走着。中国大陆实行改革开放政策以来，到欧洲荷兰、西班牙等国的新华侨，90%以上都是如此“前仆后继”地走着的。

到了19世纪50年代，纽约的华埠已经在码头边第四行政区在爱尔兰公寓地区建立起来。这些新居民只能靠做水手、贩卖香烟糖果、替人炒菜煮饭、给人佣工管家，或开店铺等最低贱的谋生手段勉强维持生计。华人替人炒菜煮饭，或曰美国人愿意选择华人为其主理家庭餐饮，显然是双向的结果。在华人是谋生的重要选择，在美国社会而言则是满意华人的忠诚可信以及对其技艺的认同。尽管，华人在雇主家中烧的未必都是中餐，但“华人厨师菜烧得好”无疑是起到了中国菜征服人心的重要作用。越来越多的广东人到美国人家中主厨，最著名的当是捐资设立哥伦比亚大学东亚学系及丁龙汉学讲座的标志性人物丁龙。陶行知1938年到访加拿大时获得的数据表明，粤籍人在美加帮厨成为流俗，35000华侨中，家庭厨师多达4000[①]人。

因为勤劳简朴、忠厚诚恳，许多人还与爱尔兰或德国女人结为了夫妇。1849年登上旧金山海岸的华人，既有非分文不名的契约劳工，也有自掏腰包乘船而来的商人和冒险家。由于没有一个真正意义上的家，没有在厨房给他们做饭的妻子或仆人，因此，大部分人通常就直接到外面的餐馆去解决自己的一日三餐。1850年《纽约论坛报》的一则报道说：这里的食物种类比普通的美式吃食要丰富得多，“有适合世界各国人民口味的食物。”“广场和杜邦街上有许多法国餐厅；太平洋街上有一长排的德国餐厅，此外这里还有必入的意大利糖果店和三家插着黄色丝质三角旗帜的中国餐馆，后者由于饭菜好吃，且不论吃多少都只要一美元，从而成为美国人最常光顾的地方。有一家依水而建，有一家在萨克拉门托街，还有一家则建在杰克逊街，这些一脸严肃的清朝人不仅会出售真正的英国菜，还会提供他们本国的什锦菜和咖喱食品，而他们的店里的茶和咖啡更是无与伦比。”[②]1873年，何记华商（Wo Kee）的商店和旅店在佩尔街下方的Mott（汉字音译“勿”或“莫”）街34号开张，成了后来闻名世界“唐人街”的第一个居民点。当时城内大约有500名华人。Mott街是纽约市曼哈顿下城的一条狭窄但繁忙的单行道，南北走向。南起且林广场，北到布利克街。它被认为是曼哈顿华埠非官

① 陶行知．陶行知日志[M]．南京：江苏教育出版社，2001：134．

② [美]安德鲁·科伊．中餐在美国的文化史：来份杂碎[M]．严华荣，译．北京：北京时代华文书局，2016：121．

方的主街。

1851年（咸丰元年）出版的《金色的梦和醒来的现实》一书记录到："旧金山最好的餐馆是中国人开的中国风味的餐馆，菜肴大都味道麻辣，有杂烩，有爆炒肉丁，小盘送上，极为可口，我甚至连这些菜是用什么做成的都顾不上问了。""中国餐馆以黄绸三角旗作为标记。在这个以烹饪食品种类繁多、美味可口而闻名的城市里——这里有法国、意大利、西班牙和英美餐馆——华人餐馆很早就享有盛名。食品鉴赏家们也许更喜欢中国餐馆，因为，那时餐馆还未试图去迎合西方人的口味。"①1868年（同治七年）清国政府派出的第一个外交使团已经注意到了在美国流行的"唐人街"这一称谓："金山为各国贸易总汇之区，中国广东人来此贸易者，不下数万。行店房宇，悉租自洋人。因而外国人呼之为'唐人街'。"②唐人街最早叫"大唐街"："日本，唐时始有人往彼，而居留者，谓之'大唐街'，今且长十里矣。"③华侨移民区的发展，形成了城中之城的生活、商业特色文化区，中国菜事实上也逐渐实现了落地品形的转化。大约在1870年，波士顿、费城等东海岸一带的主要城市及大城镇里都有了华埠的出现，它们同其他城市一样都是源于几家洗衣店和杂货店的开办。最初，当地居民对中餐的异样酱汁和菜肴都感到惊骇，更认为用两根小棒棒夹菜饭的用餐方式是不可思议的怪癖，所以当地人总是对其避而远之。

（4）美国人开始接受中国菜　不到十年的时间，情况就发生了重大改变。1889年6月，《波士顿环球报》（*Boston Globe*）报道了哈里森街36号新开张的中餐馆，盛赞了餐馆老板梅傲（Moy Auk音译）的精湛厨艺。这位梅老板，初到美国时就在旧金山开过饭馆，此后转向组建乐队，在各地巡演之后，他意图在波士顿定居，于是重操餐饮业。然而很快，1890年初这家餐厅就停业了，梅老板最终还是向往乐队云游的生活。但就是这短短的半年不到的短暂经营，《波士顿环球报》数次专门介绍，梅老板的饭店受到当地精英名流的青睐，尤其饭馆里的"杂碎"被公认美味绝伦，一些白人也经常光顾。这道大杂烩是"将鸡和鸭的肝、胗、心等内脏切小块，混以猪肉、芹菜、芦笋尖、竹笋，或者再有一两种时蔬，还有香菇，均切细块，淋一些调味汁，在锅里炒出浓郁香气，尽管卖相不佳，但着实美味可口。"④

正是由于中国饭菜好吃又便宜，并且中国餐饮人恭谨勤业，才使得华人开的餐馆成了美

① [英]约翰·安东尼·乔治·罗伯茨．东食西渐：西方人眼中的中国饮食文化[M]．杨东平，译．北京：当代中国出版社，2008：113.

② [美]威廉·肖．金色的梦和醒来的现实//王评编．唐人街：海外华人百年冒险风云录[M]．成都：四川人民出版社，1996：42.

③ 纳兰容若．渌水亭杂识[M]．上海：进步书局（影印本），15.

④ Chinese Restaurants[N]. *Boston Globe*, 1889-6-23.//Richard Auffrey.Moy Auk:band leader&famed chef[N].*Sampan*（舢板），2021-5-7.

国人最常光顾的地方。而且中国餐饮人还入乡随俗，不仅提供拿手的本国什锦菜和咖喱食品，让客人喝到无与伦比的茶和咖啡，还会出售真正的英国菜。黄色丝质三角旗帜的中国餐馆标志，成了极具吸引力的招牌。唐人街的出现与影响不断扩大，自然逐渐引起了当地人的注意、兴趣，并最终抵不住诱惑，成了唐人街的吃客。中国餐馆的菜肴特色主要是靠本土食材保障的，1873年的一艘为旧金山商人送货的货船上的商品记录到：肉桂90袋，爪哇及马尼拉咖啡940袋，爆竹192袋，鱼干、墨鱼、鱼翅等30袋，各种商品、大麻400袋，漆品、瓷器和其他一些叫不出名字的货物116袋，草药53袋，鸦片18袋，植株18袋，土豆20袋，大米2755袋；各种杂货如：杂拌、蜜饯、咸瓜子、腊鸭、咸鸭蛋、盐白菜芽、柠檬蜜饯、枣子、矮橘、生姜和烟熏牡蛎以及其他100种中式食物和珍味1238袋，糖824袋，丝绸20袋，西米和木薯203袋，茶叶5463袋，锡罐27袋。[①]当时的美国加州等地中国餐馆除了从中国本土运进各种食材，也同时尽可能利用地产原料，华人在当地务农捕捞既是生计维系，亦是中国餐馆的食材供应。因而既保证了中国菜的本土特色，又维系了向来以丰盛闻名的华风筵席的传统气派。

3. “中国料理”店的品味

（1）**“杂碎”** 中国菜的优势和中餐文化的魅力总是要为自己开拓市场空间的，当然华人餐厅既不是“移民之国”最早的，也不是最主要的饮食文化据点。如前所述，优质廉价才是中国菜站住脚跟的优势所在，由中也可以感受到华侨近乎断臂求生之道的艰难。1853年5月，《旧金山辉格党报》的一名作家出席了当时已经极负盛名的一流中式酒楼杏花楼（Hang Far Low）的一场宴会。这座酒楼最初建于格兰特街713号，后来迁址723号，1960年结业。这位作家一行大为感慨中餐的文化魅力：宴会东道主是一位华商，他花销至少100美元置办了一桌中式豪华宴席，为客人端上了燕窝、海参、三美元一磅的蘑菇、干牡蛎等顶级食材美味。三小时的宴程结束后，与宴者不禁内心高呼“中国万岁！”“我们已经百分之百深信，中式宴席真是既奢侈又精致，理应受到美食家的关注。”[②]

历史文献记录了华人餐厅创业伊始的艰难路数。最初的华人餐厅位于田德隆区和郎埃克广场（Long Acre Square）的杂碎店，由于营业时间长而成为一些刚看完歌剧的人或夜间狂欢者的首选之地，而店主会对所有守规矩的客人无区别热情接待。租户区最廉价饭馆里的客

① [美]安德鲁·科伊．中餐在美国的文化史：来份杂碎[M]．严华荣，译．北京：北京时代华文书局，2016：130-131.

② [美]安德鲁·科伊．中餐在美国的文化史：来份杂碎[M]．严华荣，译．北京：北京时代华文书局，2016：135-136.

人，几乎都是“酒鬼、黑鬼和流浪汉”①。杂碎店的经营者本着“和气生财”的中国人经商的传统理念，总是和和气气甚至低三下四，尽可能让客人感到舒服满意。以至于“任何人只要想，就能踏进厨房，跟厨子们说上几句洋泾浜。店主也会很热心地教人拿筷子（图6–6），有时看着这些新手儿屡试屡败的样子会哈哈大笑。在这里，人们一般想做什么就能做什么，十分随意。”②梁启超1903年访美作《新大陆游记》说：“杂碎馆自李合肥游美后始发生（图6–7）。前此西人足迹不履唐人埠，自合肥至后一到游历，此后来者如鲫……西人问其名，华人难于具对，统名之曰杂碎，自此杂碎之名大噪。仅纽约一隅，杂碎馆三四百家，遍于全市。此外东方各埠，如费尔特费、波士顿、华盛顿、芝加高、必珠卜诸埠称是。”③

与大块食材烹饪后上桌再分割，继之每个就餐者再用刀叉继续分割后进食的方式与习惯不同，中餐是先将食材分割成理想的小块再进行针对性明确的烹饪。“食物在送到桌上时

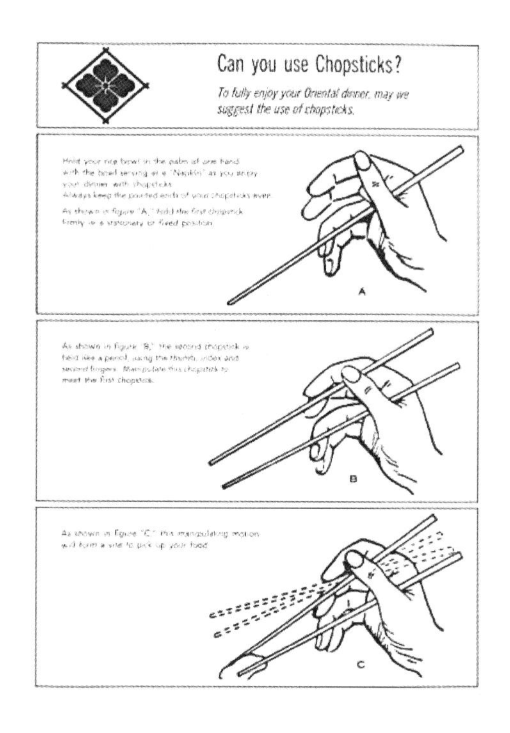

图6–6　美国夏威夷一家亚洲餐厅的菜单第一页“筷子使用说明”，1970，纽约公共图书馆藏

Le Petit Journal
Le Petit Journal
SUPPLÉMENT ILLUSTRÉ
Huit pages : CINQ centimes
ABONNEMENTS
DIMANCHE 14 OCTOBRE 1900
ÉVÉNEMENTS DE CHINE
Li-Hung-Chang escorté par les troupes russes et japonaises

图6–7　1900年李鸿章出访美欧．法国画报*Le Petit Journal*，1900–10–14头版，画中俄军与日军护卫，寓意明显（报纸原件，笔者收藏）

① [美]安德鲁·科伊．中餐在美国的文化史：来份杂碎[M]．严华荣，译．北京：北京时代华文书局，2016：186.

② [美]安德鲁·科伊．中餐在美国的文化史：来份杂碎[M]．严华荣，译．北京：北京时代华文书局，2016：186.

③ 梁启超．新大陆游记（饮冰室丛书第十二种）[M]．上海：商务印书馆，1916：71.

已切成小块”是西方人很早就注意并特别强调的中国菜特点①。食材烹饪前分割的好处是易熟、入味，既适宜于快速致熟的炒和充分溢出营养素的煮的中国式烹饪方式，也适宜以筷子为助食具的进食方式的。与西餐崇尚的整体或大块禽畜单一食材的烧烤鲜明不同，中国菜的“杂”——多种食材汇聚，“碎”——切割成小块，成为西方人对比认知中国菜的深刻印象。而“杂碎”呼名之英文书写chow chop suey，研究者认为是粤语的对音译②，这是有道理的，因为最初并且相当长时间里都是粤籍人在美国开辟中餐天下的。时令小炒是有近千年历史的中国菜的大宗和代表，大宗是因为无论居家、外食、会食各种正餐进食场合，各种炒菜总是菜肴的主体，无论任何社会等级都是如此，差异只在品级；代表则是说“中国菜”最简括的理解与表述就是一个字——炒。可以说，与世界各国不计其数的菜品文化类别相比较，中国菜的最大特点与区别就是一个“炒”字。中式炒菜涵盖了食材利用、民众习尚、菜肴品相、烹饪技法等诸多文化因素。至于煮杂而碎各种食材的汤，则是各种炒菜“杂碎”的变异，至少在走出国门以后是这样。

李鸿章在国内一定吃过后来被称为“杂碎”的菜——“时令小炒”“美味羹汤”，至少他发迹位尊之前会如此，但是作为钦差美国的李大人则与名声已响的美国“杂碎”无关，因此“李鸿章杂碎”未免文学演绎。但李鸿章访美，促进了“杂碎”指称的中国菜在美国以及欧洲的热俏却是历史真实。因此，梁启超先生中餐馆以杂碎馆之名风靡美国的说法，其实是中国菜在美国的白描叙述。历史资料记载，至少李鸿章访美的三十多年前，“杂碎”就已经在美国的中餐馆经营了，一名记者观察了这种不恭称谓的制作过程：“两名男子正在厨房忙碌，……他们做的东西很神秘，倘若没有什么提示，是根本猜不出来的，不过看上去倒像是把菜市场里所有的肉菜放在一起所做成的大杂烩。那位看起来像大厨的男子先将半磅猪油倒入一口巨大的煎锅之中；与此同时，他的助手则将一棵白菜头切碎，等猪油融化后，遂将其与大约六根刮了皮的胡萝卜放入锅中，撒上盐和胡椒，再加入肉块儿和一些冷的熟土豆。最后，再往内倒入一些像鳕鱼条一样的东西。”③十余年前，保定的一位餐饮业主用他标榜的“李鸿章杂碎”款待我，那是精制的参、鲍、贝等集萃，我只有不动声色窃笑。中国菜，尤其是20世纪80年代中国烹饪热以来中国菜的五花八门托古命名，基本都是不知书或很少读书的厨师们的大胆想象或名片教授的臆想杜撰，这亦成时代中国菜品文化的一种趣味现象。

但是，中国菜在美国越来越受到有识者的喜欢确是基本事实，除了中华菜自身的魅力之外，美国的餐饮市场环境同样是重要的。这一点研究者早已经注意到了：“美国因系移民

① [意]利玛窦，金尼阁，利玛窦中国札记：第一卷[M]. 何高济，王遵仲，李申，等，译. 北京：中华书局，1983：69.

② 刘海铭，李爱慧，等. 炒杂碎：美国餐饮史中的华裔文化[J]. 华侨华人历史研究. 2010（1）：5.

③ [美]安德鲁·科伊. 中餐在美国的文化史：来份杂碎[M]. 严华荣，译. 北京：北京时代华文书局，2016：164-165.

所组成，所以英国移民为主体，然复有德法俄匈意西日等国民，故其菜集各国之大成，兹举其日常食品普通者如下：维也纳香肠（Vienna sausage），爱尔兰炖品（Irish stew），匈牙利炖品（Hungarian stew），意大利炒面条儿（Spanghetti），西班牙炒蛋（Spanish Qmelet），汉堡牛肉饼（Hamburger steak）。美国有华侨，中国菜以炒者居多，华侨每逢吃饭，即须先炒菜，以致美国俚语中有一字Hamburger steak 'Chow'作吃饭解。该字不读周之音，而读炒之音，而Chop-suey一菜即我国之肉丝炒杂碎蔬菜chop suey，盖系译音杂碎二字也。……欧洲人对中菜怀疑，而美国人吃过一次中菜，每想食指再动，因嗜其味美。美人易吸收异邦文化，亦不无原因。"①

好莱坞的中国餐馆生意也不错，好莱坞演员们不仅仅要品尝中餐，而且要体会中华餐桌文化："木人却利的搭档埃格·培根，现在也是好莱坞影圈中一位交友广阔的人了。那天晚上他在家中宴客，到宾客三十人。酒菜是用中国菜，由好莱坞一家中国饭店供给。侍者均由男女华侨充任。"②连有名的科学家也对中餐十分感兴趣，战时在西墨西哥州协助原子能弹研究人之一的乔更生（Jorgensen）教授"对中国菜做法有惊人心得"，并邀请中国留学生到他家中品尝中国菜，让后者大生感慨：

"留学国外，最想吃中国菜，牛乳面包说是营养很好，但怎能与中国的豆腐榨菜比其滋味呢！不提则罢，提则垂涎三尺长，尝到过几家所谓中国菜馆，那种中国菜亦是天晓得，全不像中国味道。说亦奇怪，出国年余来，却在美国老教授家中吃到中国菜，乔教授从未到过中国，亦从未与中国人同处，却有一个十足中国化的家庭，席间用碗用筷，厨中有酒有酱油，又有榨菜豆腐乳，等等，令人难以置信，因为绝大多数的美国人，是根本不知道天下有所谓豆腐的，自然更不知有豆腐乳了。乔教授如何学得做中国菜的呢？他家藏着有十本左右的中华食谱，他不懂中文，完全依靠他那两大本的中英字典，一字一句地推敲而得其烹饪法，这是何等的不易啊！乔教授门下约有20位研究生，课余之暇，乔教授鼓励他们研究中国菜，至今至少有一位已亦步亦趋地跟着做中国菜了。半年来，乔教授不时与我讨论豆腐做法，如何从中国输入食品等问题，数日前彼以电话告我，彼用我口述方法做出约有一个烧杯左右的豆腐来，他很高兴，我亦很乐闻其成。个人百忙中记述此事，非欲介绍海外奇人，而是想到中国农产品实有向国外推广的可能与必要。"③

---

① 朱宝瑞．中西吃经：一[J]．妇女月刊，1948（7），5：25-32.

② 佚名．环球花絮：中国菜请客[J]．特辑，1939（2）：27.

③ 方根寿．原子能教授研究中国菜[J]．现代农民，1949（2）：12.

同时代的纽约，中餐馆之繁荣，可见一斑：

“纽约的中国菜馆，大半在唐人街，这里有炒面、馄饨、杂碎，也有很道地的广东菜，在无线电城斜对过儿的一家羊城酒家，可以吃到很考究的中国菜，他们的拿手名菜是鸡油红烧鲳鱼。假如你请五六个朋友来这里吃晚饭，也要花去你二十几元美金。百老汇北区一家上海酒楼，生意之好，真是‘无与伦比’，门口常常挤上五六个‘候补’客人。因为国际公寓离此地很近，而我国留学生住在‘国际’的真不少，他们吃腻了牛排咖喱，就都到上海酒楼一尝家乡味。”①

旧金山的杂碎馆也颇具中国风情，受到不少西洋人青睐（图6-8）：

“……所谓杂碎馆儿就是中国菜馆。大都挂着中英合璧的招牌，有着雕刻玲珑的朱红楼顶。这内中如杏花楼、共和楼、颐和园等，内部的装潢，比上海任何粤菜馆子都要富丽。朱漆的梁柱，雕着描金的龙凤，遍壁上，极尽水彩色的鲜艳，画着西湖、颐和园等名胜的风景，每一堂屏风，每一条窗帏门幔都刺绣着不同的花卉虫鸟。一般女招待穿的是绣花缎子镶宽边的中国褂裤。这种种，乍看去，在富丽里都显得有些粗俗。但我后来一想，觉得这正是一般顾客所需要的情调。当他们从单调的办公室，通过嘈杂灰色的街道，走进这里的时候，他们会顿觉走进了另外的一个世界，魔术似的，天方夜谭的世界。疲乏了的五官、神志，既因为新奇的感触而易于恢复原来的清醒，他们对于‘杂碎’的口味能够不同时增进吗？‘杂碎’的烹调法不外两种，炒和煮，是很简单的。材料确实很杂，小半是肉丝，大半是青葱、香覃（当是蕈字误检——笔者）、芹菜、绿豆芽等。调味用的是麻油和酱油。在我们吃去，味道是很平常的，洋人却很喜欢。据说，这一味菜之所以出名，原先还是得力于李鸿章的宣传。在吃腻了那些洋大人飨他的西餐之余，有一次吃到这‘杂碎’，也许是因为厨子特别讨好，他觉得好吃极了。于是抱着一点替同胞推广营业的意思，每逢有什么大的宴会，便在洋人的面前替他们吹嘘。经他这么一赏识，一般洋人认为这既是中国伟人所喜欢吃的东西，好吃是一定的，而且吃它一吃，多这么一个经验，在宾朋中谈起来，便可自豪地说，我呐，还吃过李鸿章的‘杂碎’呢！因此你也尝试一下，我也尝试一下，果然味道不错。不久这‘杂碎’便被他们吃成了中国菜的总名。你问他们什么是中国菜，中国菜就是杂碎。这也好比华人吃西餐，自觉要比不吃西餐的华人伟大一点，便叫一切的西餐为大菜一样。”②

---

① 佚名．纽约花絮．美味中国菜[J]．一四七画报，1947（11）：8.

② 问笔．旧金山的唐人街[J]．侨声，1941（8）：39-42.

图6-8　美国旧金山唐人街上海楼

笔者相信李鸿章在国内一定没少享用“应时小炒”类杂碎，至于他是否在美国有过“替同胞推广营业”的交际，则不一定求实。世间事，往往就是不合事理合情理，于是大行其道，畅行无阻，人们就是习惯想当然，信当然。

当然，中餐在美国的生存自然也不能不受到多元包容的美国餐饮市场环境影响，而其在英、法等国同样也自然顺应生态环境：“论烹饪，巴黎的中国馆子比伦敦的好，论风味，却是伦敦的比巴黎的地道……”[①]

（2）中餐馆的“西餐化”　入乡随俗，不同程度“西餐化”是中餐馆的运营趋势，1925年“巴黎就有中国菜馆十来家，店主大半是第一次世界大战时来此的华工或华侨，这些菜馆的生意都不差，价钱比较贵，菜味儿却分不出是广式、川式还是平津筵席，尽管有的叫上海楼，有的叫山东饭馆，有的叫金龙餐室，所有的菜都是差不多的！那里有白米饭，也有蛋炒饭，还有些国内所称的‘热炒’。倘你真的要像在国内吃一桌筵席，那就难了！好在外国人想吃的也就是这种‘中国菜’，尤其是想试用一下中国的‘筷子’而已。”[②]（图6-9）

图6-9　美国家庭在中餐馆就餐前学习用筷子，纽约公共图书馆藏，1935—1945

同一年“立奇功于绝域”的传奇将军徐树铮（1880—

① 徐钟珮．伦敦的中国菜馆[J]．一四七画报，1948（7）：14.

② 沈弢．巴黎杂碎[J]．旅行杂志，1949（2）.

1925）考察12国，20人的政治考察团自然也注意到中餐馆在各地的情态，如著名的巴黎中餐馆万花楼，“中式之肴馔而以西法吃之；予辈点一菜名云吞大汤，则馄饨也，每小方碗十二法郎，合一元；炒面一碟十法郎，亦云昂矣。侍者皆法人，生意甚好，司账为一法女。”[①]伦敦资格最老也最负盛名的中餐馆“探花楼”颇具典型意义。20世纪中叶完全中式装修陈设的探花楼，“所有的茶房，完全是英国人，来吃饭的也差不多全是英国人，除掉菜里有豆芽，菜单上有中国字以外，简直和英国馆子没有一点分别。因为做的完全是英国人的生意，所以虽然老板是位专讲英文的中国人，却连筷子都找不出一双来。”[②]

在相当长时间里，世界各地的中餐馆都主要是依靠移居或旅居当地的华人族群支撑的。林语堂《唐人街》（图6–10）中的主人公老方汤姆是第一代移美华人。他怀着美国总统就职演说的郑重与兴奋为孙子做庆贺满月酒宴会就是在西化的中餐馆中隆重举行的。“喜帖寄给波士顿、底特律和旧金山的远亲，因为方家散布全国各地，甚至寄到了中国的村庄。老方汤姆遗忘了十年或十五年的朋友和早年的同伴都回到脑海里。在这种快乐的情况下生孙子是他一生成功的光荣象征，提醒他的一切朋友方汤姆已经办到了。”孩子给老方汤姆“带来了国王或总统都无法颁赠的荣誉，让他升格为祖父，他太太升格为祖母。”“唐人街的重要领袖”和一切有交谊的地方名流都邀请了，“喜宴决定设在波特阿瑟饭店”，客人坐满了四张圆桌。席间，客人先吃一碗鸡汤和一碗花生猪脚汤，这两道菜与儿媳妇芙罗拉（意籍移民）坐月子帮助她哺乳吃的一样，是满月酒的象征。酒席照中国标准不算浪费，但在美国嘉宾看来未免奢侈了些。中国人则觉得体面而恰当，神仙鸡、炒鸡肝、笋味虾球炒三菇、蛋白裹炸白鸡片，大菜是鱼翅。鱼翅黏滑润喉，用蒸馏的鸡汁炖煮，佐以细切的火腿片。大家口味发腻了，就换上一小碗莲子汤，再上一道干贝红萝卜球开开胃，又以脆皮鱼片诱人胃口，再送上一串串辣椒炸牛肉加芫荽，最后端来代表好运的扬州长寿面。席间大家不停地敬酒。宴席快完的时候，最尊贵的长年嘉宾拿起一粒红蛋在婴儿头上滚了一圈，然后那盘红蛋就沿桌递送，每个客人拿一粒红蛋便丢了一个红包儿在盘子里当礼金。方大妈站起来，敬客人一杯酒，一一道谢，酒席就结束了。账单拿来是137元，不过大半

图6–10　林语堂《唐人街》，1948年版

① 翁之熹. 入蒙与旅欧[M]. 上海：中西书局，2013：81.

② 佚名. 中国菜馆在伦敦[J]. 一四七画报，1946（6）：5.

的开支都由礼金抵付了。那天晚上在家里，方汤姆对他太太说："我从来没有为一顿饭花那么多钱，不过很值得。"[①]

中国菜，中式宴席，准确说是中式满月酒喜宴模式，是在纽约的中餐饭店中排办的，是严格按中式风格与标准设计的。或者，我们可以称之为"19世纪末纽约饭店中的中国菜"。尽管这也是文学，但却是近乎写实主义的历史生活情景真实反映。书中的波特阿瑟饭店也是取自现实。Port Arthur，是旅顺港的旧名。曹锦辉（Chu Gam Fai）1897年开张于纽约Mott街（译"莫街"或"勿街"）7&9号，取其家乡旅顺之旧名命名为Port Arthur Restaurant（波特阿瑟餐馆），餐馆一直营业至1974年，声名显著，据说胡适、康有为都曾光顾此店。该店原址今为大楼，临街为华埠小区中心[②]。19世纪末20世纪初，纽约华埠的旅顺楼、探花楼（Chinese Tuxedo，宰也街2号）、万里云（Mon Lay Won，披露街24号）、万芳楼（Mann Fang Lowe，披露街3号）等几家最高档的中餐厅竞争激烈，一时间流行印制具有广告性质的明信片，免费供顾客索取，上面印制餐厅的豪华摆设和地址电话。这样的酒楼通常有着古色古香的外观建筑和内部摆设，刻意营造极具东方情调的异域色彩，装饰着从中国进口的精雕细琢的桌椅，墙上挂着中国字画。除了早期的杂碎、炒面、炒饭，食单上还有乳鸽、燕窝、鱼翅这样的高档菜肴（图6-11～图6-15）。

图6-11　明信片上的旅顺楼

① 林语堂．唐人街[M]．哈尔滨：北方文艺出版社，1988：176-180.

② 此段资讯核定得友人美国自由学者孟蔚彦博士帮助。

图6-12 明信片上的探花楼（内部）

图6-13 明信片上的探花楼（外观）

图6-14 纽约万芳楼菜单，1904

图6-15 纽约旅顺楼（外观），美国华人博物馆藏

4. 海外中华餐饮人与中国菜

任何一种饮食文化中享有较高知名度的菜品，都是餐饮人匠意创造性的成果。中国传统烹饪“手工操作，经验把握”的典型个人手工艺特性，以及华人厨师特别注重匠意与文化意蕴的菜品制作，决定中国名菜中有中华餐饮人的更多创造。20世纪上半叶在美国有“纽约中餐中菜业的巨子”之称的朱杰克（Chu Jack），他的中餐馆“冷芳”（音译）为当时纽约十几家中餐馆中最著名的，被公认为“首屈一指……营业鼎盛，为该地中国菜馆之冠”，“美国中菜业的‘托拉斯’”。朱杰克常对那些光顾的食客说：“The more you eat, the less flavor; the less you eat, the more flavor.”——“多吃少滋味，少吃多滋味。”[①]他的事业成功，显然不应是单纯市场学意义的经营之道，他既被赞誉为“精于烹调”，盐梅技术高超应当是无疑的。但他有更高明之处，他的事业鼎盛更源于独到的思想，他的中餐理念、对中华菜品文化的深刻理解。他常对光顾食客的这句口头禅，是很经典的，也自然成为口碑金字招牌，最具吸引力的营销广告，无疑会极大地诱导英语世界的中餐消费者。纽约的“冷芳”，伦敦的“法娃”，都是中餐馆在世界餐饮市场上成功的典型。但是朱老板更胜于张老板，朱老板比张老板的笔挺西装、光鲜领带、谦恭待客、勤工敬业的形象与境界更胜一筹。

（1）永远的江孙芸　中国菜，或曰其代表的中华饮食文化在异文化生态环境中的影响扩散，无疑是中华餐饮人群体努力开拓坚持的结果，而其中精英之士的创造性贡献往往具有特殊重要的意义。1882年排华法案的颁布，迫使更多的华人转入经营中餐谋生之途，同时也吸引了中餐馆业主涌入美国，因法律规定一些人可以商人身份进入美国，并且法律还支持其亲属入境，致使美国的中餐馆数量激增，中餐馆年销售额在1920—1930年翻了一番。顺应这种时潮，颇有传奇色彩的江孙芸（Cecilia Chiang，1920—2020）可视为这样一位代表性人物（图6-16）。

1962年她在旧金山创办了福禄寿餐厅（Mandarin），向美国食客介绍了丰富多样的地道中餐。江孙芸是一位曾在“二战”期间徒步近700英里躲开日本人的富家女。她在旧金山几乎是凭一己之力“把中餐从杂碎和炒面的时代，发展到如今更加精致的时代”。她再现了儿时北京家居（由明朝宫殿改建）中的菜肴，用当时人们闻所未闻的特色菜招徕了远近的许多顾客，如锅贴、重庆风味的香辣牛肉干、四川辣茄子、木须肉、锅巴汤和拔丝香蕉。这形成了轰动媒体的福禄寿式菜品风格，被解读为北京富庶阶层的菜式。她的家庭厨师会制作本地菜肴，以及来自四川、上海和广东的地方特色菜。媒体评论说她的餐厅“定义了高档中餐，向顾客介绍了宫保鸡丁和回锅肉这样的川菜，还用生菜乳鸽松、樟茶鸭以及填满了冬菇、马

BACKSTORY

Celebrating Cecilia

BEFORE CECILIA CHIANG opened her San Francisco restaurant the Mandarin in 1961, Chinese food in the states was limited to Americanized Cantonese creations like chop suey. At the Mandarin, Chiang introduced diners to Szechuanese and Hunanese, including now-classic dishes like kung pao chicken. Her culinary students over the years included James Beard and Julia Child; her son, Philip, cofounded P.F. Chang's. Today, as she nears her 100th birthday (in September), she continues to mentor and consult. Lucas Sin, chef of New York's Junzi Kitchen, summarized Chiang's most important lesson: "to not be embarrassed of our heritage, to seek empowerment, and when in doubt, to return to the kitchen." -NINA FRIEND

"I'm still quite active, and I love to work. It keeps me busy. Also it keeps me young." -CECILIA CHIANG

CECILIA CHIANG BY THE NUMBERS

52 Rooms in the Ming dynasty palace she grew up in

1,000 Miles walked in 1942 to escape occupied Beijing

$10,000

300

A CENTURY OF CECILIA

1920 Chiang is born in Wuxi, the seventh daughter of 12 children.

1942 Flees Beijing to escape Japanese occupation

1949 Moves to Tokyo with her husband and daughter

1959 Immigrates to U.S.

1961 Opens the Mandarin on Polk Street in San Francisco with 55 seats

1967 Moves the Mandarin to Ghirardelli Square to meet demand; re-opens with 300 seats

1991 Chiang sells the Mandarin to focus on consulting, teaching, and charity work

1993 Philip Chiang founds P.F. Chang's

2013 Chiang receives the James Beard Foundation's Lifetime Achievement Award

图6-16　江孙芸百岁时*Food&Wine*专文庆贺，2020年1月

① 海潋王子．纽约的中菜业巨子[J]．万寿山，1946，(2)：7.

蹄和火腿，裹着土烤熟的叫花鸡等菜肴重新定义了烹饪方法。”[①]

富有传奇意义的是，江孙芸女士“高档中餐”一经媒体披露，迅即掀起了新一波中餐文化热，一位对中餐情有独钟、刚刚毕业的大学生立刻从纽约飞到旧金山一饱口福，她就是后来被誉为“中餐文化美国传教士”的贾桂琳·纽曼（Jacqueline M. Newman）[②]。她的餐厅被认为是美国“高档中餐的典范”，成了包括詹姆斯·比尔德（James Beard）、玛丽昂·坎宁安（Marion Cunningham）和艾丽斯·沃特斯（Alice Waters）在内的美食界名人的胜地。他们说，江孙芸对中餐的贡献，就像朱丽叶·查尔德（Julia Child）对法式烹饪的贡献一样。美食杂志*Saveur*在2000年也表达了类似的观点，称福禄寿“成功将中国的地方烹饪带到了美国”（图6-17）。美食学者保罗·弗里德曼（Paul Freedman）将福禄寿列入了他的历史考察作品《改变美国的十家餐厅（2016版）》中。创业伊始，她认定：“如果能创建一个拥有西式服务和氛围，还有我最熟悉的菜肴——中国北方的美食——的餐厅，也许我的小餐馆会成功。”通过报刊广告，江孙芸找到了两位才华横溢的厨师——一对来自山东的夫妇。她的创业经历与成功体会记录在两本著作中[③]。

“福禄寿”，毫无疑问是个极其中华色彩的店名，菜单上开列了200道随客任意点要的菜

图6-17　福禄寿餐厅的食客与江孙芸交谈，1982，引自《纽约时报》

① Janet Fletcher. Cecilia Chiang's Epic Journey[N]. *San Francisco Chronicle*，2007-10-24.

② 赵荣光．中华饮食文化的美国大纛——我所认识的Newman博士//赵荣光．赵荣光食学论文集：餐桌的记忆[M]．昆明：云南人民出版社，2011：636-645.

③ Cecilia Chiang, with Allan Carr. The Mandarin Way（福禄寿之道）. California Living Books, 1974. Cecilia Chiang, with Lisa Weiss. *The Seventh Daughter: My Culinary Journey from Beijing to San Francisco*[M].（七女：我从北京到旧金山的美食之旅）. Berkeley: Ten Speed Press, 2007.

品。中国食客和一些美国人开始定期来这里吃酸辣汤和煎锅贴。一天晚上，《纪事报》颇受欢迎的专栏作家赫伯·卡恩（Herb Caen）来用餐后发表一篇专栏文章，称这家“小馆子”提供“太平洋东岸最美味的一些中餐”。福禄寿名声大噪，餐厅门外随即排起了长队。1968年，餐厅搬到了哥拉德利广场一处可以容纳300位食客的更大的店面，同时提供烹饪课程。1975年，加州贝弗利山开了第二家福禄寿餐厅。1989年，江孙芸把这家店卖给了儿子江一帆（Philip Chang）。后者帮助创建了华馆（P. F. Chang）连锁餐厅。1991年，江孙芸卖掉了第一家福禄寿餐厅（2006年停业）。2007年，江孙芸对《纪事报》说：“我想我改变了普通人对中餐的认知”，许多美国人“他们都不知道中国是个那么大的国家。”[①]江孙芸90多岁时仍以满怀热忱继续担任餐厅顾问。关于她的纪录片《宴会之魂》（*Soul of a Banquet*）于2014年上映，2013年，江孙芸名至实归地获得了美国餐饮界最负盛名的詹姆斯·比尔德终身成就奖[②]（图6–18），2016年，圣地亚哥PBS电视台播出了六集系列片《江孙芸的厨房智慧》（*The Kitchen Wisdom of Cecilia Chiang*）。2020年年初，笔者曾拟自纽约去拜望这位“改变了普通人对中餐认知”的伟大中华餐饮人，但因骤发的新冠肺炎疫情干扰未果，竟成遗憾。

（2）**可敬的汤富翔**　从最初的中餐经营到江孙芸的成功，打拼在美国的中华餐饮人历经了一个世纪的艰难。中餐在美国经历的从舶来的“穷人食品”到“最美味中餐”过程，“智慧”和“艺术”既是江孙芸一个中华餐饮人的个人品质与事业成功，也同时是几代无数中华

图6–18　1970年，江孙芸与詹姆斯·比尔德，引自纽约社交志。二人交谊，据江回忆：比尔德的确很喜欢中餐，少时家中曾雇佣过一位中国女佣。2013年，江孙芸获詹姆斯·比尔德终身成就奖

① William Grimes. 半个世纪前，她将地道中餐带到美国[J]. 纽约时报. 2020-10-29.

② 詹姆斯·比尔德奖（James Beard Foundation Awards）成立于1990年，詹姆斯·比尔德（1903—1985）逝后设立，旨在嘉奖对食品和餐饮行业有卓越贡献的人，包括餐饮人、媒体人和饮食写作者，堪称“美食界的奥斯卡”，影响力与米其林比肩。

餐饮人累积努力的结果。江孙芸是无数海外中华餐饮人中的佼佼者，她有许多志同道合的同侪，曾任美国国际食艺交流协会副会长、美国《品味与财富》（*Flavor & Fortune*）杂志业务总监的汤富翔（1925—）先生就是其中之一[①]。汤富翔先生祖籍宁波，兄弟姐妹17人，先生行六。其父早年开纱厂于上海，日军侵占上海后产业尽失。汤富翔考入英国皇家海军学院服役，后在国民党海军服役军阶至上校。退役后到了美国，在泛大西洋公司任轮机长，于是汤富翔先生有了自己的英文名字：Charles F. Tang。1981年，56岁的汤先生选择中餐事业，经济上的考虑是为了将三个在中国大陆的侄子接应到美国以改变他们的命运。汤富翔先生的中餐馆位于宾夕法尼亚州的著名观光区理海谷（Lehigh Volley，Easton），店名叫作“汤家饭店”（Mandarin Tang）。因为有“为中华文化做宣传，替中国餐馆创新途”的明确理念和坚定担当，他秉持着与江孙芸“健康与美味并存”共同的原则，一样的路，一样的结果，也获得了成功。外地人到伊斯顿，随便询问当地人“哪家餐馆值得一去?”Mandarin Tang都一定名列前茅；宾夕法尼亚州各大报纸美食专栏经常开出显著版面予以报道评介；作为宾夕法尼亚州伊斯顿城中唯一被推荐的优秀餐厅，“汤家饭店”连续五年被久负盛名的《美孚旅游指南》（*Mobil Travel Guide*）评为“全美三星级优秀餐馆”。

2006年，笔者在美国曾与一位名叫Marcia的欧裔家庭主妇提起“中国大厨”电视节目，她也竟然对我讲起了“汤家饭店”！汤富翔先生的“汤家饭店”共有宾夕法尼亚州、纽约州、新泽西州三家，而且都一样的红红火火，引人注目。他从不使用MSG、真空包装香肠或冰冻蛋卷。从事先备好的汤、水、栗子粉，到每一样材料，都是新鲜、纯天然并且是最好的。他的中餐烹调都是油少、酱油少、糖少、低盐、高纤维的。因此，无论是素食主义者、美食家、节食者，或只是要品尝一下“家常菜”，人们都可以在这里如愿。于是，汤家饭店成为受邀参加第85届Musikfest美食博览会的17家Lehigh Valley饭店中的唯一的一家中餐馆。

“仅仅埋头厨房是没有希望的”，“要让全美国都知道中华饮食文化的伟大!”怀着这样的理念，1984年，汤富翔先生开始在宾夕法尼亚州双城电视台主持英语有线电视节目*Mandarin Chef Chinese Cooking TV Show*（中国大厨），一周两台（有线4号台和13号台）三次在每晚7—9时的黄金档时段播出，收视率竟高达运动节目的第二名，仅仅稍逊于热门体育节目。*Mandarin Chef Chinese Cooking TV Show*做了美国中华烹饪技术向美国受众英语传授的成功示范，汤先生也因之成了整个美东地区观众最熟悉的“中国大厨”。他主持的是个免费教授中国菜技术知识的节目，该节目在当地、宾夕法尼亚州、纽约州及新泽西州、大美东

① 赵荣光．为中华文化做宣传，替中国餐馆创新途——汤富翔先生的美国中餐贡献//赵荣光．赵荣光食学论文集：餐桌的记忆[M]．昆明：云南人民出版社，2011：497-507.

等地的有线电视台连续播出了十年之久，其间“汤家饭店”营业额遽增四倍，周末的顾客在门前排起长龙。一时间，“汤家饭店”成了美国中餐的代名词：Let’s go to Mandarin Tang! 就是在表达“享受中国料理”的意义。1988年，宾夕法尼亚州双城电视公司在“汤家饭店”拍摄了171集的“中国大厨”电视节目*Mandarin Chef*，邀请的几位中餐厨师各以其独到的精湛技术使节目获得了圆满成功。人们用“好评如潮”来概括诸多媒体充满热情的纷纷报道。当地一家最大和最畅销的爱伦堡镇《晨呼报》*Morning Call*在Tastes Crumble Chinese “Wall”（品味粉碎了中国围墙）这样显赫字句的大标题下，用大量文图作了热情洋溢的长篇报道，更为“汤家饭店”“中国烹饪”“中国大厨”造足了势，一股“中国烹饪热”悄然兴起。媒体评介将“中国大厨”（*Mandarin Chef*）节目之所以深受美国观众的热情欢迎归结为三大原因：一是积极的教育意义，美国观众通过电视节目对中国菜、中国烹饪技艺有了更具体直接、更生动形象的了解认识，从而诱发了浓厚的中餐兴趣；二是欣赏了魅力独特的中华烹饪艺术，认识到了中国传统饮食美味、营养、健康结合的特征；三是启发了越来越多的家庭主妇技痒难耐一试中国菜的欲望，学做中国菜成了美国许多家庭主妇的一大时髦爱好，于是带动了许多美国家庭对中餐的兴趣。影响和意义当然不仅仅局限在家庭之中，正如研究者注意到的：“美国人学做中国菜之后，反而更经常上中国餐馆，因为他们做不出中餐馆里特有的好味道。”

20世纪中叶以前华人在世界各地开办的稍具传统特色的餐饮业的历史特征，决定了历史上的华人餐馆业海外谋生人群也如同本土一样，基本上也是移民地区的知识弱势群体，能够突破群体局限而成就事业的一定是其中的出类拔萃者。1993年9月，“美国公益科学研究中心”（PSPI）的一篇调查报告说：“中国菜高盐、高胆固醇、高脂肪，不利于健康。”于是在美国引发了媒体的竞相报道，“中菜不健康”的社会舆论一时间致使全美中餐业的营业额下降了25%，许多中餐馆因而被迫关闭。时下美国华人中有半数以上是从事餐馆业或与餐馆业有关的杂货食品业，也就是说中餐业是美国华人生存的主要经济命脉。这时，汤富翔先生撰写了长达12页的英文信分别寄给全美30多个英文大报及重要媒体，直接批驳“美国公益科学研究中心”（PSPI）的那篇调查报告。同时，他还撰写了《如何迎接中餐业的新挑战》的中文稿分别刊登在几家中文大报上，为中餐业主出谋划策，竭力为提升中国烹饪文化形象，为提高中餐业的生意额而努力①。他对美国中餐企业只知一味用削价竞争为自己一家招徕顾客的办法予以批评，指出中餐馆除了资本少、小型家庭式经营、管理水平有限等整体性明显不足之外，忽视广告宣传和缺乏主动进取精神同样是不可忽视的大弊端。

---

① 美国中餐业的捍卫者、中华饮食文化的传播人——Chef Tang汤富翔[J]. 中餐通讯（美东版），1997,（2）.

汤先生为美国的华人同行开列出了“十招”妙计，号召美国华人同行很好学习麦当劳出色利用电视作用的经验，他坚持认为：美国有一千多个地方型有线电视台，它们都急切需要好的电视节目娱乐观众，而中国烹饪就是这样一个普遍受欢迎的节目内容。汤富翔先生同时认可“教育过的消费者乃是最好的顾客”的广告学理念，认为今天的中餐业所要做的一桩大事情是教育大众喜爱中国菜，这既是中餐业明天的大市场，也是中华烹饪文化未来发展的基础。汤先生伉俪为此目的，曾在宾夕法尼亚州的三所大学和社区中国烹饪成人班开设中国烹饪课，收费只是象征性的。宾夕法尼亚州伯利恒初中的一位女教师是“汤家饭店”的常客，她教授一年级四个班共20名学生的历史课。为了讲好马可·波罗游中国一课，她特地来请求汤先生的餐厅能到她所在的学校去搞一次外烩，同时在学校大礼堂为学生们讲授中国风俗。但每个学生一餐的费用仅仅是4元。考虑到这是一次传播中华饮食文化的好机会，汤富翔先生高兴地认可了这桩亏本的“生意”，其实这样的亏本生意还很多。那一天，汤富翔先生的餐厅按四菜（捞面、炒饭、甜酸肉、春卷），外加一个签语饼、一双竹筷的规格准备了150份午餐。不仅120名学生吃得眉开眼笑，包括校长在内的30名教师和行政人员也都心满意足，给予一致好评。饭后，汤先生为大家讲授中国风俗文化，随后是自由提问，几乎每个小朋友都举手发问，场面之热烈，汤先生回忆起来仍如身临其境。为了满足学生们的兴趣，汤富翔先生给每个学生打印了一份“汤家饭店”的地址电话和“外卖菜单”，后来很多孩子的家长都成了“汤家饭店”的常客（图6-19）。

图6-19　在美国宾夕法尼亚州电视节目中表演中餐烹饪时的汤富翔和太太，1990年，汤富翔提供

1994年，汤富翔先生在著名的芝加哥柯氏餐厅任总经理，他还特别邀请了芝加哥电视观众最熟悉的老牌美食评论家詹姆斯·比尔德到柯氏餐厅品尝中国菜，并接受现场采访。詹姆斯·比尔德先生面对摄像镜头讲解了正确的中菜点菜和食用方法，他指出：许多美国人吃中餐的不良习惯对健康不利，这不是中餐本身的问题。汤富翔先生同时在一旁以流利的英语向观众讲解中华美食文化与中菜所以是健康饮食的道理。这是一次有影响的访谈，随即，《芝加哥论坛报》（*Chicago Tribune*）在专程采访了柯氏餐厅之后，撰文宣传中餐是美味健康的食品。接下来，芝加哥《太阳时报》（*Chicago Sun-Times*）、芝加哥《大厨》（*Chef*）、费城《询问》（*The Philadelphia Inquirer*）等，均相继刊文宣传中菜健康，有美国“食都”之称的芝加

哥地区的美国大众因之对中餐产生了热烈兴趣[①]。当年，柯氏餐厅被评为芝加哥十大最佳餐厅之一，中餐又得殊荣。而这一年汤富翔先生自己经营的“汤家饭店”则连续两年被著名的《美孚旅游指南》列为三星级餐厅[②]。

汤先生对笔者感慨：今天从大陆来美国的“新移民”面对着与19世纪来挖金矿、筑铁路的华工不一样的政治时态与文化生态，因此他认为今天以中华烹饪技术劳务在美国谋生的华人应当以不同于过去的思想、方式应对新的生存挑战和文化选择。他说：“那时的华工只想赚些钱积蓄起来回唐山养亲终老以求落叶归根。而现在的华人是打算子孙代代传承，在美国向下扎根。那么今天的华人就应该尽快地融入美国主流社会，积极参与各项公益社区活动，以期树立中国人在当地人心目中的良好形象。”

汤先生曾对笔者感慨美国华人中餐馆的弊病：①中餐业者恶性削价，形成自相残杀；②不知道利用媒体向主流社会进军；③不关心公益，不捐一点小钱给社区；④有的老板宁可在休假日到大西洋城赌博，也不买一份广告；⑤基本不懂英语，隔离主流社会之外；⑥很多中餐同业工会形同虚设。而且许多做着中餐生意的华人并不希望自己的子女“子承父业”，而是希望他们有更好的发展。父母和孩子的希望基本是“四师”：医师、律师、会计师、工程师。应当说，这是一个处其境、当其局、谋其事者才可能有的忧虑，是智者的忧虑，成大事者的忧虑。他认为：为了中华饮食文化在美国的今天，为了今天在美国华人的明天，中华餐饮人必须积极参与各种力所能及的社会与公益活动，用英语直接、主动与美国社会对话。

为此，1990年他邀请哥伦比亚大学教授柯枢博士（Dr. Austin Kutcher）等人创办了“宗旨是唤起美国人对中餐的认识，促进海外中餐业的振兴”的“促进中国烹饪科学与艺术研究所”；1993年秋，他与柯枢博士合作，特邀纽约州立大学皇后学院教授纽曼博士（Dr. Jacqueline M. Newman）担任主编，创办了英文版的中餐杂志《品味与财富》（*Flavor & Fortune*，也是美国的第一份英文版中餐文化的杂志）；1994年积极参与成立了“全美中国食艺推广委员会”，陈香梅女士以嘉宾身份出席了典礼。汤富翔先生为中华饮食文化传播所做的努力赢得了越来越多的理解与认同，也因而赢得了广泛的社会尊重[③]（图6-20）。汤先生坚定地相信：“饮食文化”是21世纪中国人在世界的凭借。他认为：中国人深厚的“食的文化”挟其廉价、美味和健康的三大优势必将赢得世界人人喜爱、家家仿效的未来。他说：西方哲学家卢梭“21世纪将是中国人的世纪”的预言应当就包含有中国人的生活文化——“食养文

① 在厨艺的大海上扬帆起航乘风破浪[J]. 中餐通讯（美东版）. 2002,（8）.

② 汤家饭店名列《美孚旅游指南》汤富翔被誉为伊城传奇[N]. 中央日报，1989-5-12.

③ 将士的风格——记国际推广协会副主席汤富翔为捍卫、推广中国餐不懈努力的故事[J]. 美中新闻，1994,（3）.

图6-20 汤富翔介绍《品味与财富》杂志

化”[①]。为了迎接这个中国人世纪的到来，他深情地呼吁美国华人社会：“鼓励我们的第二代优秀学子学中厨，要以在海外弘扬中华饮食文化大使自居，且引以为荣，做一个骄傲的中国人！”[②]

1991年，笔者与Jacqueline M. Newman博士、汤富翔先生这两位伟大的中华饮食文化大洋彼岸传播者相识，2007年3月4日曾有《致美国Charles F. Tang先生》诗赠汤先生：“海疆驰骋卫中华，五十六岁新生涯。民天大业辟正道，汤家饭店名远遐。品味财富寓宏法，中餐大厨播天下。炎黄文化传道士，碑丰铜铸危石伐。”当然还有不应忽略的其他许多人。一百几十年来，无数的餐饮人在世界各地打拼，为生存，也为事业，侥幸能留下名号轨迹的毕竟是少数。所以，大多英勇创业的餐饮人事实上成了无名英雄。用惠特曼的诗句说：他们更应当被歌颂。中国菜的越来越受欢迎，决定不断升级版华人餐馆的出现，于是专业厨师成了市场人才寻求，早在19世纪中叶以前，这就已经成了趋势。历史记载，1835年有华人厨师被广州夷馆商人介绍到美国：“我已经把以下由你以前的买办介绍的四个中国人送到Sachem号上去了。他们分别是：Aluck厨师，据说是第一流的。每月十元。预付了一些工资给你的买办为他添置行装。从1835年1月25日算起，一年的薪水是一百二十元……”另有一个叫Robert Bennet Forbes的也将一个英文名叫Ashew的华仆带到波士顿为他妻子的表亲Copley Greene服务，主要也是从事厨师工作[③]。美国华人在旧金山金矿生意衰落后向东部沿海迁移过程中，

---

① 参见《纽约世界日报》*Dallas 90 Chinese News*《人民日报》（海外版）、《中报》（纽约版）*The Globe Times*、*The Express*等有关汤富翔先生的报道评介资料。

② 汤富翔．鼓励下一代学中厨[J]．世界周刊，2006-12-3.

③ 程美宝．十八、十九世纪广州洋人家庭里的中国佣人[J]．转引自史林，2004，（4）.

波士顿成为与纽约具同等吸引力的城市，大约在1870年即建立起唐人街①。20世纪20年代初的波士顿已有千余粤籍华人②。

5. 华人与海外中餐馆

商品市场覆盖，需要众多消费者维系；品牌声誉需要市场认同度支撑，点菜率的大众口碑是菜品文化存衍的硬道理，商品市场占有与文化传播意义上的菜品知名度是消费者用胃袋和口袋造成的，因此，早在40年前开授中国饮食文化课伊始，我就明确说："名菜是烧出来的，菜名是吃出来的。"这句话因而成了来自全国各省区烹饪、餐饮业界学员们的谈资笑料，进而成了专业口头禅。世界各地中国菜得声誉，当然也是这样的路径。我们这里讲的华人是在海外中餐馆就餐的华人，从历史上看，他们可以大致区分为打工谋生者、留学生、名人三大族群。打工谋生者一直是海外中餐馆的消费主体，一般是低档小食店的顾客，那些无处就餐的华工，或中等收入的华人，每顿饭只需花五美分或十美分就可以维持日常的生存。这些小餐馆，通常位于街道路面的下方，里面摆着几张板凳和餐桌，到了晚上，这些桌子又可以作为床来使用，至于灶间基本都是最简陋不过的样子："摇摇欲坠的小火炉、炒得噼啪响的猪肉、一碗碗米饭、几袋香肠、水果、鲜鱼、鱼干、几双普通的筷子和四处飘散的味道，一切都显得古老而陈旧。"③

底层消费者群无疑是众多小规模中餐馆生存的支撑，但中餐的名气则主要是中上层消费群体与中高档餐厅互动的结果。1949年国民党败退台湾，陈立夫（1900—2001）赴美图存，曾有过一段艰难的时刻（图6-21）。陈立夫先生办养鸡场，夫人孙禄卿（1900—1992）将破了的蛋做蛋糕、煎蛋、卤蛋、皮蛋，夫妇二人还做辣椒酱在华人开的杂货店里出售，一些店纷纷订购。当年纽约的唐人街，"陈立夫辣椒酱"一度非常有名。他们研制的皮蛋，制作的"湖州粽子"都成为人们餐桌上喜欢的"中国货"④。

图6-21　赵荣光与陈立夫先生合影，摄于1994-1-8

① [美]安德鲁·科伊．中餐在美国的文化史：来份杂碎[M]．严华容，译．北京：北京时代华文书局，2016：187.

② 龚伯洪．广府华侨华人史[M]．广州：广东高教出版社，2003：54.

③ [美]安德鲁·科伊．中餐在美国的文化史：来份杂碎[M]．严华荣，译．北京：北京时代华文书局，2016：141.

④ 毒步逍遥．我的公公陈立夫[OL]，2020-12-31.

（1）**各种名号华堂“楼”** 堂食规模的中餐厅都习惯命名为“××楼”，或近似的名号，如芝加哥的“文英楼”“颂英楼”“琼英楼”“琼彩楼”“探花楼”“南华”①；巴黎“万花楼”“中华饭店”“北京饭店”“东方饭店”“萌日饭店”“共和”“双兴”；伦敦的“法娃”“杏花楼”“南京楼”“顺东楼”“上海楼”“香港楼”“大世界”“华英楼”；……其装潢点缀一如《东京梦华录》《梦粱录》《都城纪胜》《武林旧事》等两宋京师“樊楼”传统法式，而又既逾历史，犹盛国内。将中国本土的商业传统与中华餐饮文化标榜辉煌海外，无异旨在耸动地方社会听闻观瞻，广播声誉，吸引招徕。一些高档中餐馆大多是内置精制中式餐桌椅与配置，大理石台面嵌贝硬木餐桌，珍玩古器，名人字画，摆件琳琅，因为这些被时下藏家视为金玉的玩意儿在彼时的欧美地摊估店瞩目皆是，且鲜赝伪，枚文成交。此类馆店空间阔绰，同时佐以中式弹唱，西风管弦，引得各类消费者瞩目流连。诸如：1927年“新上海”露台饭店，唐人街格兰特大道“上海楼”饭店，“杏花楼，共和楼，颐和园等，内部的装潢比上海任何粤菜馆子都要富丽。”②。

1928年傅雷（1908—1966）赴法，记下了初抵巴黎中华饭店吃“中国菜”经历：“一只炒蛋，一只肉丝，一只汤，共价十六法郎，狠贵的！可也十分满足了，因为三十多天不知中国味了。”③“巴黎最大中国饭馆之万华（花）楼，营业极为兴隆，……是楼创自一千九百十九年，……初创时，资本仅二十万法郎，今每年所获净利，亦逾百万，实海外华商中之具有创造精神者。盖该楼经理张南，原籍广东宝安，二十年前，受英轮雇用水手，积微资，则在轮中为水手包饭食，数载后，偕其弟张才至英京，开一中国餐馆，规模甚小。今伦敦之探花楼、翠花楼，皆张氏兄弟手创，距今仅十余年，资本俱在百万元以上矣。”④位于波士顿泰勒街的“醉香楼”是极享盛名的中餐馆，吸引了越来越多的美国人光临，“那美国人谓别街的华人餐馆所制的杂碎，不是真料，华埠的华人餐馆所制的杂碎才是真料。况这间醉香楼，又是老字号，所以更多人来食。”不少美国人不再满足于“杂碎”，而要追求地道的中国中餐了：“近来美国的人，多喜效中国式，如食餐则食饭，食豆芽，又用碗箸。”⑤探花楼也是一样的气派：“阔少们，腰缠颇富的寓公和商人，大使馆的大小外交官，他们才是这几家饭馆的主顾。随便小吃的时候，就到上海楼或顺东楼等处，正式宴客或有男女外宾随同时，他们会到探花楼去，饭馆的设备既华丽，而身穿礼服的堂倌们又十分神气，在音乐演奏中开香槟，嚼

① 金永康. 费成的唐人街：美国通讯[J]. 西风，1949，（116）.
② 问笔. 唐人街（金山笔记之五）[J]. 宇宙风，1936，（27）.
③ 傅雷. 法行通信：十四，到巴黎后寄诸友[J]. 贡献，1928，（9）.
④ 佚名. 万花楼[J]. 东省经济月刊，1929，（3）.
⑤ 佚名. 美洲游记[M]. 广州：广州兴华书局，1925：45.

鱼翅，喝燕窝汤，说起来虽然有些不调和，但也就很够排场了。”①

关于伦敦的中国菜馆业态，20世纪40年代末曾有中国专业考察者做过评介：

“英国外相贝文，常去伦敦中国饭店用餐，但始终不识中国菜单。一天和我国大使郑天锡见面，谈起中国菜，贝文说你们有一道菜味道真好，非鸡非肉非鸭，他只知道是‘第八号’，中国菜馆为怕外国顾客记菜名麻烦，常把菜单儿编成号数，由侍者帮着解释这一号是什么菜。如果顾主碰巧吃到一道合他胃口的，他不必记菜名，只要记好号数，下次进门一说号码，侍者就知道这是那一道菜了。郑大使精于烹饪，听贝文的描写，胸有成竹，约他下次到大使馆吃‘第八号’，贝文应约前往，一碟端来，立刻认出是他心爱的‘第八号’，——原来是一盆杂碎（Chop suey），杂碎有如炒什锦，外国人最欣赏，在伦敦的一家中国馆子，干脆就取名‘杂碎’。其实在英国的中国菜，可以说，每碟都是杂碎，可怜中国菜馆，在伦敦虽负盛名，和国内的菜馆相较，真不知相差凡几。那里中国菜馆的厨师，大半不是科班出身，而是中途改行，有的过去本来是水手，为厌倦海上生活，加以开饭馆有利可图，脱离舱房进入厨房，对烹饪一道，根本不精，只是依样画葫芦，随便凑几色小菜而已。在中国菜馆，最具有中国风味的是豆芽菜，汤面，炒菜，春卷里全成豆芽，有时一碟炒面端来，甚至豆芽多于面条。……英国人不太讲究吃，为此以吃来估计生活水准的中国侍者最瞧不起外国顾主，……我几位外国朋友常到中国馆子去，他们提起中国菜馆的侍役就摇头，总说他们太不客气，不肯好好招顾客人，不肯为客人好好解释这一道菜到底是什么东西。在作战期间，在伦敦开菜馆的中国人全都发了大财，那时美国士兵驻在英国有的是钱，常带女友上中国馆子，一家名叫香港楼的中国菜馆单是衣帽间的收入，一周就有一百多磅（即四百多美金）。待我去英时，美国士兵绝迹，中国菜馆生意大受影响，但也不见萧条。英国自一九四五年后未曾许一颗白米进口，因此中国菜馆也无从以白饭飨客，只是把炒面汤面来代替，香港楼独出心裁，还有油炒大麦供应。利安饭店的主人利安是美国华侨，在好莱坞曾当过电影明星，退出影界后，来伦敦开设饭店。他饭店里挂上宫灯，装上屏风，茶几上一只只中国花瓶，倒是十足的中国打扮。壁上悬满明星照片，都有明星自己在签字，他的馆子最主要的主顾是电影界中人，常有明星去用餐。还有几家菜馆，虽由中国人开设，却是供应的西餐，也是生意兴隆，而且对中国人照顾得特别周到。他们的菜味接近大陆，广告上也标上“大陆烹饪”。英国根本无所谓烹调、味，和中国的颇相接近，为此若干伦敦菜馆都标上“大陆烹饪”，吸引顾主，连中国人开的西餐馆也不能例外。我最喜欢的一家馆子是上海楼，上海楼开在希腊

---

① 晶请．说吃[J]．新中华，1935，（20）．

街，由一位中英混血种的小姐主持，这馆子原是一位中国人所开，他娶了一位英国太太，儿女成群，临终把这一生经营托了大小姐经营，大小姐也不负所托，把它经营得蒸蒸日上。我想我之所以喜爱上海楼，第一因为它环境清幽，但最大的原因，是因为他有两色菜是道地中国做法，一只是香肠，一只是豆腐，偶尔也能在那里吃到粉丝汤，后来我们和大小姐相熟，她常在我们称谢声中，端出一碟腐乳来给我们佐餐。……中国馆子里随意挑选，用刀叉或用筷子都可，第一道照例是汤，可以说是中菜西吃，广东人也是先以汤飨客的。英国人最爱吃的中国菜是甜酸肉，据侍者说有些英国人一进门就嚷是'甜酸肉'，所谓甜酸肉就是中国的糖醋排骨。伦敦的中国菜馆，以广帮为最多，北方和苏式馆子绝少，以探花楼为最老，上海楼、香港楼、大世界生意最兴隆，也许因为配给和人力关系，绝无有类三六九的小吃店。论烹饪，巴黎的中国馆子比伦敦的好，论风味，却是伦敦的比巴黎的地道，巴黎中国馆子，座位都以法国沙龙式，倚墙而设，和菜蔬俱来的，又常是一碟面包，总脱不了洋味，伦敦中国菜多半中外分坐，入席以后，四顾全是同胞，依稀身在故国，只有在瞥见侍者身上的一套燕尾服时，才恍然是在多礼貌的英伦。"①

引文中值得注意的资讯：英国的中国菜每碟都是杂碎，在伦敦负盛名的中国菜馆和国内的菜馆相较差距很大，伦敦中国菜馆的厨师大半是"脱离舱房进入厨房"的依样画葫芦者，他们整体上既缺乏文化修养意识，也很欠缺超越生存层面意义之上的责任担当。20世纪20—40年代伦敦最负盛名的中国菜馆之一是"法娃"（FAVA），甚至被当时的研究者言之凿凿为：

"到过伦敦的人，没有吃过'法娃'的，还不算是'旅行的老手'，是不值识者一笑的。""法娃"是一家中国人开的西餐馆，"老板姓张，从他讲的英文里边，可以听出道地的山东腔来，今年五十多岁了，可是西装穿得笔挺，虽然一天到晚在厨房间'掌灶'，领带还是上午、下午不同，过几个钟头就换一条。儿子不会讲中国话，所以虽然满肚子想跟中国女孩儿结婚，却只交上英国女朋友，父亲在楼下炒菜，他就在楼上整账，他的姊姊是招待，但是出落得像一只出水的芍药一样，逗得许多人一天到晚抢着上'法娃'，桌子没有空，就站在门口儿排着队等，几个中国官儿，平常都是说话用鼻音、走路（踱）方步的人，一看见她这个原子弹可就马上无条件'投降'了，死心塌地地排队等着坐在她服侍的桌子上去，一旦坐定之后，为了延长和她纠缠的时间，就只好拼命地叫菜，吃完一个，再来一个，有位先生，吃完一个汤和两个菜以后，又吃了一个汤，然后再吃两个菜。从六点钟起一直到十点

① 徐钟珮. 伦敦的中国菜馆[J]. 一四七画报，1948，（7）：6&14.

钟，缠了她四个钟头，……‘法娃’虽然是西餐馆，可是菜完全是中国味道，汤里头永远放着葱花和‘通心粉’，做得和国内的‘切面’一样，张老板虽然已经在伦敦住了三十几年，可居然能够强迫些神气官儿心甘情愿地在这里吃下去了那种多，在国内看都不愿意看的青菜豆腐豆芽，……”①

“法娃”生意红火，或曰经营成功，是颇耐人寻味的。曾有游欧美东亚各国的中国新闻学者考察后说：“各国之大小城市，几无不有中国饭店之设立，办理尤善，营业亦盛，洵足为国人在海外贸易上争一线光荣。”（图6–22）但是，国势衰微大态势下的商品品质与运营总体落后，使得“中国人在海外贸易，可云日绝境。丝茶瓷器三大宗，亦均徒为其名。其实际地位无不为他国出产所夺。然于极端失望中而尤为差强人意之一事为何？则馆饭（原刊文如此——引者注）之一业之兴盛是已。予足迹所经欧美日本大小城市，几无不有中国饭馆。若伦敦之杏花楼，新杏花楼与梅花楼。巴黎之万花楼，柏林之天津饭店。纽约之Palais D’or，旧金山之上海楼，新上海楼与共和楼，则规模宏大，名驰遐迩，为彼都人士所艳称。此等饭馆均兼设舞场，入夜则士女云集，星期六及星期日尤甚。入场所费，每人不得少于一元五角。故Palais D’or一馆，每年营业，在一百六十万元以上。唯近日来日人鉴于中国菜之受人欢迎，亦起而设立中国饭馆，或以重金聘用中国厨师，或专人来华学习烹调之法，其又远过之。予望国人之业饭馆者，能抛弃我见，合组大规模之公司以厚实力，一面并应研究饭馆管

图6–22　英国伦敦街头中餐馆，1950年，大英图书馆藏

① 佚名．中国菜馆在伦敦[J]．新生中国，1947，（6）：17.

理之法，庶能营业蒸蒸日上。而不受人排挤也。”[①]

可见中国菜馆海外经营成功实非易事。讨论中国餐馆在世界各地，也应当注意到东邻朝鲜，汉城（今首尔）就有多家中华料理店，“在汉城街上，我探访过两家，全是山东登州府的人开的，据说有家广东的金谷园，我还看到大观园、雅叙园。同福楼的招牌将来都得去看看，第一次去的一家似乎叫鸿福楼，……都表现是中华山东的风味儿……”[②]韩半岛历来与中国的山东一带往来紧密，号称“高级”的中华餐馆多是“中华山东的风味儿”，也就不足为怪了。

（2）留学生与中餐馆　经营者的市场目标是非常清楚的，那就是以留学生为主要群体的来自中国的华人族群。20世纪初，尤其是中华民国政府执政大陆的20世纪20—40年代的三十年左右时间里，各种来路求学、访学美欧的中国学子济济于美，于是，留学生群成了华人餐馆的重要消费者。“巴黎共分二十大区，华人则均荟萃于第五区（一名拉丁区，又名学生区，盖巴黎大学之所在地也），故中国饭店，亦均开设于是。”[③]“第一家正式的中餐馆开设于1908年，位于东伦敦中国人的聚居区。随后几年又陆陆续续在同一地区开张了三五家。它们均以面向中国船员为主，规模很小，而且十分简陋。到20世纪二三十年代时，在伦敦约有十数家此类低档次的中餐馆，其服务对象主要是当时在英国求学的中国留学生，以及少数属于英国社会下层的工人。”[④]

20世纪中叶以前的中国社会文化精英，绝大部分都有留学美欧的经历，他们的存在与消费需求，对海外华人餐厅的经营业态无疑具有特殊的影响力。因此，准确些说，是中国消费者支撑了开在美国的中国餐馆。在纽约、波士顿等大都市，基本由粤籍华人经营的广东餐馆多开在唐人街，以华人为消费大众；以本地人为招徕目标的豪华杂碎馆则开在城市主街上。这种业态，旧金山等华人更多的都市亦复如此。正如吴宓（1894—1978）先生的见识：这些中餐馆往往是“座客拥塞，多皆中国之留学生，平日注重游乐，视吃中国饭为第一要事。又多中国当道达官贵人之子弟，在此留学，徒为名高，愚阍偷情，专事浮华，……有欲趋奉纳交，以为后日谋事地者，则常追随陪伴之焉。”尽管吴宓说自己“素性不喜赴波城吃中国饭，为友所力邀，不可却，乃往。以其费钱又费时，又不消化故也。”吴宓先生的日记中有许多日常食事记录，如1919年8月10日，吴宓、汤用彤（1893—1964）、王正基、顾泰来曾在邻水之餐馆亚当屋（Adam’s House）午餐，但因“甚贵，仅食果点而已。”汤、王、顾皆为留

① 戈公振．海外之中国饭馆业[J]．商业杂志：（第五卷）第一号．

② 天行．侨韩琐谈：二中华高等料理[J]．语丝，1927，（131）：9-12.

③ 过福祺．巴黎之中国饭店[N]．申报，1929-2-27.

④ 李明欢．欧洲华侨华人史[M]．北京：中国华侨出版社，2002：195.

学生，汤氏后亦国学成就显赫。1919年3月22日，吴宓与尹寰枢、杨承训“赴New Haven, Conn.（康涅狄格州纽黑文城）……晤明思及陈俊，朱丙炎、朱世昀兄弟，吴曾愈等诸友，及国防会长张贻志君。凡盘桓三日，游观Yale（耶鲁）大学。再则酬酢叙谈，餐于中国饭馆（肴馔极丰美，陈设极精巧富丽。）”因此，作为外食客，吴宓如同其他留学生一样，只能是中国餐馆的常客。个人就餐或者会便捷简易，但友朋聚会，或做东，或受邀，总要丰富一些，如1919年6月16日，陈寅恪（1890—1969）为东道于东昇楼（The Oriental Restaurant）以“烹调极佳”的扬州菜招待吴宓、梅光迪（1890—1945）、薛桂轮，用资19元。梅、薛后皆为文学家。波士顿华人区的醉香楼，是留学生就餐热选的中国餐馆。当然，留学生们就餐地点的更高概率应当是校区“食堂”而非校外唐人街的中餐馆，如1919年6月29日，吴宓、锡予、李达、顾泰来搬入斯丹迪什楼B41（Room B41，Standish Hall）室同宿居，“每日三餐，均即在Charles Hall（史密斯楼）校中所开食堂吃饭”了。1919年8月22日吴宓被陈寅恪“招至醉香楼吃饭”，8月31日，吴宓又与陈寅恪、俞大维（1897—1993）“赴醉香楼吃中国饭”。陈、俞二位后都是闻人，陈氏国学大师、学名灌耳，俞氏则有“兵工之父”誉，后曾出任台湾“国防部长”。10月27日吴宓又与陈寅恪、汤用彤、顾泰来、汪懋祖（1891—1949）“在醉香楼晚饭”，汪氏后亦为知名教育家。10月29日宴请清华教务长王文显（1886—1955），王氏为戏剧家、教育家。1920年4月17日，林语堂（1895—1976）夫妇邀吴宓及汤、张、楼三君，在其寓所晚饭[①]。除帝国饭馆和红龙楼外，去得较多的还有STRAND CAFÉ。如1919年：“八月十四日下午，携之（稿件）往示编辑部（国防会）书记李、杨二君。然后至工校（麻省理工）宿舍晤褚君凤章等，偕彼间诸人，至中国饭店STRAND CAFÉ（海滨酒家）晚饭。”“八月十六日，午后二时，往邀李君，同至工校宿舍……携诸人仍至中国饭店晚饭。”“九月四日，夕，陈君烈勋又来。锡予与顾君约陈君及宓至Strand中国馆晚餐。”“九月五日，夕，偕顾君赴Strand馆（海滨酒家）晚餐。”还有汉口楼：1919年，“六月十四日温课。午后，清华同人，公饯C. B. Malone先生于汉口楼，每人费一元六角。”“八月十七日晚，复同（汤、顾）诸君等，步行至波城汉口楼吃饭。”“十月五日。午，由锡予及施君济元及宓，共约梅君在汉口楼祖饯。”“十二月五日晚，与锡予、张君鑫海，同约林玉堂（即林语堂）夫妇，至波城汉口楼吃中国饭。”其间，曾偶赴琼宴楼：1920年，“八月二十三日，（与徐恩培）同赴波城，在南车站发付辎重行李。旋赴琼宴楼晚饭”。离美返国前夕，途经西雅图，则曾去过一趟上海楼：1921年7月18日，“晚八时一刻，车抵Seattle，Washton（华盛顿的西

---

① 以下引自吴宓. 吴宓日记[M]. 上海：生活·读书·新知：三联书店，1998：19，31，33，50，59，149，150，155，162，163，174.

雅图），裴君及宓，陪俞（秀爱）女士先赴轮船码头，处置行李船票各事。然后至上海楼，请俞女士吃中国饭”。

据《吴宓日记》记载，他去过最多的中国餐馆还是醉香楼：（1919年8月17日）“午前偕汤、顾二君，步行至波士顿城中醉香楼吃饭。”“六月三十日星期日上午，在宓室中，开国防会议事会……会开毕后，宓邀陈君（烈勋）至醉香楼吃中国饭。”9月3日约陈勋烈、顾君泰、偕予，“至醉香楼晚饭。”10月7日、11月27日、12月22日、12月24日，与锡予及洪深（1894—1955）等，赴波城醉香楼“中国饭”。洪氏后以剧作、教育名家。1920年正月3日“汪君影潭邀在醉香楼晚饭”。正月22日“又赴醉香楼晚饭。”5月18日“在醉香楼午饭。”6月13日，与张可治、陈宏振“赴醉香楼吃中国饭。”12月27日与陈烈勋、姚来、汤用彤“同赴波城，在醉香楼吃中国饭。”6月20日，应陈烈勋、顾泰来、张可治邀“赴醉香楼晚饭。”醉香楼其实并非楼，只是一层店堂的粤籍主人小餐馆，厨灶在门口，室内为方桌、木凳客座，桌上摆列中国杯箸、作料瓶等。主食米饭，最普通的菜肴是白菜炒肉丝、番茄炒鸡蛋，所谓客到即出，其他则可照单点要。

醉香楼既中国学生云集，诸多英才麇其中，民国时段中国社会各界之灿灿巨子大都有海外中餐馆饱腹宴会经历。航空工程学家钱昌祚（1901—1988）回忆录亦有提及，钱氏1919年由清华公派赴波士顿麻省理工学院留学，他说：“我每日餐费美金一元二角，每月另支糖果水果费三四元，月费初到美时为美金六十元，后增为七十元，又后大部分时期为八十元，已觉敷用……在二年级暑假曾获工厂工作，又蒙家中汇款银元二百元，约与美金等值。故五年在美，用款充裕。”他没有如清寒学生的吃冷水面包罐头沙丁鱼当饭，中午有课时也在早餐购备三明治到校作午餐。点的菜多是价较廉的烤波士顿大豆带小方块猪肉，烤咸牛肉、捣番薯加鸡蛋，奶汤煮蚝等。如点油炸干贝、鸡派、猪排等已算多费。晚饭常至剑桥中央广场两家中国杂碎馆吃中国菜，白菜炒肉片或芙蓉蛋带饭。真正中国菜要星期日午餐到波士顿唐人街的醉香楼，吃的不外是南乳豆腐肉、叉烧芥蓝菜、炒龙虾等。二三人同吃约美金二三元[①]。吴宓曾感慨说：“此类中国饭馆，食客全系中国人。美国人无至者，中国器具。中国肴馔。中国吃法。不但用筷（chopsticks），而且食时不断笑喧嚷，咀嚼之声可闻（皆美国食时规矩所不许）。又饮中国之黄酒（绍兴酒）白酒（高粱酒），而高呼猜拳，真同回到中国内地也者！一般中国同学们皆喜赴‘醉香楼’。宓独以其费时、费钱、车费太多，不轻往也。”（1920年）“正月一日，陪沈卓寰游观校中各处。旋偕诸人同邀卓寰至醉香楼午饭。中国肴馔，甚丰美，亦尝酒焉。”因为味道甚好，还曾帮外地朋友前往购寄外卖的烧腊等：（1919

① 钱昌祚．浮生百记[M]．台北：台北传记文学出版社，1975：166.

年）“十二月三十一日。年假中，陈君（烈勋）来函，并以四元汇来，托宓在醉香楼为购烧鸡及腊肠寄去，俾与汪君共食。”（1920年）“十月十日：十时，独赴波城，至醉香楼为陈君烈勋代购食物。”①

（3）龙虾被吃成名 如同藏族人疏离河鱼的心理，波士顿虽然以海味著名，但是，美国人却对龙虾并不亲近，认为这种嗜食腐物的海洋生物不洁。然而，华人没有这忌讳，他们很嗜好，可以说，龙虾的成名，华人有贡献。1923年，赵元任函邀陈寅恪任职哈佛大学，陈先生回信不无幽默地说：“我对美国一无所恋，只想吃波士顿醉香楼的龙虾。”龙虾是波士顿醉香楼的一道招牌菜②。那一年的陈寅恪先生33岁，已经是名满中西的大学家身份了，而他最初的波士顿醉香楼龙虾记忆应当是1917年赴美之后。陈先生是否对龙虾有嗜，且可勿论，但印证了波士顿的海鲜特产、波士顿华人餐厅海鲜经营特色，则是无疑的。曾任上海市教育局局长、中央大学校长的顾毓琇（1902—2002）的回忆录中也说他留美期间，“每到周日，我们便迎来了最大的乐趣：搭电车到斯普林菲尔德（即称春田市，是美国伊利诺伊州的首府），找一家中国餐馆，好好享受广式龙虾的美味。”③“广式龙虾”，当然指的是中餐馆粤式风味的炒龙虾，不是美国任何其他风格的烹饪方法。1934年，著名的抗日英雄，十九路军军长蔡廷锴访美，9月14日“晚上，假座醉香楼大餐馆举行公宴大会。与会中西人士极为踊跃。来宾有麻省省长代表炅逊市长、西林市长及高级军官甚多。”④留学生时代的胡适（1891—1962）尽管上海楼、红龙楼等中餐馆频至，“却未曾一上醉香楼”，而后其履职美国，又延居期间则多有宴会醉香楼的记录，且与会名流，场面非常。若1945年2月17日“中国学生所组织之‘人文学会’，在醉香楼请（胡适）先生及张福运、丁树声、梁方仲、全汉升五人晚饭（主人十人）。”⑤

波士顿的海鲜给中国留学生留下了极为深刻口味记忆和往事回忆。1921年，官费留美学的浦薛凤（1900—1997），曾先后攻读哈佛大学、翰墨林大学。这位政治学家1944年重赴故地，还要睹物思人坐定海味餐店，友朋之间邀宴饯行，也往往不离开海鲜⑥。醉香楼之外的东方楼、东升楼、红龙楼等，都是颇有名气的中餐馆，都有特色突出的中国菜。1917年8月，时任湖南省署交涉科科长的陈寅恪，受湖南省长兼督军谭延闿之命，与林伯渠、熊知白

① 吴宓．吴宓自编年谱[M]．上海：三联书店，1995：190.

② [美]罗斯玛丽·列文森．赵元任[M]．石家庄：河北教育出版社，2010：93.

③ 顾毓琇．一个家庭两个世界[M]．上海：上海人民出版社，2000：46.

④ 蔡廷锴．蔡廷锴自传[M]．哈尔滨：黑龙江人民出版社，1982：345.

⑤ 胡颂平．胡适之年谱长编初稿[M]．台北：联经出版社，1984：1865-1866.

⑥ 浦薛凤．浦薛凤回忆录：中册[M]．合肥：黄山书社，2009：278-279.

三人以“财政教育研究考察员”身份赴美，并借此留学美国直至1921年秋。其间陈寅恪成为东方楼的常客[1]。客中亦有好友吴宓，并因此留下了“酒宴丰盛，所费不赀”的追忆：“初次到‘东方楼’，见其房屋宽大宏敞，布置精洁。器皿皆银器与景德镇上等瓷器。所办酒肴，完全是北京、上海著名大酒馆之规模及内容，燕窝、鱼翅、海参等全备，而中国各种名酒，及各地特产之食品，如北京全聚德之烤鸭、云南宣威之火腿、江浙之糟鱼、虾酱等，彼亦有储存……”[2]。1919年6月16日晚，陈寅恪与吴宓在东升楼合请参加留学生组织国防会办报会议的同人，“特作扬州菜，烹调极佳，用费十九元。”吴宓曾多次在东升楼宴请，1920年6月23日“午后六时，赴波城东升楼宴聂公（云台），宾主到者三十人，费八十元，馔肴至丰美”；6月29日“午后三时，谒巴师……旋即偕俞大维君赴波城东升楼。盖聂公亦假座于此，回宴国防会诸人也。宾主共二十人。”[3]1920年8月17日，吴宓、陈寅恪、汤锡予、张鑫海、楼光来、顾泰来、俞大维七人宴会东升楼。8月25日，吴宓、俞大维、俞庆棠、陈君寅恪，又于“波城红龙楼吃中国饭一次”。其时，俞庆棠就读纽约哥伦比亚大学教育学院，后为联合国教科文组织的中国委员，有“民众教育的保姆”之誉。

6. 华人“家厨”

我们不应忽略华人在移居国佣工家厨作用的影响与意义。美国人雇佣华人为家庭厨师颇为普遍，华人的敏于厨事、擅烹中华风味食品应是首选条件。因此，“许多白人尽管厌恶中餐，但都会在家里雇用华人厨工，并吃他们烹饪的西餐。其实，一般的中上阶层家庭都需要佣人来为他们洗衣做饭、打扫房屋、采购货物和打理买卖。而在19世纪60—70年代的旧金山，人们往往面临着两种选择，一是爱尔兰佣人，二为华人佣工。绝大部分人都会选择后者”。原因很清楚：华人佣工的月薪只是爱尔兰人的一半，而且华人佣工都恭顺忠诚、恪职尽责、敏捷细致，华人世代都被祖国的历代王朝政府驯化和儒家文化教化成了这种性格与修养。正是因为如此，他们赢得了雇主的满意信赖，“主人极其信赖的仆人”是雇主们的社会性评价。“他是一个多好的厨子呀！牛排煎得脆嫩多汁，烤肉做得特别美味。他的手瘦削发黄，总是会为我们准备松软的早餐蛋糕和可口的面包。每次烘焙时，他用勺子舀出苏打粉或

---

① 叶隽. 中国新史学之构与陈寅恪留学德国，载欧美同学会德奥分会等编. 旅德追忆：二十世纪几代中国留德学者回忆录[M]. 北京：商务印书馆，2006：799.

② 吴宓. 吴宓日记：第二册[M]. 上海：三联书店，1998：31，171&175.

③ “中国国防会”为中国留美学生之爱国组织，成立于1915年5月9日中国政府屈从二十一条之后，旨在唤醒国人自强、自救。

图6-23 2020年年初，赵荣光做客美国犹太裔物理学家Alfred S. Goldhaber夫妇长岛家中，Goldhaber先生曾与杨振宁共事多年，其家族三代至少五位著名物理学家。据二人回忆，最初尝试正宗的中餐，皆因父母雇佣多年的一位华人女佣，与唐人街中餐不尽相同

酒石粉都恰好堆得一样高，因此我们可以一直信赖他。”[①]事实上，19世纪以来寓居在中国的外籍人家中也往往雇佣华人主厨。而在此之前的传教士们也往往雇佣华人厨佣。这种华人主理外籍人厨事的原因无外乎华人诚信勤务（至少对于其服务的洋人主子来说如此）、价廉，但也不应忽视文化资讯、语言习得（至少在中国境内是如此），享受中国菜（对侨民华人的雇佣多因为此）（图6-23）。

（二）20世纪中叶后的“中华菜”

1. 中国菜谱在美国的发展历程

（1）“中国菜谱”——美国人的认知 1912年，《芝加哥越洋简报》（*Chicago Inter-Ocean*）的记者杰西·路易斯·诺尔顿（Jessie Louise Nolton）撰写了美国第一本中餐食谱《居家中餐烹饪手册》（*Chinese Cookery in the Home Kitchen*），书中所列的食谱都是一般中餐馆内常规经营的大众习知喜食的饭菜，如米饭、杂碎、芙蓉蛋、烤猪肉、鸡肉、炒饭等。1913年，《时尚芭莎》刊登了萨拉·伊顿·博斯（Sara Eaton Bosse）撰写的一系列制作及准备中

① [美]安德鲁·科伊. 中餐在美国的文化史：来份杂碎[M]. 严华荣，译. 北京：北京时代华文书局，2016：146.

式晚餐、午餐和茶点的文章，博斯是一位中产阶级的艺术家美女，她在纽约给画家和艺术家做模特，她坚持认为：中式宴席就像是一场场戏剧演出一样美妙，可以让西方人融入一片充满异域风情的东亚国度中陶醉享受：“中式晚宴如果准备得当，就会是一种愉快而新奇的享受。当然，中餐本就应该按照其自身的方式进行安排，这也会给菜肴增加一抹神秘感和美感。”但一桌道地的中式宴席的准备过程往往要花费好几天时间，需要到唐人街去采购合适的家具，挑选适当的餐桌摆设，随后是装饰，最后才是置办食材。她同时一一列举了纽约、芝加哥、波士顿、旧金山、蒙特利尔等地的华埠作为指导建议。她甚至认为，要想让一次中式宴席办得出色的话，还得要求宾客身穿中式服装出席，并要有机灵利落的华人“小厮”在筵席边周到服侍。找不到这样的经验素养小厮，至少应当让女仆扮演成中国丫鬟，不过要教会她们如何慢而轻地移动脚步，一如中华传统礼俗文化熏陶出来的“大家奴”。很显然，她欣赏中华历史文献记载的梁山伯书童、陆鸿渐茶侍、崔莺莺丫鬟，抑或是谢灵运、白香山、苏东坡家中的使女。她建议对中国菜感兴趣的美国家庭主妇，应当多到唐人街去品尝中国菜，并为她们开列出了一系列菜品名目：燕窝汤、糖醋鱼、菠菜鸡、鸭肉炒面、鸡肉杂碎、清炒黄瓜、青椒香菇、蜜饯和中式糕点等。更令人感动的是，第二年博斯和她的妹妹温妮弗·雷德合作化名奥诺托·瓦塔纳（Onoto Watanna）出版了一本颇具社会影响力的《中日食谱》（*Chinese-Japanese Cookbook*），这是美国历史上第二本用英文写作的中餐食谱，也是第一部用英文写作的日餐食谱，书中列出了当时最为流行的菜肴。它被认为是美国人家中实践中国菜的最好的参考书。作者博斯所以对中华文化和中国菜如此热衷和独到理解，应当与她的母亲是华人，而父亲是尊重热爱她的英国人有关。美国的英文版中国菜谱为数不少，介绍中国菜的报刊与文学、艺术作品则更是不计其数（图6–24）。专栏作家马里恩·哈兰（Marion Harland）与简·爱丁顿（Jane Eddington）就出版了许多关于杂碎的菜谱，爱丁顿1914年在

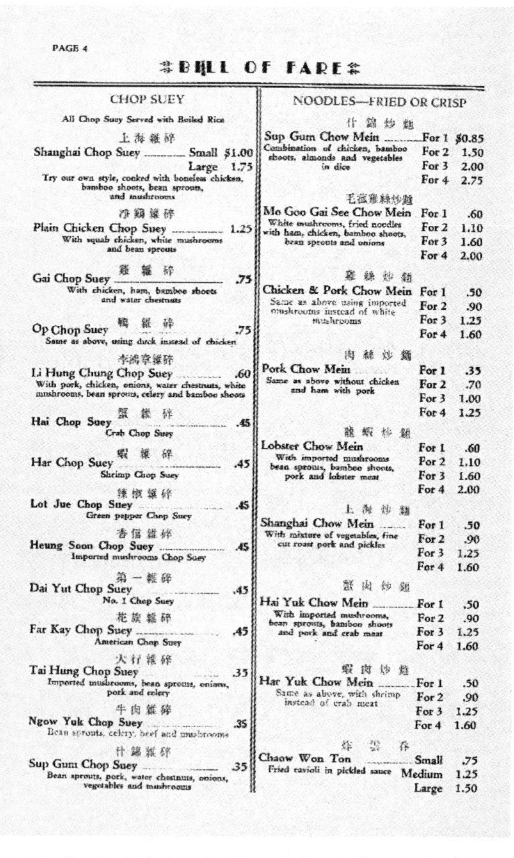

PAGE 4

BILL OF FARE

CHOP SUEY

All Chop Suey Served with Boiled Rice

上海雜碎
Shanghai Chop Suey .... Small $1.00
Large 1.75
Try our own style, cooked with boneless chicken, bamboo shoots, bean sprouts, and mushrooms

淨雞雜碎
Plain Chicken Chop Suey 1.25
With squab chicken, white mushrooms and bean sprouts

雞雜碎
Gai Chop Suey .... .75
With chicken, ham, bamboo shoots and water chestnuts

鴨雜碎
Op Chop Suey .... .75
Same as above, using duck instead of chicken

李鴻章雜碎
Li Hung Chung Chop Suey .... .60
With pork, chicken, onions, water chestnuts, white mushrooms, bean sprouts, celery and bamboo shoots

蟹雜碎
Hai Chop Suey .... .45
Crab Chop Suey

蝦雜碎
Har Chop Suey .... .45
Shrimp Chop Suey

辣椒雜碎
Lot Jue Chop Suey .... .45
Green pepper Chop Suey

香信雜碎
Heung Soon Chop Suey .... .45
Imported mushrooms Chop Suey

第一雜碎
Dai Yut Chop Suey .... .45
No. 1 Chop Suey

花旗雜碎
Far Kay Chop Suey .... .45
American Chop Suey

大行雜碎
Tai Hung Chop Suey .... .35
Imported mushrooms, bean sprouts, onions, pork and celery

牛肉雜碎
Ngow Yuk Chop Suey .... .35
Bean sprouts, celery, beef and mushrooms

什錦雜碎
Sup Gum Chop Suey .... .35
Bean sprouts, pork, water chestnuts, onions, vegetables and mushrooms

NOODLES—FRIED OR CRISP

什錦炒麵
Sup Gum Chow Mein .... For 1 $0.85; For 2 1.50; For 3 2.00; For 4 2.75
Combination of chicken, bamboo shoots, almonds and vegetables in dice

毛菰雞絲炒麵
Mo Goo Gai See Chow Mein .... For 1 .60; For 2 1.10; For 3 1.60; For 4 2.00
White mushrooms, fried noodles with ham, chicken, bamboo shoots, bean sprouts and onions

雞絲炒麵
Chicken & Pork Chow Mein .... For 1 .50; For 2 .90; For 3 1.25; For 4 1.60
Same as above using imported mushrooms instead of white mushrooms

肉絲炒麵
Pork Chow Mein .... For 1 .35; For 2 .70; For 3 1.00; For 4 1.25
Same as above without chicken and ham with pork

龍蝦炒麵
Lobster Chow Mein .... For 1 .60; For 2 1.10; For 3 1.60; For 4 2.00
With imported mushrooms bean sprouts, bamboo shoots, pork and lobster meat

上海炒麵
Shanghai Chow Mein .... For 1 .50; For 2 .90; For 3 1.25; For 4 1.60
With mixture of vegetables, fine cut roast pork and pickles

蟹肉炒麵
Hai Yuk Chow Mein .... For 1 .50; For 2 .90; For 3 1.25; For 4 1.60
With imported mushrooms, bean sprouts, bamboo shoots and pork and crab meat

蝦肉炒麵
Har Yuk Chow Mein .... For 1 .50; For 2 .90; For 3 1.25; For 4 1.60
Same as above, with shrimp instead of crab meat

炸雲吞
Chaow Won Ton .... Small .75; Medium 1.25; Large 1.50
Fried ravioli in pickled sauce

图6–24　美国纽约上海楼菜谱，1938年，纽约公共图书馆藏

《芝加哥论坛报》撰文说："人们对杂碎食谱有着很大的需求。"作为美国历史上最高产的作家之一，83岁年龄时的哈兰还在撰文推介中国菜："美国是一个多民族国家，不同的民族相结合才衍生了现在的美国，那么同样，我们的菜肴也应当具有这样的多样性。我自己是挺喜欢杂碎的，也乐于尝试做新的菜肴，……曾经，杂碎的美味让我们眷恋，现在，很多读者便开始要求我们提供有关这道菜的全面制作方法和相关准备的指导建议了。"[①]

（2）"中国食谱"——华人现身说法 英文中国菜谱书中，最具经典性的则当属杨步伟（1889—1981）的《中国食谱》。杨步伟是现代史上知名的女学者，她八十岁生日（1968年11月25日）时，收到了友人许多赞美文字，有一首诗写到："远学瀛东卢扁术，接生起死岂唯千。著书能续随园谱，扶业尚承瓯北传。"[②]"著书能续随园谱"，是说她《中国食谱》的著作、成就及其影响，这是一本"写给世界的中华传统美食学经典"[③]。《中国食谱》以*How to Cook and Eat in Chinese*名英文初版于美国[④]。"远学瀛东卢扁术，接生起死岂唯千。"著者1919年东京帝国大学医科博士毕业，回国后创办过医院。"扶业尚承瓯北传"，是说他相夫成就，因为赵元任先生是清中叶著名学者赵翼（1727—1814，号瓯北）的后人。笔者曾有《读杨步伟〈一个女人的自传〉二首》志其事，之一《家教》："大家望族有规矩，耳濡目染盎兴趣，生就不甘为人下，养成志气勇前驱，大父开明存远见，家严不苛贤若愚，幸哉也是好时代，任人发展无所拘。"之二《经历》："山姆大叔睢瞓看，中国食谱别开眼，杂说赵家大学家，一女自传传奇缘，交往名公名人物，阅历大事大事件。莫谓历史不公平，沙淘大浪巨石磐。"杨步伟说："我是爱吃的，而中国人又是爱请人吃饭的，所以到一处大家总是请吃，次数多得不得了，所有的名馆子都请吃过。"[⑤]由于赵元任的大学家资历声望，讲学国际学林、执教世界名校，所到之处盛情接待、宴请接踵，于美食见识品尝独特而独到。而她又是个绝顶聪明又敏思独行的女人，她于烹饪早就心领神会，而且几乎是灵犀独通，她精擅烹调技艺、奥理，并且吃遍步履所到的世界各处。就烹饪技术与艺术来说，杨步伟既非凡人，其事亦已超凡，《中国食谱》的成功证明了这一点。她在自己的婚礼上曾亲自下厨为证婚人烧了精美的晚餐，两名证婚人之一的胡适（1891—1962）先生说：自那晚以来的二十多年间"我至少吃了一百顿赵太太做的饭。她不但成为了一位真正绝妙的厨师，而且，本书（《中

---

① [美]安德鲁·科伊. 中餐在美国的文化史：来份杂碎[M]. 严华荣，译. 北京：北京时代华文书局，2016：206-207.

② 杨步伟. 杂记赵家[M]. 桂林：广西师范大学出版社，2014：331-332.

③ 赵荣光. 中华食学两高峰：《中国食谱》《随园食单》——从袁枚到杨步伟[J]. 南宁职业技术学院学报，2018（6）：5-10.

④ Buwei Yang Chao. *How to Cook and Eat in Chinese*[M]. John Day Company, N. K., 1945; Faber & Faber Ltd., London, 1956, 1968; Johndickens & Co. ltd., Northampton, 1972.

⑤ 杨步伟. 杂记赵家[M]. 桂林：广西师范大学出版社，2014：106.

国食谱》）可以证明，她也成为了颇具分析和科学精神的老师。”杨步伟很自信地说：“中国人较少讲究健康饮食，因为中国饮食本身就很健康。”[①]《中国食谱》从食材鉴别选取、烹调技艺阐释说明、菜品特点风味、饮食风俗轶事、味道食理等均有声情并茂的妙笔生花叙述。本书的素材广泛取自中国大陆多家知名餐馆和各地的经典菜谱，并逐一经过厨房实验与餐桌体验。“很少有食谱真正告诉人们做什么、怎么做”，而作者“具有关于美国女性和美国菜市场的丰富知识，知道要讲些什么、怎样讲。”

美国饮食文化学者珍妮特·西奥帕诺（Janet Theophano）认为食谱是一种集体记忆和自我认同，是一种文化的沟通与交流，它揭示了女性阅读与写作生活的深层世界。她认为《中国食谱》表面上虽是教人如何经由烹调认识中国文化，但最大的意义还在于，它一方面为美国人解释了中国的家庭烹饪，另一方面又暗示了中国新移民在文化认同过程中的困难。作者写作的过程既充满了对昨日美味的美好追忆，也反映了一个动乱时代中饮食的变迁，也反映了饮食在不同文化中的处境[②]。该书的出版在美国很快掀起了中华饮食文化热，成为美国长期以来的中华文化热的重要内容，而且在欧美各国成为许多中餐厅老板、厨师和家庭主妇的必读书，畅销至今，20世纪60年代就已经出了27版，被翻译成20多种文字。该书由胡适撰写前言，赛珍珠作序。《中国食谱》在欧美世界后又有了台北的中文盗版，七十多年后又有了大陆的中文版，作为堪称经典的中华食书影响至今。

作者对英语世界读者说：“若把家宴比作是水平的，那么酒席（chiu-hsi），‘铺开的酒（wine-spread）’，就是垂直的。除了开始和结尾，你一次只吃一道菜，……一顿典型的酒席会以4或8道事先已摆上桌的小冷盘开始。主人举起酒杯，这是让客人致谢的信号。客人会举杯饮酒并说‘多谢多谢！’主人把筷子悬在菜上，所有的客人也一样行事。谁碰菜越晚，就表示谁越有礼貌。所以和一堆礼貌的人在一起，恐怕要等上好一阵才能真的吃到东西。然而主人可以给客人搛菜，推动事态发展。但男人通常不互相搛菜，女人常这样。”对此，赵元任先生进一步解释说：“以音乐类比的话，中国家庭的四菜一汤是有一个持续音部的四部复调，而中式酒席则是一长列独奏旋律配上有许多和弦的序曲和终曲。”[③]也正是基于此，诺贝尔文学奖获得者、中国学家赛珍珠（Pearl S. Buck，1892—1973）才会说：我想要提名作者获得诺贝尔和平奖，因为“这本食谱对促进各国相互理解做出了贡献。”她说的当然有道

---

① 杨步伟．中国食谱[M]．柳建树，秦甦，译．北京：九州出版社，2016：31.

② Janet Theophano，美国宾夕法尼亚大学通识教育学院副教授，研究美国社会的食物与食事，主要关注19世纪以来美国女性的烹饪与家政史，对美国的食谱起源与发展做过专门研究，著有*Eat My Words: Reading Women's Lives Through the Cookbooks They Wrote*. Palgrave Macmillan，2003.（《食其言：透过女性写作的食谱看她们的生活》）。

③ 杨步伟．中国食谱[M]．柳建树，秦甦，译．北京：九州出版社，2016：35-36.

理："从前我们大体上知道中国人是世界上最古老最文明的民族之一，如今这本书证明了这点。只有高度文明的人们才会这样享用食物。"《中国食谱》向英语世界解释了："正是吃着这些简单的中国菜，中国的男女们长期辛劳，展示了惊人的忍耐与力量；他们的食物培育了人格。"[①]事实上，赛珍珠对中华菜的赞美代表了西方文化精英的共识，曾将《醒世恒言》译成英文的英国著名汉学家哈罗德·阿克顿（Harrold-Acton，1904—1994）也说："那古老的文明孕育出的出色的烹饪法不光能满足人们的食欲，而且还能启发人的智力。"当然，赛珍珠、阿克顿他们所见识品尝的都是中国菜精制品，后者还雇用了一位粤籍厨师做自己的家厨，乐足享受中餐的美味，他甚至说："我希望自己能成为完整的中国人。"[②]可以说，西方人对中餐的认知不仅要克服习惯障碍，同时也要有足够的鉴赏力（图6-25）。

胡适先生的评价更允当而富深意：《中国食谱》是"一本关于中国烹饪艺术的非常好的书，其中作料和烹饪的章节是分析与综合的杰作。在女儿和丈夫（一位文学艺术家）的帮助下，她创造了一套新术语、新词汇。没有这些词汇，中国烹饪艺术就无法恰如其分地被介绍到西方世界。有一些词汇，比如去腥料（defishers）、炒（stir-frying）、烩（meeting）、氽（plunging），以及其他一些，我冒昧地揣测，会留在英语之中，成为赵家的贡献。"[③]这些

图6-25　杨步伟接受美国广播电台采访

① 杨步伟. 中国食谱[M]. 柳建树，秦甦，译. 北京：九州出版社，2016：22-23.

② [英]约翰·安东尼·乔治·罗伯茨. 东食西渐：西方人眼中的中国饮食文化[M]. 杨东平，译. 北京：当代中国出版社，2008：122.

③ 杨步伟. 中国食谱[M]. 柳建树，秦甦，译. 北京：九州出版社，2016：20-21.

都表明胡适精准的预见，上述词汇已经在西方世界关于中餐的表述中普遍使用。Defishers，以词源fish（鱼）指代腥味，加词根de（去掉）表示“去腥”，后缀er指代“去腥料”。Stir-frying以前缀stir（搅拌）对应炒的动作，加后缀frying（油炸）意为炒的条件，非常生动准确。至于meeting一词，本意是聚会，这里显然是借用和引申，十分巧妙。Plunging本意是快速地投入，也有“跳进”之意，无论是作为氽的技法还是氽的状态，都是对英语词汇的形象借用。

笔者有“菜谱学”的概念：“以古今菜谱数据为基本信息对特定社会的食物加工、食品制作、食事等相关视阈以及菜谱著述及其文化所承载体制作技艺、经营、使用等进行研究的学术领域。”《中国食谱》可谓中华菜谱的典范（图6–26）。书中的每道膳品，都是著者对久有传统、习俗流行、受众广泛中国食品的普罗筛选，都是她认为应当传承、易于接受的品种，美国通的杨步伟夫妇清楚美国人做事很认真，教美国人做菜，不能说放“一勺盐”，更不能如中国既往菜谱书习惯表述的“少许”，凡事都要讲究量化，美国人才听得懂、学得会。为此，杨步伟买了一套量具，“把书里所有的菜做了不止一遍，把各种食材和配料的用量、制作过程都记录下来，书里还对各道菜的吃法和文化背景进行了介绍”。著者亲手逐一多次做过精心操作的每一道菜，都经“小白鼠”——中国留学生品尝体验，最终达到了最佳

图6–26 《中国食谱》在英语世界的各种版本

实验效果。“吃过赵太太做的菜的中国留学生恐怕有上百人之多；家人就更不用说了，食谱中的每道菜不知吃过多少遍，而且还得对菜的味道做出评论。”她为每个膳品建立了档案：无数卡片上记录着该膳品项目下的各种资料，记下它们的口味特点、配料种类、数量、技法，等等。她做的是严肃的学术研究与严谨的科学实验，于是，《中国食谱》才成不同凡响之书。

2. 菜谱学家的中华菜谱文化研究

（1）**“中华美食传教士”**Jacqueline M. Newman博士　“中国菜谱在美国”的题目下，一定要郑重地谈在美国有“中华美食传教士”之誉Jacqueline M. Newman（1930—）博士[①]。Newman博士系美国*Flavor & Fortune*主办人，促进中国烹饪科学与艺术研究所的主要负责人。研究中华烹饪的技术、科学、艺术，其学术精神、方法、成就是Newman博士学术生涯的核心所在，对中华饮食文化的研究与推介是其毕生事业和永恒追求，因此在国际食学界具有重要影响[②]（图6–27）。1991年北京首届中国饮食文化国际研究会期间，笔者与Newman博士第一次见面，她以一见如故的表情与语气说：“其实我们早已经相识了”。会议上Newman博士的论文是基于多国情况比较视角的《中国饮食与健康习俗——多国情况比

图6–27　Newman博士多次应赵荣光邀请出席亚洲食学论坛，并发表演讲，摄于2013年

① 张迪恺. Newman博士——中华文化传教士[J]. 世界周刊·人物，2006-12-31.

② 赵荣光. 中华饮食文化的美国大纛——我所认识的Newman博士//赵荣光. 赵荣光食学论文集：餐桌的记忆[M]. 昆明：云南人民出版社，2011，636-645.

较》，她强调指出："在中国人眼里，没有什么事比吃饭更重要。中国人的饭是一种美食文化。""在中国文化中，从一个人一生的重大事件到人们所追崇的医疗方法都可以看到饮食的巨大作用。无论在数代同堂的大家庭内部，还是在至爱亲朋之间，都具有独特的饮食习俗。人们在纪念一些特殊事件如生日、婚礼和葬礼时，往往伴之以丰盛的饮食。"对中国传统饮食文化成就的执着认知与热情赞扬，是Newman博士的一贯立场与精神。但是，她始终是以一个营养科学家的眼光审视中华饮食文化的。因此，她同时指出："在当今人们的印象中，世界各地的华人较为引人注目的地方是他们对其传统的遵循并且较少地受到变化万千的世界的影响。"她的论文以中国、韩国、新西兰、澳大利亚、美国的华人族群为研究对象，采用的是严谨科学的调查研究方法。"调查表"是经诸多相关专家参与，并经相关国家与地区认可协作而后设计而成的。最后回收的379份表格占被调查对象总数的90%以上。被调查者共举出了1032种食品，它们按生日、婚礼、葬礼归属分别是569、322、141种类。这种统计数字的表面差异所昭示的是三种仪礼性饮食场合食物品种确定性与选择自由度的不同，而非具体消费食物品种与数量、质量的直接读数。

Newman博士的博士论文选择的就是中国烹饪文化题目。从1977开始，她在纽约地区华人组织的协助下，带着翻译人员，以随机抽样的方式实地走访华埠地区102户家庭，观察他们的饮食习惯，并做问卷调查与记录，经过分析整理后，在1980年正式发表，那是国际第一篇对中国饮食作有系统研究的论文。Newman博士回忆说，论文发表的过程，也历经了波折。学界肯定她的成绩，一家英国出版公司对她营养师的背景很感兴趣，便决定将她的论文出版，回响和口碑出奇地好，Newman博士"饮食中国通"的名气因之鹊起。此后，她经常发表烹饪与餐饮评论，同时经常到世界各地参加研讨会、发表演说，Newman博士"中国食艺权威"的地位逐渐得到西方社会的普遍认可。之后的"中国食艺权威"Newman博士，进入纽约皇后大学担任家政系教授，当然还是一如既往地持续研究中国食物。她常常为了写一道菜的文章，从华埠一路吃到法拉盛，边吃边拍照，也经常向华人厨师讨教。这对于一个美国人来说，显然是一件非常不容易的事。首先，中餐馆的经理或大厨自然绝大多数是中国人，很多人连一句英文都不会讲，在厨房里比手画脚半天还是沟通不了；其次，中国人除了个性害羞，也害怕料理的"秘方"外流，对她提出的问题通常都言辞笼统，不愿意说太多。这对她的学术研究自然造成了许多困扰。但是，她在坚持不懈的吃吃喝喝工作中结识了无数华裔餐饮人朋友，这让她成了美国华人厨界的口碑人物，套用时下的网络语"网红"，可谓"口红"——口碑红人，有名的华人厨师几乎都与她熟识。

只要一谈起中国菜Newman博士就会神采奕奕。她说自己两岁开始就爱上了中国菜，道理很简单，因为她很幸运得知道中国菜是世界上最棒的菜："Chinese food is the best food in the world!”直到今天，一星期中她仍然有四五天亲自下厨烹调中餐。在纽约华埠度过大半童年的她，从小就看身边的亲戚朋友大谈中国食物，她的一位叔叔Jack夫妇有许多华人好友，使得常常往那些华人朋友家里跑的小Newman有机会吃到许多道地的华人家常菜。她的博士学位是在纽约大学获得的，同时拥有营养师执照。Newman博士曾经在纽约皇后大学（Queens College）执教，担任家政系（Home Economics）系主任，多年来始终致力于中国饮食文化的推广。“丝路面饼饦饦”“台湾小笼包”，甚至中医食疗的“抗流感汤水”，都曾经是她笔下的题目，对于Chinese Food知之甚详的她，比土生土长的中国人还懂得品尝原汁原味的中国菜。因为对中华饮食文化的情有独钟，所以她的英文名字Jacqueline不习惯性地写作杰奎琳，而是“贾桂琳”，这让华语学者更感到亲近。

结婚后Newman博士随在MIT攻读学位的丈夫移居马萨诸塞州（通常简称“麻省”“麻州”）（图6-28），那段时间因为外食时不易找到中餐馆，于是开始自己动手做中国菜，于是厨房成了她家最重要空间。这一习惯直带到现居长岛社区的住宅，大空间厨房是按实验操作需要美国前卫设备装备的，这是她丈夫向业主郑重要求的：“我妻子要做中国菜，我们要最好的厨房。”Newman博士的家庭厨房兼有操作演示台、厨餐具储备室、样品陈列室、食材仓库（与杂物间、车库同用）功能。丝毫不夸张地说，在Newman博士的家庭厨房可以找到中国、法国、意大利、土耳其等国的全部经典调料，尤其是制作各种风味中国菜的必备调味料。当然，居家附近的Costco、ShopRite大型连锁批发零售场可以随心所欲选购来自全美国甚至全世界各地的时新食材与食品，至于华人食品超市则可以补遗一切中餐需求。笔者曾在两个月的寄居时间里多次惬意地利用“Newman博士厨房”，为我自己，也为她的客人们一

图6-28 Newman夫妇的婚礼，新娘身后左侧是母亲，中间及右侧是Jack叔叔夫妇，Newman供图

图6-29 Newman博士在家烹饪中餐，2020年赵荣光访问其纽约长岛寓所时拍摄

露“大厨”手艺（她的客人们这样说）。Newman博士的旅迹近80个国家，所到之处，最关心的就是食材市场、特色餐厅、菜谱图书（图6–29）。

她丈夫Leonard Newman博士是大气环境科学家，退休前是美国布鲁克海文国家实验室气象研究室主任。这位科学家不无自豪地说：“我是Jackie的美食家、中国菜品尝家。”他这样说是有道理的，不仅仅由于自己是“Newman博士厨房”“最重要客人”的特殊身份，也因为夫妇同游世界的旅程中，丈夫也总是在给“My wife”（他会经常这样打趣地对朋友说）的食材浏览、调味品选购、食物品尝、食书鉴定提供多重意义的支持。有了Newman博士的指导，我们可以有幸品尝到纽约最道地的中国菜。她清楚纽约，甚至全美国各地的“高档中餐”。“Newman博士厨房”在她夫妇的朋友群中是知名的，既是经常的话题，也是经常欢快聚会的理由。纽约的一位著名法国大厨本来对中餐不甚在意，Newman博士对他说：“那是因为您没有品尝到真正的中国菜，您可以随意点一品中国菜，我来做给您看和吃。”结果，这位大厨在“Newman博士厨房”由衷信服了，以后他会经常对自己的朋友说：“中国菜真不错，我吃过高档的中国菜。”

令笔者感慨的是，“Newman博士厨房”，在Newman博士女儿的家里升级版再现。独幢两层楼的400平方米别墅，一楼的约60平方米为厨房用地（烧烤则在室外花园绿地），美、中西东烹饪设备齐全，总容积不下2000升的两个冷藏柜，各式餐饮用具，琳琅满目的各种调味料。身临其境，让人不由感到是艺术家表演的舞台，“烹饪艺术”四个字变成了生动的物化形态，不能不承认烹饪是创造感受，也是生活享受。女主人的300多册图文并茂的法、意、中、土、拉美等风味菜谱书，以及男主人（曾做过餐饮经理人）罗列世界各国名品的酒柜，则各踞一隅。看着女主人神态自得、动作娴熟的操作，我说："看得出您先生在享受国王的生活。"女主人笑应："好像他没有这种感觉。"男主人则慢条斯理地说："似乎别人家也都这样嘛。"

由于中餐厨艺越来越纯熟，Newman博士便开始到社区大学开设了教授烹调中式菜点的课程，对象清一色是对中国菜好奇的美国民众。长时间的教学经验让Newman博士越来越认识到美国社会中国厨艺英语资讯的严重缺乏，于是萌生了重返校园专研东方饮食文化的念头。正是这个念头使她开始了一桩具有历史意义的重要文化事业：让中餐文化走进美国社会。而在此之前，华人餐馆的文化意义仅仅是一种边缘化的消费存在。"有人的地方就有中国餐馆"事象的另一面是：一直以来，西方主流社会对中国食物或饮食文化并不重视，自然也就陌生感很强。以英文写成的食谱杂志虽然存在，但是相关的学术研究则是少之又少。这种现象引起了Newman的关注：中国有如此众多的人口和丰富的菜品与出色的菜品文化，却没有任何一本加以探讨的英文专著，惊讶之余，更加深了她研究的决心。Newman博士与当时在宾夕法尼亚州里海谷里有线电视台拥有自己做菜节目的汤富翔先生相识了。两个人均是美国中餐文化的知名传播者，他们共同注意到：虽然许多华人移民来到美国之后投身餐馆的行业，但是移民的第二代却都相继远离了中国传统的食物，他们投入美式的速食怀抱。于是，很多华人的家乡菜逐渐异变，甚至无人传承；另一方面，随着新移民的大量涌入，令许多餐馆为了争取低消费的华人客源，在低价销售的同时是产品的质量大打折扣，致使中华菜品质和声誉都大不如前，因而极大地影响了中国饮食在美国的发展。他们决定联合一群同道携起手来做点什么来改变这样的状况。20世纪90年代初，他们成立了"促进中国烹饪科学与艺术研究所"（The Institute for the Advancement of the Science & Art of Chinese Cuisine），随即举办了一场"中国菜在美国"（Chinese Cuisine in American Palate）的研讨会，32家媒体热烈采访报道。于是热心人决定出资"创办一份杂志让更多的美国人深入认识中华餐饮"杂志。1994年由Newman博士任总编辑专门介绍中国食艺的季刊*Flavor&Fortune*正式与人见面。Newman博士每当一期新刊出版郑重地捧在手上的时候，她都会不禁兴奋地说："This is my baby!"（这是我的亲孩子！）

（2）中华烹饪的季刊*Flavor & Fortune*　*Flavor & Fortune*，是Newman博士与汤富翔先生等同道于1994年合力创办的，时下美国许多图书馆以及烹饪学校都可以看到。杂志以在美国主流社会推广中华烹饪为使命，事业追求是让中餐从边缘市场进入美国社会餐饮中心市场。*Flavor & Fortune*中文意义是"品味和财富"，文图并茂，高质量印刷的大16开本、2.5印张季刊。该刊以主办者理解的中国食生产、食生活、食文化自然区域作分类研究与介绍，文章以各地的风土民情开头，从当地的气候、地理环境，特产的蔬果食材，一路谈至当地最受欢迎的小吃菜肴，文章最后必定附上当地菜肴的食谱，从“浙江甜酸鱼”“茶熏南乳肉”，到“四川牛肉面”等，总之，中国大江南北各地、各色菜品皆有精彩反映，可以说是非常全面地介绍了中国饮食文化。

翻阅*Flavor & Fortune*杂志，人们很难不为它丰富详尽的中国餐饮资讯与文化介绍而感到惊讶。Newman对中国各地菜色、菜品的发展均有清楚系统了解。该刊除了专栏作者与自由来稿的文章外，Newman的文章总是令人瞩目的。她每到一处都会随手记下当地餐饮的特色与文化，随即成为脍炙人口的妙文。如应台湾饮食协会邀请考察交流时，Newman博士就从台北、台中一路吃到最南边的高雄，回来之后立即写成*Taiwan, Eating, and Gastronomic Delights*一文，详尽介绍各地方有名的餐厅及其招牌菜，既是台湾地区的饮食采风，也是欧美世界访台观光客的美食向导。

于是，慧心明眼识的读者感觉到*Flavor & Fortune*特别之处，即Newman博士启悟教化西方大众认识中华饮食文化的苦心。这本杂志讲的不光是哪家餐厅的东西好吃，它还说明了中国饮食方面的礼节、习俗，甚至历史典故。譬如妈妈告诫孩子：“请记住，要把饭碗中每一粒米都吃干净，不然的话，长大了的时候，你的对象一定会是长了一脸麻子的丑八怪!”“吃饭时切不可把筷子立插在碗里，那可是大忌，因为中国的习俗是只有在祭拜死者时才会把香这么插。”等，就是她对广大英语世界读者的提醒和教诲。

Newman博士固定给每一期的*Flavor & Fortune*撰写食谱，她撰写的食谱的别致之处是，在结尾都会附上营养分析表，告诉你这道菜有多少卡路里，有几克脂肪、蛋白质等，充分应用了她的营养学知识。同时，Newman博士也定期介绍与中国饮食相关的新书，并附上评论。也就是说，*Flavor & Fortune*不是时下国人触目皆是，以致已经熟视无睹的那类“烹调”印刷品，它远在以家庭主妇和初入勤行的“看图学做”读者群之上，*Flavor & Fortune*是一本启示和引导英语读者认识与欣赏中国菜、中国餐饮、中国饮食文化境界的“饮食文化读物”。

*Flavor & Fortune*还设有“读者园地”栏目。由于杂志的广泛影响，读者来信中提出的问题可谓五花八门、琳琅满目。来自曼哈坦的Arian对中国“南米北面”的饮食习惯很感兴趣，于是请教这一饮食文化区域分界的基本标志是什么，“难道是黄河吗?”显然，这位读者的疑问是极具代表性的。因为除了研究者之外，几乎所有西方人对中国历史文化的了解都始于“黄河文明摇篮”的传统说法。Louisa则发来电子邮件询问：“中国北方人真的吃一种叫作‘猫耳朵’的面疙瘩吗?”甚至还也有人想知道怎么样可以亲手做咸鸭蛋。有的读者则对流行的“中国菜的地域划分”方法表示怀疑。甚至有人疑问：众多的中国菜或有名的北京菜中“真的是北京烤鸭最有名吗?”Newman对所有这些问题都作了详尽的回答，甚至建议大家多认识中国朋友，会有更深的了解。

作为一名营养学家和中国饮食文化的深入研究者，Newman博士对中药药材也有相当关注。2005年，她应中华药膳研究会邀请，在台湾发表了题为“西方思维对中国药膳的认知的差异”学术演说。而在这一期间的*Flavor & Fortune*上，Newman博士详尽介绍了枸杞（Gouqi berries），说明枸杞是一种富含维生素C和抗氧化物质的小干果，文章后段同时附上了以枸杞为原料的食谱。我们知道，西方医药学界以及西医观念下的大众对中医药的认识与中国人的传统理解有很大的不同。因此，Newman博士的这一工作无疑具有特别重要的意义。

办杂志最令Newman博士觉得欣慰的一点是，除了英语为母语的许多阅读者外，订户中还有许多华裔或华人，他们是特别订来给孩子们看的。有一位读者向她表示，每次自己都和儿子抢着看，让他很认真地考虑要多订一本；也有些读者是借着这些介绍中国家常菜的文章，读着从小吃到大的菜肴，一句句学习英文。这样的信息，让Newman博士听了感觉特别开心。笔者孤陋寡闻，*Flavor & Fortune*似乎算得上是迄今为止世界上的第一本和唯一一份英文版中华饮食文化期刊。她是面向英语世界的，这一点很重要。遗憾的是，这份杂志在2019年12月出版了最后一期，因Newman博士年近90岁，精力难以为继，不得不告别。事实上，从创刊到停刊，Newman博士完全是义工式地承担了主编以及主要撰稿人和审稿人的全部工作。目前，这份杂志已由她的儿子全部电子化，在专属网站免费共享①。以“毕生传教奉献”的精神来实践中华美食在海外的传播，恐怕唯独Jacqueline M. Newman博士一人！

中国餐饮业界人士和许多烹饪研究者动辄说：“中国烹饪走向世界”。其中固然有许多美好的意愿，但考察之后则发现有欠斟酌和未免天真。事实上，一百多年来中国人在美欧及世界各地所开的食品店和小饭馆是伴随着华人移民群的存在与流动而出现和存在的，因此基本是华人烧菜华人吃，是异地化和社会化了的“华人家庭厨房”。事实也似乎基本如此，直到今天，以华人高度集中的美国纽约来说，那里的中华烹饪仍然基本是华人社会的事。虽有当地的“老外”（事实上当地的华人才是真正的“老外”）偶有光顾，但主要就餐者仍是华人。经营者基本不会英语，华人餐饮是当地餐饮的边缘，连辅助地位都算不上。所以，美国的华人和华人餐饮经营者对*Flavor & Fortune*还都很陌生。坐店等客是华人餐餐馆老板的传统经营模式，因为他们没有与所在国当地消费者沟通的顺畅渠道，当然就更不可能想到要向当地主流社会迈进了。*Flavor & Fortune*的运营同样也是艰难的，一边是华人烧菜华人吃，另一边是英语世界的消费者一如既往吃着自己世界的饭，“中国烹饪”一如华人侨民一样是侨居的。但是，华人餐饮店老板没有人意识到*Flavor & Fortune*的作用。汤富翔先生感慨地说：“华人餐饮店老板没有一个肯为了中餐在美国的发展捐出一美元，他们有的甚至可以飞到拉

① http://www.flavorandfortune.com/[OL].

斯维加斯去豪赌，……”笔者闻之，不禁心酸落泪。

在2002年，Newman博士将自己大半生搜集保存的2600余册英文中国菜食谱捐赠给了纽约州大学石溪分校（Stony Brook University）作为特殊馆藏。如此宏富的一批英文菜谱收藏，在英语世界，作为个人来说，大概也算得上是世界之最了。Newman博士希望这些收藏所能激起的不仅仅是西方人对中国菜的兴趣，“食物的意涵远不止于如何做菜，在人类学、社会学、文化学、以及历史方面都有它的独到之处。”（图6–30）石溪大学特殊馆藏主任Kristen Nyitray也认为：随着历史与社会学家对一般人的日常生活越来越重视，食品或是饮食专业书，就好像是一扇可以探知移民们生活中深层世界的窗口，让来自不同文化的个体以及族群，借着饮食有彼此交流、增进认识的机会，也正因为如此，Jacqueline M. Newman博士长期推广中国烹饪的努力就具有了非同寻常的价值，这也恰恰是她长期非凡努力社会意义的最好注脚。[①]正是基于Newman博士上述的诸多贡献，2018年在北京举行的第八届亚洲食学论坛上，组委会代表中国食学界，向Newman博士颁发了食学终身成就奖，这或许也是Newman博士最后一次中国之行的定格。

继《中国食谱》之后，尤其是20世纪80年代以后中国大陆再次开放以来，伴随着西中饮食文化深度交流的不断展开，西方学者的中华菜品文化研究也逐渐成果累积，其中英国的扶霞·邓洛普与美国的卡罗琳·菲利普斯可为代表。

扶霞·邓洛普（Fuchsia Dunlop）曾在剑桥大学学习英国文学，随后取得伦敦亚非学院中国研究专业硕士学位。1992年到中国学习，原本只是出于对中国少数民族历史的学术热

图6–30 赵荣光在Newman博士纽约长岛寓所，新冠肺炎疫情爆发前的一次历史性会面。摄于2020年1月21日

① 赵荣光. 为中华文化做宣传，替中国餐馆开新途——汤富翔先生的美国中餐文化贡献[J]. 饮食文化研究，2008，（1）；张迪恺. Newman博士——中华文化传教士[J]. 世界周刊·人物，2006-12-31.

情，在一次造访西藏的旅途中，途经成都时，在一间开在杜甫草堂的“苍蝇馆子”（四川当地人对一些本地小菜馆的形容），因为凉拌鸡、豆瓣鱼和鱼香茄子这三道陌生的异国菜，点燃了她对中国食物的好奇。1994年，她再次回到中国，在四川大学交流学习一年，之后在四川烹饪高等专科学校学习专业厨艺，成为该校第一位外国学生。扶霞研究中国烹饪及中国饮食文化20余年，曾四次获得烹饪餐饮界“奥斯卡”之称的詹姆斯·比尔德奖（James Beard Award）烹饪写作大奖，她的《川菜》（2001英文原版，2020汉译版）、《鱼翅与花椒》（2008英文原版，2017、2018汉译版）、《鱼米之乡》（2016英文原版，2021汉译版）等①，都是积20多年体验式研究的结果，因而广受好评。扶霞在英国和中国两种文化的碰撞中，理解彼此的差异。她说西方人对中餐“油腻”或“不太健康”的偏见，是因为“他们接触到的中餐大部分是餐厅里的菜肴，而非中国人的家常菜。在中国人家里，主食多为一碗蒸米饭或面条，再配以大量简单烹饪的应季蔬菜，各类豆制品，极少果脯以及一点点能增添风味、供给营养的鱼肉。”（图6-31）她说：“这样的饮食讲究荤素搭配、品类丰富、合乎时令、营养均衡，极大满足了眼鼻口腹，是我心中最好的生活方式。虽然油是中餐火候与香味的核心，但并非每一道菜中的油都需要吃下去。如果西方人按照中国的礼仪，用筷子夹菜，那么大部分的油都

图6-31 扶霞在四川学厨，中新社

图6-32 费凯玲（Carolyn Phillips）近照

① Sichuan Cookery (US edition 2001); Land of Plenty: a treasury of authentic Sichuan cooking (2003); Revolutionary Chinese Cookbook: recipes from Hunan Province (2007); Shark's Fin and Sichuan Pepper: a sweet-sour memoir of eating in China (2008); Every Grain of Rice: Simple Chinese Home Cooking (2012); Land of Fish and Rice: Recipes from the Culinary Heart of China (2016); The Food of Sichuan (2019).

会被留在菜盘里。另外，大部分西方人难以理解中国饮食文化中的‘口感’。我曾经在一场讲座前，给每一位观众赠送了我自己烹饪的鸭舌。传统西方饮食观认为，吃鸭舌、鸡爪毫无意义，而中国人却将‘麻烦的小东西’做出滋味。”[①]

卡罗琳·菲利普斯（Carolyn Phillips），汉文名费凯玲，熟知的人称呼她“黄妈妈”，因为她的丈夫姓黄（图6-32）。20世纪70年代，费凯玲从一位在台湾学中文的美国留学生，最终成为一个传统中国家庭的长媳。她的丈夫是四川出生的黄柱华，公公是国民党空军上校，婆婆是天津人，1949年，黄柱华随家人移居台湾，后在“国立政治大学”取得中文系硕士，专注学术研究。他翻译的《孙子兵法》在英语世界非常畅销，并即将出版新译的《道德经》。费凯玲中文流利，早年在台湾“中央图书馆”和历史博物馆工作过。她一周要接待三四次外宾，饭桌上客人总是会问她菜品的各种问题。为了应对客人的刨根问底，她必须对中国佳肴知根知底。工作了5年，她就钻研了5年的中国饮食，又有处理跨国家庭关系的缘故，自此与中国美食结下不解之缘。她曾两次入围詹姆斯·比尔德奖，后又成为詹姆斯·比尔德奖委员会成员。美国国务院在对中国的“美食外交”中，经常咨询她作为烹饪和饮食文化专家的意见。她在2016年出版的两部书《粤式点心谱：中国茶馆的饺子、包子、肉类、甜点及其他》[②]和《天下之最：35种风味的中国菜谱》[③]让人眼前一亮，她对中国食物几近痴狂的喜爱，都融入对典型中国食物和地方风味的细致描绘中，更有她个人写实风格的手绘插图，入木生动、直观感人，颇有中国人祖先餐桌上的记忆重新被激活并被译介给西方的意味。不仅如此，她的菜谱书中，中国菜呈现出更多元、更深邃和更富美感的一面。她夫妇二人拥有扎实的翻译功底，费凯玲可以说是当代的、美国版的“赵杨步伟”了。在最近出版的《在中国人的餐桌上》[④]，配有她手绘插图的22份中国食谱，随带讲述了这位“洋媳妇”和她的中国家庭、朋友之间以及背后的故事（图6-33）。

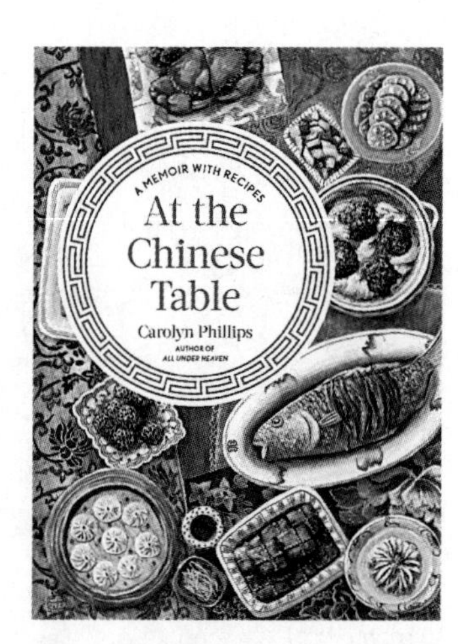

图6-33 费凯玲亲自设计和绘制的富有创意的封面

扶霞和费凯玲这两位中国菜谱学者，不仅仅是中国菜或中华烹饪的爱好者，她们首先是中华文化的由衷热爱者和深

① 贺劭清，单鹏. 中餐在海外是被夸大还是被低估？——专访英国美食作家扶霞·邓洛普[OL]. 中新社，2021-7-30. https://k.sina.com.cn/article_1784473157_6a5ce645020029p3o.html.

② Carolyn Phillips. *The Dim Sum Field Guide: A Taxonomy of Dumplings, Buns, Meats, Sweets, and Other Specialties of the Chinese Teahouse*[M]. Berkeley:Ten Speed Press, 2016.

③ Carolyn Phillips. *All under heaven: recipes from the 35 cuisines of China*[M]. Berkeley: Ten Speed Press, 2016.

④ Carolyn Phillips. *At the Chinese Table: A Memoir with Recipes*[M]. NY: W. W. Norton & Company, 2021.

度受洗者，她们都对中华烹饪与中国菜有深深的热爱与感悟，这热爱与感悟基于足够的实践体验。正因为如此，她们才可能取得菜谱学研究意义层面的独到体会与见识。

3. 20世纪80年代以来的中华菜

20世纪中叶以前，曾有学者研究中华菜品文化说："我们常自己称赞自己的文化，从吃这一方面看来，这句话倒有几分对。为什么呢？现在上海可能吃得到的菜，大致是分成三种：一种是英美为代表的西菜，一种是日本菜，一种是中国菜。日本菜呢？实际上是跟中国菜同一系统的。这三种菜的烧法与吃法，都可看出中国吃的文化历史之悠远。在烧法方面，中国菜的特色，是复杂的与综合的，而西菜与东菜则是简单的。犹如药物中，一是Simple一是Complex。例如牛肉，西洋人的吃法，不过是把牛肉烧熟了，无论大块小块，红烧白烧，还是脱不了牛肉的样子。日本菜也大同小异。唯有中国菜，同是牛肉有时是炒，有时是烤，有时是煎，有时是主体，有时是客体。所以同时点了三只关于牛肉的菜，吃的时候，不会觉得味觉上有如何重复，而且有时吃的是牛肉，而滋味却会变成别的东西。同样是菜与牛肉，中国菜里是菜与牛肉的混合物，而西洋烹调中则菜是菜，肉是肉；这一个特点，就是告诉中国人烧菜的文化，确乎比各国高明得多。……还有在食物的取材上，我国也比较进步。同样是猪肉，有里脊，有排骨，有蹄子，同样是鸡有飞、叫、跳（翼、颈、足）之分。西洋人与日本人在这方面都不大讲究，往往取其身而去其头尾，照我们看来不能不认为是浪费物力。上面这两点，都说明我国烹调技术的高明，此种高明程度，有时还要看地方性的进化。譬如滨海地区对于海鲜，北方馆子对于牛羊，宁波馆对于鲨鱼，都各有特色。这样，吃菜的人，就不能不从地方馆子着眼。地方性馆子在上海最多，如北平的、四川的、宁波的、徽州的都有（原刊文如此——引者注），……就是我们要试尝各地菜馆的风味，在上海一周，即使不能窥全貌，可以说也得到了大部分。……吕宋路有一家洪长兴菜馆，这是一家著名的羊肉店，里面有大力士王子平题给他四个字说：'真是原味'，王先生这句话，照我想来，倒是研究地方性菜馆的唯一法则。原味第一之外，第二还要说到本色。……备具本色的菜馆，往往是地方性特别强调之处所，可以得到原味。照上面这两个原则来论今日的粤菜，条件都失去了，其实今日之粤菜，以我看来，已不能算地方原味，而应该说是上海的普通菜。广东人有一个特点，就是能够吸收外来的文化，而放弃其成见，这是他们的长处，也是短处。上海的广东音乐，里面有中国的胡琴，也有外国的梵雅林（小提琴）。广东菜馆里，有时很容易吃到各地方的菜，而且还有西方的烹调，从真正中国的烹调艺术上讲，这是退化，但也是根据这一点，是广东菜能够普及，而吸引大量食客。我想这或许是粤菜风行一时的一个理由。”[①]这种学家的见识应当说颇为公正平实，而这也是名家的共识，近现代政治家、教育家、书法家于右任先生（1879—1964）、近现代政教两界名人熊式辉先生（1893—1974）就曾留下颇有见识的趣谈：熊氏某次在宴会中与于右任先生谈及烹饪，于笑曰：“中国之烹饪独步世界首屈一指。”熊答曰：“中国确可当之无愧，盖欧美各国治膳，大抵仅‘煎’‘炸’‘煮’三种，而中国则有十余种之多，若‘蒸’‘熏’‘拌’‘煎’‘炒’‘炖’‘焖’‘炸’‘熘’‘烫’‘炝’等，又曰：中国对鸡治膳亦达七种，如‘风’‘酱’‘糟’‘卤’‘煨’‘腌’‘腊’‘蜜炙’等，惜中国菜不注重卫生，苟能采欧美之‘公食制’将为世界人士一致欢迎者也。”[②]

中国人大都对自己吃的功夫很自信，浏览20世纪中叶以前的报章，不乏此类资讯：“谈到口腹之欲，要算中国人最发达，据说咱们是一个以吃著名的民族，因此对于味觉艺术，也就高人一等，经过几千年的研究和改良，推陈出新，到现在可谓大成，中国菜的名震天下，其偶然哉！我国华侨足迹，遍布全球，和从前英国国旗一样，没有日落的时候，印着华侨足迹的地方，就是中国菜风行到的地方，换句话说，中国菜风行到的地方，没有日落的时候。向以烹调自夸的法国人，只要上过巴黎的中国菜馆以后，无不异口同声地赞美中国菜材料的复杂和烹调的美妙，自叹不如。中国菜取材丰富，自然因为地大物博，不是他国所能比的，什么飞禽走兽，虫鱼贝介，山珍海错，包罗万象。英国人因为自己不吃蛙，叫法国人为‘吃蛙的民族’，法国人吃田螺似的蜗牛，别国引为奇谈，但是法国人听到中国人鱼翅燕窝，也奇怪起来了！可是中国人还吃壁虎叫山虾，吃猫和蛇叫龙虎菜，吃猴脑、熊掌、炸蚕蛹、炸蚱蜢。这许佳肴，外国人连梦都做不到的。鱼翅虽是日本所产，可是明治维新以前，他们还不懂得吃，丢在海滩上烂得又腥又臭，直到华侨发现了，才知珍品。欧美各国，在第一次世界大战以前，不但猪羊鸡鸭的肝脑肺肠是不吃的，就是肾胃，也弃之如遗，但在中国就会拿起调制得很好，炒腰花，炒腰脑，肚块干贝，红烧圈子，都是可口佳肴。现在，西洋人才知道肝脑肺肠胃肾，都是做菜的好材料，最近又经医学家化验出来，还是极富有营养价值的养生补品。至于植物方面，中国菜采用更广，竹笋和肚菌、木耳，为各国所无不用说，就是荠菜、金花菜、枸杞头等，连日本人也不懂吃。总之，中国菜材料的丰富，实使中国菜复杂的一大原因。中国菜拿各种不同的材料，依照数学上的排列法配合而成，好比画家在调色板上调和了许多不同的颜色，画出一张统一而调和的作品来。中国菜对于配合材料，确有相当研究，虾仁面包，面包炸得很脆，就用柔软的虾仁来调和；然而荸荠炒鸡片，因为鸡片的细软，乃用很爽脆的荸荠片来配合。中国人擅长用种种手法，去提炼出各种菜肴中的美味来，

---

① 佚名．穹楼偶记：论中国菜馆[J]．新都周刊，1943，（4）：73.

② 翰生．熊式辉赞美中国菜[J]．中外春秋，1946，（新9）：10.

煎、炸、烤、炒、炖、蒸、熏、腌、酱、糟、腊，其手法各不同，味儿亦互异。就是同一材料，也能用不同的烹调方法，做出绝对不同的口味来，炒杂件之不同于炝杂件，软炸肫肝，吃在口中，软得像肝差不多，但川双脆中的肫，就脆得像生荸荠片一样。这种奥妙的手法，结果都能归纳到美的条件上。至于调味，更加复杂到令人不可思议，厨子司物在做菜的时候，面前摆满了白瓷小钵，竟有二三十样之多，里面是香油、酱油、酒、醋、醋、糖、盐、姜末、葱屑、菱粉、胡椒、酣酱、猪油等，看了使人眼花，他在这数十种调味剂中，这种该用，那种不该用，又这种该多用，那种该少用，拿很丰富的经验，和勇敢的决断来下手调配，调制出各种复杂而混合的美味来。例如醋熘黄鱼，加糖加醋，是酸中带甜；酸辣汤用酸枣辣椒，是酸中带辣；炒苦瓜是咸中带辛；蜜汁火腿，是甜中带咸。甜酸苦辣，五味备尝。中国菜除注重滋味以外，还注重色和香，芙蓉鸡片洁白可爱，豌豆虾仁，翠绿色和浅绯色，相配得鲜艳夺目。至于香味，像粉蒸肉用荷叶来蒸，得荷叶清香之味，菊花鱼羹用白菊花瓣和鱼片同煮，既杀鱼片之腥，又生菊花之香。中国菜不单顾到'色''香''味'，连听觉上的享受，都顾全到，锅巴口蘑汤，拿刚起油锅的锅巴，滚烫的，当场倒在蘑菇汤里，锅巴在汤里嗤嗤地叫，发出一种很爽脆的声音，引起听觉上的快感。还有拔丝山药，夹上筷时，拔出一条一条的细丝，连在盘里，加上一些游戏，更觉有味了。中国人不单是厨子和主妇，很费脑筋去思索烹调的设计，就是一般文人学士，也很有几位擅长此道，因此产生了不少的食谱来。宋代苏东坡，有东坡肉的发明，是用文静悠长的火力，浸润出猪肉里丰腴的滋味来。他写诗道：'慢着火，少着水，火候足时它自美。'指示出熬肉的方法。……从前，张翰想起了家乡莼羹鲈脍的风味，连官都不愿做了。毋怪当今全世界的绅士夫人少爷小姐们，都狂热地沉醉在中国菜的美味之中。"[①]

历史文化的运行往往具有"再次来过"的戏剧性。20世纪80年代以后的许多国家的中餐依然主要是为中国人服务的，这就犹如20世纪中叶以前世界各地中国餐馆的消费主群体是华裔人群一样。20世纪80年代以后，中国大陆伴随着餐饮热兴起了持续至今的中国烹饪文化热，"中国烹饪走向世界"一直是媒体的热播，同时形成中国餐饮人的热烈心态。实情是，中国菜的走向世界是紧紧跟进着中国人走向世界的脚步与身影，遍布世界各地的中餐馆的主要消费人群仍然是华人，或更准确些说是大陆中国人。主要旅游目的地的日、韩、新、马、太、美，以及其他各地兴旺的中餐馆，因为大批的大陆中国旅游者的光顾而生意兴隆。因此，10年前我们说："中国菜走向世界是永久进行时态的问题"[②]。"永久进行时态"的表述，

---

① 逸峰．名震全球的中国菜[J]．论语，1947，(132)：660-661.

② 赵荣光．中国菜走向世界：一个永久进行时态时的问题//赵荣光．赵荣光食学论文集：餐桌的记忆[M]．昆明：云南人民出版社，2011：772-787.

具有两层寓意：长远看，中华菜品文化传播或扩散过程在进行中，并且会无时限进行下去；现实情态，则还没有可以定性结论的“已经走向”，或者说中餐在世界的地位或接受度，还很有距离。但是，20世纪80年代以后中国菜的世界生态已经不能与20世纪中叶以前同日而语了，历史并非简单的“再次来过”。商业上的覆盖程度、经营规模，文化意义的高度、深度、广度都具历史阶段性意义，“中国菜”走近、走进越来越多不同文化族群的日常生活，“中国烹饪走向世界”才是基本完成时态，如同法餐、意餐的世界影响。美国华人历史学会在美国华人博物馆举办的“您吃了吗？美国中餐馆”特展颇有象征意义。来自华裔餐馆协会（Asian American Restaurant Association）的数据显示，在美国，中餐馆的数量是麦当劳门店的3倍。据Snope网站报道，如今，不论你想吃什么，都能够通过送餐服务送达你的门口，而来自Eater.com的报告显示，甚至是在这个令人难以置信的新时代，美国人最常点的食物中，中餐依然傲居第二。对于许多美国家庭来说，节日那天到中餐馆吃饭已成为一种传统。与19世纪的谋生淘金者应对的政治时态与文化生态不同，20世纪80年代以后以中华烹饪技术劳务在世界各地谋生的华人已经有了不同于过去的思想、方式，他们在应对新的生存挑战和文化选择。耐人寻味的是，早在一个世纪之前，一位记者在品尝了阿姆斯特丹一家名为隆友的中餐馆之后，似乎意识到中餐对荷兰社会的潜在影响：“倘若中国人的美味佳肴传开之后，我们又该如何制定我们每日的食谱呢？”[①]

20世纪30年代曾流行有“男人美好人生三绝”的笑话，它并且还往往为时人作为谈资：“世界上有这三件顶顶美好的事物，人生而能获得此‘三绝’，便算不虚度此生了。‘三绝’者何？一是房屋要住‘洋房’，二是老婆要讨‘日本老婆’，三是吃要吃‘中国菜’。第一，先说这里的洋房，西洋图案的建筑，漆得光可鉴人的地板和天花板，衬着翠绿细纱织成的窗帘，新颖立体式的，多摩登啊，四面罩着纱窗，不用怕蚊虫苍蝇等‘人类的敌人’之袭击，这一切即令你看了，已够感到万分的悦意，更何况能够‘终老于是乡’呢！第二说到日本老婆，不错，这确是值得天下男人艳羡的尤物。钱歌川说得好：‘你要仔细地观察过她的生活以后，你才晓得日本女人却是人间最好的妻室。她做你的老婆真是太好了，好像使你不敢相信世界上有这样的女人，’还有什么日本女子简直是一首诗那之类的赞美口吻。她们的值得赞美是在对男人极端的‘服从’而‘体贴入微’，她们所受的教育，譬如‘家政’‘插花’‘煮茶’及‘鞠躬’之类，……第三说到‘中国菜’，中国菜的变化无穷，各色具美，自非‘来路’大菜所可望其项背。中国的吃讲究，西洋人是已经久慕了！”[②]

① 大众商报，1916-2-11//李明欢．欧洲华侨华人史[M]．中国华侨出版社，2002：196.

② 佚名．我之人生三大欲望：洋房·日本老婆·中国菜[J]．万影，1936，（4）：11.

4. 传统与创新中的中国菜

传统与创新是21世纪以来中国餐饮业界频频的信号，它反映的是业界的生态：市场压力不断累积加重，业内竞争日趋激烈的基本态势；反映的是时代中国餐饮人下面对餐饮市场诸多要素无序变动中的迷茫、焦虑、思考。在改革开放的前两个十年段，也就是20世纪与21世纪之交的前二十年里，中国餐饮人过多地接受了传统烹饪至善至美的影响，既缺乏冷静的国际视野，也不具足够的应变发展意识。而事实上，几乎所有餐饮市场要素都在不停地变，餐饮人处于“传统”幻象迷离，“创新”意念虚构的乱码一片状态。店名不变，菜名不变，一切都在变；事实上店也仅仅是名未变，菜也仅仅是名未变。就一道具体的菜品来说，很难再说什么严格的“传统”。比如“北京烤鸭”，事实上就存在过明初的麻鸭椒盐模式、清代的填鸭面酱模式、清末以来迎合西方人口味的偏甜模式、现代的模式（烤鸭基本食材、作料及其他）。当然，时下北京城的“北京烤鸭”也并非统一的“传统”，更不要说在朱棣迁都北京之前《饮膳正要》代表的蒙元时代、《齐民要术》代表的北朝时代、中山靖王刘胜墓葬代表的汉代、《诗经》等先秦典籍记载的更早的先秦时代与夏商周三代了。人们知道粤菜的最大特色是煲汤与烧烤，应当说两者都很传统。煲汤与啜羹的传统历史很久远，是普遍的习俗，虽然有社会族群等级的差异，但毕竟是本民族的。而烧烤则不尽然，历史考察和比较研究，就会发现，粤式店面琥珀晶莹、琳琅满目的猪、鹅、鸭、鸡、鸽、鹑、排子、叉烧等挂件在中国众多地市风格烹饪之林中，可谓独树一帜。为什么？主要形成于清中叶以来对西方嗜食者爱好与口味的迎合。动物食材多用烧烤，且蘸料重甜，是西方商人选项。因此可以说：广东——最初应当说是广州烧烤，是典型的迎合西方消费的口岸文化。从菜谱学角度认识中国菜谱变化，不难看出：《齐民要术》至《随园食单》的笔记实录式、《中国食谱》示范操作式、《中国名菜谱》职业厨作式、20世纪80年代以下的极品精致式、大师创意式等诸多历史阶段性与社会角色属性等特征。尤其是20世纪80年代以来的中国出版业菜谱潮滥，珍珠鱼目、浮萍沉沙。然而，浏览40年间的菜谱变化，大致可以看出几点：菜品名目百倍超越《中国名菜谱》对既往业界经营的记录；许多大众习尚品目逐渐退隐；传统品目几度洗心革面、脱胎换骨，食材、调味、工艺、形态均已今非昔比；“大师菜”“创意菜”“表演菜”创造了菜谱的阅赏功能……人们突然意识到：“传统”迷失，“创新”迷路，中国菜彻底回归了买方市场，顾客不点单，所有的艺术都是虚妄。

七

大餐桌·小厨房时代的中华菜

(一)2020年以后的“中华菜”

2020年是人类历史疫情肆虐的一年。美国约翰霍普金斯大学数据全球现共192个国家或地区(包括30多艘国际邮轮)受感染[①],Worldometer实时数据截至北京时间2020年12月31日19时30分,全球新冠肺炎确诊病例达83200986例,死亡病例1815161例[②]。覆盖面积、持续时段、罹患人数都是人类既往灾疫史上空前的。尽管人类以其自诩的智能和科技竭尽全力对抗,疫情仍然如狂风推助下的海潮侵融沙滩堤岸,没有稍减之势。海藻般繁殖的人口对地球资源的极限榨取,生态系统自我修复能力被人类的各种肆为摧毁,疫情是大自然对人类过度行为的反作用力回应,大自然的这种回应在没有达到地球生态实现基本平衡之前是不会歇息的。疫情将常态化,2020年事实上为全体人类未来的生存方式选择树立了一个时间界标,人们的食生产、食生活活动将不得不顺应调整和修正。于是,人类的餐桌在现代化与疫情常态化这样“两化”的矛盾冲突下面临新的变革:一方面是不断拓展的工业食生产、冷链物流、超市、家庭冰箱连接的现代食生活的全球化;另一方面是疫情迫使人群分散隔离的行为限定,这种看似对立的两种力量其实更加重了人类餐桌对工业化的依赖,因为后者有科技的支撑和效率的驱使。科技支撑、冷链物流彻底改变了人类既往一万年之久的食生产与食生活传统,人类餐桌的外婆时代终结,工业化、全球化掌控、制约人们的每日三餐,而常态化疫情则在变奏这种已经形成并在不断强化的既成节律。但是,完全回归外婆时代是不可能的,因为正如彼得·辛格所说全球化已成定势[③]。

1. 大餐桌·小厨房时代

我们已经进入了“大餐桌小厨房时代”。所谓大餐桌,意为食材、食品高速物流近乎无障碍、食事信息传递近乎零距离状态的现时代,任何物象的餐桌都与国内外市场紧密相连,从食材、食品到行为与理念都不同程度反映这种联系的存在,既往传统的家庭与地方意义的

① 2019冠状病毒病全球各地疫情[OL]. 维基百科,2020-12-31.

② https://www.worldometers.info/coronavirus[OL],2020-12-31.

③ [澳]彼得·辛格. 如何看待全球化:写给每一个关心世界的人[M]. 沈沉,译. 北京:北京联合出版公司,2017.

封闭性餐桌已经突破，外地或外国要素的介入与渗进，使其更具时代性和国际性。而作为意象的“餐桌”，其无限延展与包容性的特点则更为明显。正如20世纪末人们就惊讶发现的中国“菜系大乱”现象，各地菜品的原料（主料、辅料、调料）、烹饪技法、形态、风味、进食方法、认知、理解等都在全面地互通，许多菜品都是你中有我，我中有你，于是流行“密宗”的说法。而所谓小厨房，是指随着疫情常态化时代的到来，家庭厨房的功能将会转型突显，快捷式家庭自理进餐将会长足发展。超市里的便捷食材与食品，在家庭厨房或居室灶间的冰箱、微波炉、电磁炉、烤箱、煤气灶组合工具的帮助下魔术表演般就可以让主人坐在电视机前的沙发上享用任何时段的一餐了。传统的两代、三代人聚居家庭，演化为对偶的核心家庭，甚至更多单身生活，使得传统意义的家庭厨房在空间与功能两个方面都趋极致化变小。大餐桌趋势必然引发、推动小厨房演变，二者的呼应成了不断发展的21世纪环球性的人类食生活情态。由于人口多和世界饮食市场的介入程度，使得中国的存在在世界趋势的大餐桌小厨房化进程中具有决定意义。

2. 大师，大厨，大家厨师

大餐桌小厨房时代的一个不可避免的影响，是传统的大师、大厨职业功能、社会角色的顺应变化，整个社会对大厨和大师的关注热度会逐渐淡化。因为人们的生活节律、选择方向与消费能力都被社会强制，人们对食物需求与消费也因此会随同社会律动。人们对食物的各种依赖与希冀，基本都可以被科技设计支撑的机器更准确、更高效完成，人们对专业厨师服务的直接依赖——堂食概率在减少，并且饭店厨房也在社会运行的节律之中。于是，决定大厨、大师离普通大众的日常饮食生活越来越远，因为每个人都可以成为厨师，甚至必须成为自己“家庭”的厨师。大家都是厨师，“大家厨师”现象会越来越普遍。应当说“大餐桌小厨房时代”至少在20世纪的70—80年代就已经开始了，2020年席卷、覆盖了全世界的新冠肺炎疫情则给了“大餐桌小厨房时代”普及巨大的加速力度。疫情已经常态化，变化，转化都在继续，但是短期内过去则不太可能。除非世界人口减少1/3，甚至1/2，以恢复20世纪以前的自然生态，或者人类做出决绝的共同努力彻底改变现行的食生产、食生活方式。既然“大家厨师”在逐渐成为一种趋势，那么烹饪技术不也正是普及发展的时机吗？理论上似乎应当是厨师大家更要向大厨、大师们看齐学习。但是，现代传媒的高度发展和大众依赖的日趋加强，不仅使得烹饪学校或烹饪班的功能发挥大大收缩，而且菜谱书的认真研读都在成为时间高成本的劳动付出。电视示教、视频与抖音演示可以让人一目了然，心领神会。最有说服力的一个例子是，2017年热播（2016年11月开始）的“小高姐的魔法调料”视频网站，在全世界拥有180万粉丝，每个视频的平均播放量都在50万左右，已经成为最热门的美食UP主之一。“对学习厨艺的人来说，小高姐的美食教程绝对实用靠谱，只要跟着她的步骤做，基本都能成功！”这是无数仿学者众口一词的评论。

（二）“中华菜”的泛中华化

1.“小高姐”现象，网红大厨范式

小高姐的烹饪示范，给出了中华菜教学的最佳范式，实现了对中华菜文化的美妙解读，打破了业界传统烹饪与工业食品二者的壁垒，树立了现代大厨范本形象，更是中国现时代烹饪大师镜照。小高姐的春风将终结中国烹饪大师的时代，开始大师与大厨同质转化时代，开拓了“中国烹饪走向世界”的新阶段。“从普通食材里，抓取美味食物里的科学原理，是小高姐的视频中的一个高光时刻。”“低温水浴有一个最大的优点，就是它把厨师的经验量化了，转换成普通人都可以控制的温度和时间，哪怕你一次都没有煎过牛排，只要你可以准确地控制温度和时间，就可以做出来肉质嫩滑、味美多汁的完美牛排。”低温慢煮牛排（低温水浴牛排）比直接煎的牛排有很多优点①。20世纪中叶以来，中国餐饮人族群的代际经历了传统师徒、学校职训、大师意识、中国大厨四个时段的四种模式。中国餐饮人对数千年之久“手工操作，经验把握”传统的满足固守，在牢固文化自信的同时，也严重束缚了开拓性思维，模糊了自身认知的积极性。这一特征，突出在大师意识阶段。

尽管中国烹饪文化历史的悠久和文献累积的丰富世所共知，但是近代以来社会餐饮市场发展与业界文化建设的明显落后于世界上许多国家则是明显事实。中国餐饮人对数千年之久“手工操作，经验把握”传统的据守与满足，在牢固文化自信的同时，也严重束缚了开拓性思维。20世纪80年代以来，伴随社会餐饮市场日趋兴旺的持续的中国烹饪文化热，引导中国餐饮人整体思维地向后看。中国现时代行业特征的敬业与尊师，深受行业传统文化的影响，机制性地设定了新的代际餐饮人循从师傅路径，师傅则强调师爷的路数。许多烹饪教育与文化学者囿于学科界限、缺乏国际视野，他们的中国烹饪弘扬性研究，过度强调中华传统烹饪

① 赵荣光．网红大厨——中国烹饪走向世界新世代——李子柒、小高姐、王刚自媒体美食视频热播现象审析[J]．（台湾）中华饮食文化，2021（待刊出）．

的一枝独秀特性、极致完美性，认为烹饪是独立于社会大食品结构之外的存在，因而客观上强化了所谓“中国烹饪模糊性”的神秘不可知论影响。疲惫劳碌于繁杂沉重的厨事，已经让当代中国餐饮人暇时无几，然后是头痛医头、脚痛医脚的各种厨事直接应对。具有厨师队伍文化建设风向标意义的烹饪大师誉名的产生机制，并没有将业界与专业问题的深刻思考与探索作为应有的参数。“中国烹饪模糊论”坚持者本人的认识就是模糊的，他们却将自己雾里看花的认知对餐饮人表述为屠龙刀法和皇帝新衣裁缝手艺，引导餐饮人在烟缭的笙竽鼓钹声中欣赏法师的神形。很清楚，“中国烹饪模糊论”不是认知结论，而是认知心态，它在实践上诱发了人们的下行水心态，结果是模糊许多餐饮人的探索意识，模糊了他们的认识积极性。孩提的幼稚可爱，但幼稚只应属于孩提，不应固定化为一种“艺术境界”，长年以后仍然幼稚则是痴呆。如同中国烹饪的中国特色一样，正在流行起来的“大厨”称谓也具有中国特色，人们在使用这一词语时，一般的理解是指技艺娴熟、业务成就突出的厨师，更多是指称正在支撑活跃业务的厨房工匠。严格意义的大厨，通常应当具有以下三方面特征：菜品制作精湛技艺，名店主厨经历，独到经验总结。大厨中的佼佼者一般都有凭借自身实力与业绩赢得的，业界内外认同的较高知名度，三方面特征缺一不可。但是，现时代的中国业界，中国餐饮或烹饪的新态势决定，“大厨”的社会认定，不一定三方面特征同时具备，主厨不再是必备的限定性条件。不必一定有餐馆或饭店主厨的资历，甚至也不必有专业培训的学校经历，所谓“非科班”的厨师，跨界成功的厨艺家，他们同样以丝毫不逊色的大厨形象服务人们的食生活与食文化需求。由对“大师”的热切向对“大厨”热衷的认知转化，可以一定意义视为是中国餐饮人深度务实精神的提升。工匠意识与业绩，无疑是不断提升烹饪技艺和促进餐饮业发展的基本支撑。“小高姐”范式所以称为“范式”，因为它有这样的寓意，可以如此解读，任何一个身在厨房或准备迈步厨房的人都应当如此解读。

2. 中华烹饪在世界的发展

中国烹饪正在步入网络大厨时代，步入的过程就是昔日形象的改变，当然不仅仅是形象改变，如同任何生命体的运行过程一样，是从里到外、从外到里的不停地改变。从40年前的“中国烹饪走向世界”意愿到“中华烹饪在世界”，就是这种变化的现实情态。21世纪以来人们对社会食生产工业化、大众食生活超市化模式的越来越深刻反省，生态和谐，传统的食生产与食生活方式引发越来越多人们的追思与向往。网络空间的拓展和自媒体传播的流行为个体的诉求表达提供了充分便利，给了中国烹饪走向世界爆炸性的推动力，环球性的疫情常态化也在改变包括中国人在内的全体人类的饮食生活。时来运转，蓄势必发，大厨群体正在开拓中国烹饪的新态势，而近年来最活跃并深刻影响人们认知和中国烹饪走向的正是正在崛起的中国特色的大厨群体。这一群体的舞台由传统的三尺灶台扩延到无远弗届的网络世界，在厨技学习和饮食文化传播主要依凭影像的时代，“网红大厨”成了最具影响力的人物。兴起于2005年的中国在线视频行业开拓了信息传递的新局面，2017年迅速崛起的大批短视频平台，让越来越多的年轻用户和创作者涌入，不可胜计的“美食”视频活跃，关注美食博主成了无数人们的重要生活方式。李子柒、小高姐的魔法调料、美食作家王刚可视为这一时代文化潮流的代表，是大厨群体开拓中国烹饪新态势的合力象征。李（李子柒，1990—）、高（小高姐）、王（王刚，1989—）三人，都是年轻人，深受其影响的也首先都是数百万、数千万计的年轻人。依笔者的思维预判：李、高、王定义了“视频大厨”的概念和网红大厨的范式，她（他）们合力演绎了中国式视频大厨文化意蕴，预示了大厨群体开拓中国烹饪新态势——中华烹饪在世界。

20世纪中叶以来环球性效益目的、效率追求的食生产工业化不断扩张、加速影响的大趋势的逆动结果，大餐桌、小厨房渐成时代趋势。随着效率原则越来越成为环球性社会生活规制，人们的食事生活也被裹挟律动，自然经济决定的悠闲、享乐型的慢节奏传统进食方式被颠覆，食生产的快车道规则强迫决定大众日常食生活的快餐化节奏。现时代人们社会食生活的效率原则事实上存在，它似乎无形，却又似乎无处不在，它在深刻影响着我们的食生活。食事效率原则意为，工业化社会效率机制制约下的大众食生产、食生活的快节律规则。既往，我们的逻辑思维是：随着人类食生产、食生活的越来越被机器掌控，越来越多的人会日趋依赖社会厨房解决每日的餐饮需求，最初是上班族或打工族午餐空间的近乎被完全掌控，继之是晚餐领域的越来越多被占领，然后是早餐也越来越被外食包揽。于是，家庭厨房的功能不断弱化。但是，近十余年来，调研分析的结果让我们注意到家庭厨房的功能不是简单的“弱化”，而是在“简化”——简捷化，也就是说，传统意义和模式的家庭厨房在新一轮变革。过多的人口聚居在城市，城市的单位空间人口密集，迫使工薪族循从生活最低投入与回馈享用最大化的原则，他们必须锱铢必较、精打细算。这一行为规律，可以表述为食事效益原则：工业化城市大众食生活所体现的收支最大利益化趋势。效益原则必然导致大多数人群决定的社会主体家庭厨房空间的缩小趋势。而效率原则与效益原则的互动，将加大对城市大众家庭厨房空间的压力。但是，城市家庭厨房正在以科技构成提升和功能高效转化，也就是家庭厨房转型顺应日趋加大的效率原则与效益原则联动压力。网络评论“美食作家王刚”：“王大厨在毫无美感的专业后厨里，凭一己之力”扭转了一直以来电视节目中大师作秀做菜节目表演的套路，“让你感受到这盘菜‘真的好吃’。”他被视为新代际大厨的“朋克硬核”典范。这正体现了新代际厨师和广大烹饪爱好者的审美已经实现了整体超越。王刚15岁初中毕业后就进入餐饮行业，10年实践体会让他知道："厨艺这个东西一大部分靠操作的手感，还有一大部分就是平时积累的心得。"他以充分虔诚和高度热情从业，做的是大众认可的中华菜[1]。中华菜文化的承传发展，是无数代华人沉淀思考、精心制作、满意品尝的结果，是脑、手、嘴合作的结果。"十美原则"的第一美是"质"，优选、经验、创意的成功作品，美味的菜品无疑是基础和前提，但中华菜受众的不断扩大则主要是"嘴"的功劳，是消费者满意地吃和高兴地说。大众认可的菜才有口碑声誉，做大众认可的中华菜，是现时代市场的需求；越来越多的烹饪爱好者、职业厨师、甚至法国大厨等异文化职业厨师的关注，表明"中华烹饪在世界"的跨越。

一位用60年时间里吃遍7740多家美国中餐馆的中华菜品文化研究家，用味蕾和大脑的卓越经验，给一切关注中餐者展示了中华菜在美国——更广阔世界的昨天、今天与明天。"没有藏品的美国收藏家"——"中餐馆收藏家"陈戴维（David R. Chan，音译）是第三代华裔美国人，本行是一名税务律师。他用Excel表格记录了60年来的觅食足迹，不仅吃遍美国各地的中餐厅，也亲身经历美国中餐文化的变迁与华裔移民的历史。他对中餐的兴趣始于对华裔美国人身份认同的探求。他对BBC说："我对华裔美国人研究的兴趣，引领我迷上中餐。"[2]陈的大学时期正值20世纪60年代美国民权运动兴起，那时是大量华人移民迁入美国的开端。那时的陈"并不喜欢吃中餐"，儿时对中餐的记忆只有酱油拌饭（如今的他，甚至不能灵活地使用筷子，每次中餐，都需要辅以餐叉）。然而，他在加州大学洛杉矶分校（UCLA）修读该校开设的华裔美国人历史课程"东方人与美国"（Orientals and America）改变了他的思想。在英语中，"东方人"（Oriental）一词被认为带有种族主义色彩，这个数十年前称呼亚裔的主流用语现已被联邦法律禁用。陈说：当时的美国中餐也被如此曲解。

20世纪初中期，美国的华人移民多为广东台山籍，早年华人移民来源地域的单一限制了当时中餐在美国、欧洲和世界很多地方多样性的展示，决定了时代市场环境中中餐菜式的单调与粗糙。造成亦中亦洋的美国中餐20世纪60年代后期变化的重要因素是，大批香港、台湾移民迁往美国，他们带去了更为精致讲究的粤菜与台菜。大学毕业后，陈任职税务律师而在美国各地出差，"试一下当地的中餐"是他明确的旅行目的，"我想通过这个方式看看，在那里当一个华人是什么感觉?"他先是在电话黄页上按图索骥，尝遍了洛杉矶及周边的中餐馆，收集了数以千计的餐厅名片与菜单。到了20世纪80年代末，他开始在电脑Excel表格中系统性地整理到访过的餐厅，最早回溯到他在1951年吃过的餐厅。在一般大众眼里，陈是著

① 资讯来源：https://cn.noxinfluencer.com/; https://bilibili.com/.

② 以下内容引自美国中餐馆"收藏家"："我吃过近8000家中餐厅"[OL]. BBC中文，2021-6-24.

名的撰写食评、经营博客与社交媒体的中餐专家，但他并非仅仅关注微观层面的中餐味道，而是更多在宏观层面讨论美国中餐的历史与文化背景。他的味蕾经历见证了一波波近代华人移民潮暨伴随的“美食迁徙”。20世纪70年代前后，台湾掀起赴美求学的风潮，“来，来，来，来台大；去，去，去，去美国”蔚然成风，随之而来的是在东海岸遍地开花的台湾餐馆。1997年香港主权移交前夕，大批港人移民加拿大，温哥华摇身一变为海外粤菜的“首都”。20世纪80年代后中国大陆移民数量激增，近几十年来，中国各省份移民逐渐增加的时势，有力促进了更精致、更具文化意蕴的沪菜、川菜、湘菜等区域菜品在世界的流布，川菜逐渐取代粤菜成为美国中餐菜品风格的主流。眼观、品尝、统计分析、深刻思考，让陈结论说：“很多来自中国大陆的移民，他们翻转了曲线，如今粤菜只是美国中餐的一小部分了。”仅在陈所居住的San Gabriel Valley，就有来自中国内地21个省市风味的中餐馆①。还有，迄今美国中餐馆的数量超过4万家，超过麦当劳门店数量的3倍，中餐已是美国人日常餐桌的不可或缺。“中餐是美国文化中至关重要的部分”，他希望自己坚持尝试尽可能多的中餐馆。“我做好了收集一切的准备，无论那是什么。”在中餐味蕾之旅的高峰时期，陈每年会品尝近300家新餐厅。退休后，他的步伐放缓，尤其在新冠肺炎疫情期间，他的觅食旅途被迫停步。疫情重创了美国餐饮业，据全美餐厅联合会（National Restaurants Association）统计，2020年美国共有11万家餐厅暂时或永久停业，平均每6家餐厅中就有1家歇业。永久停业的餐馆中，大多数是其所在社区内的老牌企业，平均运营16年，其中16%的企业经营超过30年②。中餐馆尤其损失惨重；中餐馆承受着疫情封锁，甚至种族歧视的多重打击。疫情常态化是世界餐饮业正在努力调适的严酷现实，更是中华烹饪在本土，在地球村生存发展的必须适应空间。而早在1943年，研究者在对世界餐饮大势的分析中就曾满怀信心地说：中餐大发展，“这是什么稀奇，时代是属于‘中’的时代。何况这一套本来是中国的国粹之一呢。”③

① Obsessed: This Guy Has Eaten at Over 7000 Chinese Restaurants[OL]. YouTube Goldthread频道，2019-4-23,. https://www.youtube.com/watch?v=bMuSEuuZTeM.

② National Restaurant Association Releases 2021 State of the Restaurant Industry Report[R]. https://restaurant.org/news/pressroom/press-releases/2021-state-of-the-restaurant-industry-report, 2021-1-26.

③ 圣迹. 中菜与西菜——太白醉后语之一[J]. 新都周刊，1943，(24)：9.

附录一

四十年间作者关于“中华菜”论思维术语

以下术语节录自拙著《中华食学》的“附录”《作者40年食学研究提出或界定的中华食学术语》。菜品文化问题的关注与思考，是笔者食学研究与教学的重要内容，既是研究领域的范畴涵盖，也是社会需求的必要回应。笔者的“食学”学科与方法论理解，是涵盖人类社会食生产、食生活全部行为与思想的思考，饮食文化、饮食史、餐饮文化（烹饪与消费）事实上成了笔者既往学术生涯路径上既相对独立又彼此紧密相关的三大板块。这些术语，均系笔者创意提出或界定诠释，它们是笔者既往四十余年食学教学实践与问题持续思考中力求深刻理解、准确表述的尝试，分别见于笔者的已经或尚未正式发表的文著，更多是多年来笔者各类授课场合以及会议演讲、发言、学术报告，甚至交流、交谈中表述过的。笔者的课堂、讲台等许多即时见识与观点讲述都是与研究同步的，所以许多学术思考与原创性思维一般都是未曾正式发表的内容。既往四十年间的饮食文化教学经历了几十个循环，演讲遍布全国很多省、区、市，考察交流足迹几乎遍历所有县级地域，与闻作者见识者难以计数，它们事实上多年来一直在被许多与闻者以各种方式利用，20世纪末以来，不断有研究笔者学科术语与食学科建构的文章发表。中国餐饮人，更多的中国人都有“烹饪大国”和“中国菜”的自信，但是，菜品文化的研究却没能与“中国烹饪弘扬”的各种积极热烈活动同步。笔者的体会积累，甚至谈不上杯水车薪，中华菜品文化、烹饪文化研究的宏业尚需更多的志趣者坚持不懈地深思熟虑。

1. 中国菜

本土华人以地产原料、传统烹饪方式与调味品加工制作的大众积久习惯食用的菜品总称。就其原料、制作、调味、成品四大要来说，原料特征：东亚地区地产食材为主，原料选取广泛；制作特征：烤、煮、蒸、煎、炒等十余种基本烹饪方法及数十种变化方法；调味特征：鲜、咸、酸、甜、辛等味觉追求广泛，各种风格调味料丰富；成品特征：油多、高热、味重、即食。中国菜的审美理论方法是质、香、色、形、器、味、适、序、境、趣“十美原则”，助食具的最佳选择是中华筷子。

2. 中华菜

中国菜的境外生态与他者文化审视，基于中国特产原料、调料、传统烹饪方式与风味特色的菜品总称。以炒为主要代表烹饪方法的灵活多变，成品一般油多、味厚、即食，助食具的最佳选择是中华筷。

3. 菜品

通常指外食一款最终成品的菜肴，原料、性态是其两大核心文化要素。（赵荣光：《赵荣光食学论文集：餐桌的记忆》第718页，昆明：云南人民出版社，2011。）

4. 菜式

一般指具有相对稳定模式的外食菜品的式样，其文化要素是：形态、色泽、原料、规格、盛具等。（赵荣光：《赵荣光食学论文集：餐桌的记忆》第718页，昆明：云南人民出版社，2011。）

5. 冷菜

传统中华菜肴中通过热加工手段制成而备凉吃且凉吃味与口感更加美好的菜肴品类，多为动物性食材，因又习惯称为“冷荤”，往往用作宴会的佐酒之肴。（赵荣光：《中国饮食史论》第129页，哈尔滨：黑龙江科学技术出版社，1990。）

6. 热菜

泛指通过热加工手段制成的菜肴或进食状态际保持相应温度的菜肴，特指传统中华菜肴中通过热加工手段制成且须趁热进食才能感觉到其食材与技艺特色的菜肴。（赵荣光：《中国饮食文化概论》第222页，北京：高等教育出版社，2003。）

7. 炒菜

最具中华烹饪食材选择与技艺特色的菜肴，习称“小炒”，烹饪特点是碎切、旺火、重油、快熟；品尝要领是：出勺、装盘、上桌、动筷子连贯完成；一般具有适口、香浓、味厚等特点。（赵荣光：《中国饮食文化概论》第224—225页，北京：高等教育出版社，2003。）

8. 头菜

中国某一传统筵式最重要的一品菜肴，它在该桌宴席的价值比重、结构地位、器皿配置、技艺支撑等诸方面都有首要的意义。（赵荣光：《〈衍圣公府档案〉食事研究》第169页，济南：山东画报出版社，2007。）

9. 大菜

中国某一传统筵式菜肴结构中的主体菜，其地位仅逊于该宴席中的头菜，一般由数品构成筵席的重心和主体结构。（赵荣光：《〈衍圣公府档案〉食事研究》第170页，济南：山东画报出版社，2007。）

10. 行菜

中国某一传统筵式菜肴结构中大菜的组配菜，与大菜组配为伍，其结构地位稍逊于大菜。（赵荣光：《〈衍圣公府档案〉食事研究》第171页，济南：山东画报出版社，2007。）

11. 饭菜

亦称“下饭菜”，中国某一传统筵式菜肴结构中伴进主食的菜肴，上菜程序一般是在酒宴的大菜与行菜的分组结构之后，通常与主食同时上桌，是宴席的适于佐餐的最后菜品。（赵荣光：《〈衍圣公府档案〉食事研究》第171页，济南：山东画报出版社，2007。）

12. 膳品

旧指王侯显贵享用的正餐食品或上层社会尊贵礼食宴享场合的肴馔，后亦雅训近似情态的食品。一般包括隆重礼食场合的宴席品目，通常属于传统手工技艺操作的结果，特属于宴会的结构品种。（赵荣光：《赵荣光食学论文集：餐桌的记忆》第719页，昆明：云南人民出版社，2011。）

13. 筵式

一般是指为餐饮业沿用成习并为消费者认知接受的相对固定的宴席模式，其文化要素有：大菜、行菜等基本膳品的品目与质量，冷盘、围碟、饭菜、点心、主食等品目的质量与数量等。（赵荣光：《赵荣光食学论文集：餐桌的记忆》第719页，昆明：云南人民出版社，2011。）

14. 食单

“食单”一词传世文字始见于唐，本指铺陈于地面、坐床、台、桌等之上用于陈放食品的编织物一类用品，最初用于郊游野宴场合，后被指称一席膳品的食谱或一台酒席的菜单。（赵荣光：《赵荣光食学论文集：餐桌的记忆》第720页，昆明：云南人民出版社，2011。）

15. 菜单

泛指膳食管理的肴品名目登录。（赵荣光：《赵荣光食学论文集：餐桌的记忆》第720页，昆明：云南人民出版社，2011。）

16. 菜谱

菜品烹调方法的文字记录。（赵荣光：《赵荣光食学论文集：餐桌的记忆》第721页，昆明：云南人民出版社，2011。）

17. 菜谱文化

菜谱的形成过程、所承载的信息及其使用与影响的诸相关要素集合。（赵荣光：《赵荣光食学论文集：餐桌的记忆》第721页，昆明：云南人民出版社，2011。）

18. 菜谱学

以古今菜谱资料作为基本资讯对特定社会的食物加工、食品制作、食单等相关视阈以及菜谱著述及其文化承载题制作技艺、经营、使用等进行研究的学术领域。（赵荣光：《赵荣光食学论文集：餐桌的记忆》第731—732页，昆明：云南人民出版社，2011。）

19. 食谱

膳品名目和制作方法的文字记录。（赵荣光：《赵荣光食学论文集：餐桌的记忆》第721页，昆明：云南人民出版社，2011。）

20. 烹饪

利用各种工具，主要以热加工手段将食材由生转变熟，成可以直接食用之物的过程。因此，“烹饪”主要是“进入厨房之后和走出厨房之前”事务。（赵荣光：《中国饮食史论》第65页，哈尔滨：黑龙江科学技术出版社，1990。）

21. 烹调

“烹饪”术语的同义表述，比较而言，“烹饪”更具习惯性与口语化，基本义为基于经验的食材的食物转变过程；烹调则相对具有一层技术规范、成品精致寓意。（赵荣光：《鼎中之变，精妙微纤——序〈中国烹饪文化大典〉》，陈学智：《中国烹饪文化大典》第1页，杭州：浙江大学出版社，2011。）

22. 菜品文化

具有相对固定模式且流行较广范围、较长时间的菜品或菜品集群体现的，所属族群的时空文化特征。（赵荣光：《中国东北菜全集》第11页，哈尔滨：黑龙江科学技术出版社，2007。）

23. 烹饪文化

人类为了满足饮食的生理与心理需求，直接诉诸厨事活动的行为及其相关事象与精神意蕴的总和。（赵荣光：《鼎中之变，精妙微纤——序〈中国烹饪文化大典〉》，陈学智：《中国烹饪文化大典》第1页，杭州：浙江大学出版社，2011。）

24. 餐饮文化

社会视阈的食品制作、商业运营、消费行为与相关事象的总和。（赵荣光：《赵荣光食学论文集：餐桌的记忆》第22页，昆明：云南人民出版社，2011。）

25. 烹饪史

民族既往食事活动中食材利用、工具发明、工艺发展以及相关事宜的经历。（赵荣光：《中国饮食史论》第64页，哈尔滨：黑龙江科学技术出版社，1990。）

26. 烹饪文化史

“烹饪史”术语的同义表述，区别在于“烹饪文化史”更多着眼事象展示与因果关系探索，而前者主线是食料加工的行为与过程。（赵荣光：《鼎中之变，精妙微纤——序〈中国烹饪文化大典〉》，陈学智：《中国烹饪文化大典》第1页，杭州：浙江大学出版社，2011。）

27. 烹饪学

体系化的传统食品技艺与理论。

28. 本味论

中华饮食文化的“四大基础理论”之一，认为任何食材都有其独特的先天属性的味——本味，注重食材本味，充分发挥本味食材的养生功用与适口性，既是“本味论”的核心思想。（赵荣光：《中国饮食文化概论》第25—26页，北京：高等教育出版社，2003。）

29. 味道

一定文化体系对食物基于味觉理念的哲学性理解（赵荣光：CCTV文明之旅2018年4月14日《中华饮食宝典〈随园食单〉》讲稿）。

30. 食道

一定文化体系对食物性能与功用的哲理性阐释。（赵荣光：CCTV文明之旅2018年4月14日《中华饮食宝典〈随园食单〉》讲稿）。

31. 孔子食道

孔子（BC.551—BC.479）本人的饮食思想与食事实践原则，概括为：二不厌、三适度、十不食；即饮食追求美好，加工烹制力求恰到好处，遵时守节，不求过饱，注重卫生，讲究营养，恪守饮食文明。（赵荣光：《中国饮食文化概论》第27页，北京：高等教育出版社，2003。）

32. 孔孟食道

中华饮食文化的“四大基础理论”之一，春秋战国（BC.770—BC.221）时代孔子（BC.551—BC.479）和孟子（约BC.372—约BC.289）两人的饮食观点、思想、理论及其食生活实践所体现的基本风格与原则性倾向。即饮食以养生为度，遵时守节，不求过饱，注重卫生，讲究营养，恪守饮食文明。（赵荣光：《中国饮食文化概论》第27页，北京：高等教育出版社，2003。）

33. 醢

先秦典籍大量记载的以动物性原料为主腌渍发酵呈咸味的粥状食物。（赵荣光：《赵荣光食学论文集：餐桌的记忆》第209页，昆明：云南人民出版社，2011。）

34. 酱

先秦时泛指咸、酸两类粥状发酵食物，汉以后逐渐成为以大豆为主料发酵而成的粥状食物，用于佐餐或调味。（赵荣光：《赵荣光食学论文集：餐桌的记忆》第205页，昆明：云南人民出版社，2011。）

35. 醯

先秦典籍大量记载的以植物性原料为主发酵呈酸味的粥状食物，后为醋的雅驯称谓。（赵荣光：《赵荣光食学论文集：餐桌的记忆》第327—339页，昆明：云南人民出版社，2011。）

36. 中华酱文化

酱或酱汁，是人类各种文化都十分重视并依赖的调味佐餐食物，悠久农业历史的中华民族大众日常饮食生活，天天餐餐不可或缺；因此形成了全民族性的深厚的重酱情结与制酱工艺。（赵荣光：《赵荣光食学论文集：餐桌的记忆》第213页，昆明：云南人民出版社，2011。）

37. 筵式

由一定的膳品数量、具体名目结构而成的相对稳定的一桌宴席模式。（赵荣光：《〈衍圣公府档案〉食事研究》第113页，济南：山东画报出版社，2007。）

38. 满汉全席

形成于光绪初年的满清帝国官场酬酢筵式，具有燕菜加烧烤的相对固定模式与燕、翅、参、烤猪等不可或缺品种两大特征。主要流行于清末民初，20世纪80年代以后又曾一度流行。（赵荣光：《满汉全席名实考辨》，《历史研究》第61页，1995年3月。）

39. 清宫添安膳

见于现中国第一历史档案馆藏清宫御茶膳房档案记载，存在于同治、光绪、宣统间的满清帝国内廷，主要供帝、后等享用的筵式，其固定格式与膳品是：吉祥字海碗菜（或火锅）二品、吉祥字大碗菜四品、怀碗菜四品、碟菜六品、片盘二品、饽饽四品（或饽饽二品、汤一品）。（赵荣光：《满汉全席源流考述》第362页，北京：昆仑出版社，2003。）

40. 蔬食

以一切可食性植物为食材的饮食方式或进食行为。（《蔬食-素食：应是21世纪中国人食生活的基本特征》，《楚雄师范学院学报》第1页，2018年1月。）

41. 斋食

一般指古人于祭祀之前，戒食酒荤的素食行为及所食用的食物；特指佛门弟子中午以前所进用的食物，或伊斯兰教规定在教历太阴年莱麦丹月斋戒一月每日从黎明到日落禁止饮食和房事。（赵荣光：《中国饮食文化概论》第64页，北京：高等教育出版社，2003。）

42. 宴程

一桌宴席依照既定设计实施的服务程序与进食节奏过程。（赵荣光：《满汉全席源流考述》第466页，北京：昆仑出版社，2003。）

43. 烧

人类最早用火熟食的方法之一，将食材直接与火接触致熟。（赵荣光：《中国饮食文化概论》第222页，北京：高等教育出版社，2003。）

44. 烤

人类最早用火熟食的方法之一，将食材接近火致熟，烤与烧的区别在于被加工食材与火的距离——接近与接触。（赵荣光：《中国饮食文化概论》第222页，北京：高等教育出版社，2003。）

45. 炙

人类最早用火熟食的方法之一，将食材置于火塘石头上致熟，泛指借物隔火烤熟食物的方法。（赵荣光：《中国饮食文化概论》第222页，北京：高等教育出版社，2003。）

46. 炮

人类最早用火熟食的方法之一，将食材用泥土等物包裹后置于火塘或灰烬中烧烤致熟的方法。（赵荣光：《中国饮食文化概论》第224—225页，北京：高等教育出版社，2003。）

47. 煮

以水为传热介质，以陶器或其他器具为加工具加热致熟食物的方法。（赵荣光：《中国饮食文化概论》第222页，北京：高等教育出版社，2003。）

48. 蒸

以甑或类同器具为工具，利用水蒸气为传热介质致熟食物的方法。（赵荣光：《中国饮食文化概论》第223页，北京：高等教育出版社，2003。）

49. 涮

将食材入沸水中反复拨动致熟的方法。（赵荣光：《中国饮食文化概论》第226页，北京：高等教育出版社，2003。）

50. 汆

将食材一次或多次在沸水中旋进旋出致熟食材的方法。汆、涮、煮三者对食材处理的区别在于：汆是旋进旋出沸水，涮是在一次性入沸水中拨动，煮是在热水中较长时间加热。（赵荣光：《中国饮食文化概论》第226页，北京：高等教育出版社，2003。）

51. 炒

最具中华烹饪特色的熟物方法，要求是：食材碎切、旺火、重油、快熟。（赵荣光：《中国饮食文化概论》第224页，北京：高等教育出版社，2003。）

52. 厨德

职业厨师应具备的敬业循规、礼客惜物等基本素质的职业修养。（赵荣光：《赵荣光食学论文集：餐桌的记忆》第35页，昆明：云南人民出版社，2011。）

53. 厨艺

优秀职业厨师应具备的属于个人理解、创意与独到的烹饪技巧。（赵荣光：《赵荣光食学论文集：餐桌的记忆》第38页，昆明：云南人民出版社，2011。）

54. 厨绩

厨师职业生涯中技艺传承、膳品研制等创造性的成果。（赵荣光：《赵荣光食学论文集：餐桌的记忆》第36页，昆明：云南人民出版社，2011。）

55. 厨者三才

高尚厨德、精湛厨艺、出色厨绩集于一人之身的杰出厨师修养。（赵荣光：《赵荣光食学论文集：餐桌的记忆》第35—36页，昆明：云南人民出版社，2011。）

56. 烹饪大师

始于1999年中国相关政府机构、各级劳动管理部门、餐饮行业协会各自授予具有较熟练技术、丰富经验且有一定业界资望的烹饪工作者的荣誉称号，被视为中国餐饮从业人员的最高荣誉。（赵荣光:《赵荣光食学论文集：餐桌的记忆》第38页，昆明：云南人民出版社，2011。）

57. 饮食文化大师

餐饮业界权威机构或组织通过相应程式授予有系统饮食文化修养，有个人研究成果，并有相当业界影响的餐饮文化工作者的荣誉称号。（赵荣光:《赵荣光食学论文集：餐桌的记忆》第38页，昆明：云南人民出版社，2011。）

58. 餐桌文化

一定族群进食空间的行为综合与文化特征。（赵荣光:《餐桌上的文化与文明》，2007年11月13日于杭州电子科技大学演讲。）

59. 餐桌文明

个人，尤其是聚餐进食场合的必要修养与应遵循的礼仪规范，它反映一个人或族群与社会的文化教养及文明修养程度。（赵荣光:《餐桌上的文化与文明》，2007年11月13日于杭州电子科技大学演讲。）

60. 中华餐桌文明

中华历史上经久形成并严格维系运行的进食场合个人必备的修养与宴食活动中与宴者都要遵循的礼仪规范，它充分体现了中华民族的谦恭礼让、斯文涵养、崇文敦谊、尚食惜物的民族习性与文化风貌。（赵荣光:《中国饮食文化概论》第292页，北京：高等教育出版社，2003。）

61. 食礼

一定文化族群积久形成并习惯遵循的进食过程中的礼节或特有仪式，体现为群体认同的行为准则、道德规范和制度规定。（赵荣光：《中国饮食文化概论》第284页，北京：高等教育出版社，2003。）

62. 中华进食礼

或称“华人进食礼”，系指华人社会历史上经久形成，族群大众自觉循从的进食仪礼，包括餐前祝祷、规范执箸、斯文进食、餐后示意全部宴程中的礼节。（赵荣光：《中国饮食文化概论》第292页，北京：高等教育出版社，2003。）

63. 目食

追求或满足食前方丈、美食陈列效果的饮食心理与行为。（赵荣光：《餐桌文明：中华民族文化21世纪振兴的支点》，1996年以来全国40余场巡回演讲稿。）

64. 味食

刻意注重与追求饮食味觉的进食心理、行为或理论。（赵荣光：《餐桌文明：中华民族文化21世纪振兴的支点》，1996年以来全国40余场巡回演讲稿。）

65. 膨食

面对美食往往失却理性，肆意极限满足的进食心理与行为。（赵荣光：《餐桌文明：中华民族文化21世纪振兴的支点》，1996年以来全国40余场巡回演讲稿。）

66. 心食（智食）

理性、节制、斯文进食的心理与行为。（赵荣光：《餐桌文明：中华民族文化21世纪振兴的支点》，1996年以来全国40余场巡回演讲稿。）

67. 食相

进食者的神态、动作等行为的他者总体印象，能形象而深刻、准确地反应该进食者的修养与素质。（赵荣光：《餐桌文明：中华民族文化21世纪振兴的支点》，1996年以来全国40余场巡回演讲稿。）

68. 食德

人们日常食生活奉行的哲理性理念，或某种食学理论认定的食事最高准则。（赵荣光：《餐桌文明：中华民族文化21世纪振兴的支点》，1996年以来全国40余场巡回演讲稿。）

69. 中华食德

中华民族历久形成，并被大众习惯循从、主流意识始终强调的食事理念，其要点是感恩造物、尚食惜物、乐于分享。（赵荣光：《餐桌文明：中华民族文化21世纪振兴的支点》，1996年以来全国40余场巡回演讲稿。）

70. 餐桌文明公礼

跨越各种文化差异之上的人类餐桌仪礼通性：洁净、尊重、谦和、礼让、和谐、情趣要求，以及对不雅行为的禁忌等。（赵荣光：《餐桌文明：中华民族文化21世纪振兴的支点》，1996年以来全国40余场巡回演讲稿。）

71. 餐桌第一定律

亦称“修养检测定律”，即：在任何文化类型的人类族群社会活动中，公共宴会都无一例外是对一个人的综合修为素养作出准确测评的最佳场合。（赵荣光：《餐桌文明：中华民族文化21世纪振兴的支点》，1996年以来全国40余场巡回演讲稿。）

72. 餐桌第二定律

亦称“吃请定律”，即：凡接受宴会友好邀请的人，一般都会尽量表现出对主人盛情的感谢与对美食感慨。这种无偿受授食客的赞美多是礼仪所需，可能真诚，但未必真实，因而不足作为信实根据。（赵荣光：《餐桌文明：中华民族文化21世纪振兴的支点》，1996年以来全国40余场巡回演讲稿。）

73. 餐桌第三定律

亦称“美体定律”，即：食物选择与进食方式是影响进食者体质的重要因素。（赵荣光：《餐桌文明：中华民族文化21世纪振兴的支点》，1996年以来全国40余场巡回演讲稿。）

74. 餐桌第四定律

亦称“适口者珍定律”，即：每个人都有仅仅属于自己经历积习或即时性的食物好尚，因此，个人好恶不应当成为对某一特定食物或某一饮食文化美学与价值判断的标准。（赵荣光：《餐桌文明：中华民族文化21世纪振兴的支点》，1996年以来全国40余场巡回演讲稿。）

75. 四大基础理论

形成于先秦时期的中华饮食文化基础理论，亦称“中华饮食文化的四大原则”，由食医合一、饮食养生、本味论、孔孟食道四个基本内容构成，影响了二十几个世纪的民族饮食文化理解与食学思维。（赵荣光：《中国饮食文化概论》第21—29页，北京：高等教育出版社，2003。）

76. 祭祀筵

由于人·鬼·神三元同一世界观念在史前人类思想与社会生活中的绝对制约性作用，奉献牺牲与分享福佑成为人类最早和最隆重的聚餐形式与仪式，祭祀筵是人类最早的宴席形式，其基本特征是虔诚恭敬、极致美好、礼仪严格、庄重隆重、影响重大等。（赵荣光：《〈衍圣公府档案〉食事研究》第72页，济南：山东画报出版社，2007。）

77. 延宾筵

美食待客是人类文明史上各种文化类型的共通性，延宾筵将祭祀筵对鬼神的诚敬、礼仪、美食等原则实施于现实人生，体现友谊、修养等特征。（赵荣光：《中国饮食文化概论》第284页，北京：高等教育出版社，2003。）

78. 衍圣公府筵

中国历史上世袭衍圣公爵孔子嫡传长孙府第的筵式，由祭祀、延宾、府宴三大系列筵式组成，突出的文化特点是食材多珍贵、菜式较稳定、技艺传统规范、礼仪规制严格，有突出的衍圣公府气派。（赵荣光：《〈衍圣公府档案〉食事研究》第113页，济南：山东画报出版社，2007。）

79. 衍圣公府祭祀筵

中国历史上世袭衍圣公爵孔子嫡传长孙府第筵式结构的一大系列，分为对孔子、孔子先祖、当代主祭人的列祖、各路神祇的不同等级、规格祭祀筵。祭祀筵按既定规则，遵时守节严格如仪执行；其中对孔子的祭祀，又分为国祭、家祭，亦有常规之外的献祭。为了体现事死如事生的传统信念与礼俗，衍圣公府祭祀筵不仅恪守精细精制的原则，且其皆为延宾筵与府筵同名筵式的双倍标准。（赵荣光：《〈衍圣公府档案〉食事研究》第113页，济南：山东画报出版社，2007。）

80. 衍圣公府延宾筵

衍圣公府筵的三大系列筵式之一，用于接待不同身份的各种来访者。因孔子（BC.552—BC.479）诞生地、孔子墓地、国祭处孔庙均坐落于孔子诞生地山东曲阜，曲阜被视为中华文化的“圣城”，历史上各种身份的朝拜者络绎不绝，孔子嫡传长孙衍圣公亦有繁文缛节的频繁社交，因此衍圣公要依礼酬酢朝拜者与各种名义的来访者，衍圣公府延宾筵式宫廷特点是食材珍贵、菜式稳定、技艺传统、礼仪严格，有突出的衍圣公府气派。（赵荣光：《〈衍圣公府档案〉食事研究》第113—114页，济南：山东画报出版社，2007。）

81. 清宫御茶膳房底档

略称“膳底档”，系满清帝国时代御膳房行厨膳单记录，规格约50厘米×30厘米，系清代50厘米×90厘米规制毛边草纸三等分裁制而成。膳底档，系御膳房拟定的次日拟行厨的御膳单，据此誊成“手掐”奏折呈请御示，之后为行厨膳单，行膳后为留存底档，每月装订一册。（赵荣光：《赵荣光食学论文集：餐桌的记忆》第395页，昆明：云南人民出版社，2011。）

82. 清宫御茶膳房手掐

满清帝国时代御膳房呈禀皇帝过目御定的拟行厨膳单奏折，规格约7厘米×14厘米10开折页，展开约14厘米×70厘米，黄、红两色种。“手掐”是清代对袖珍折本等类似规制物的习惯称谓，准确应称作“请膳手掐奏折”。（赵荣光：《赵荣光食学论文集：餐桌的记忆》第395页，昆明：云南人民出版社，2011。）

83. 素食

不同程度拒绝动物性食材或以植物性食材为主的选择性食生活方式。（赵荣光：《中国饮食史论》第95页，哈尔滨：黑龙江科学技术出版社，1990。）

84. 素食主义

基于某种理念或理论的以植物性食材为主的食生活方式。（赵荣光：《中国饮食史论》第98页，哈尔滨：黑龙江科学技术出版社，1990。）

85. 素食文化圈

奉行素食主义食生活方式族群生存依赖的基本地域空间。（赵荣光：《中国饮食史论》第124页，哈尔滨：黑龙江科学技术出版社，1990。）

86. 中华素食文化圈

大约存在于中国历史上6—19世纪间，由各种素食主义者和准蔬食族群汇集而成的食者群的地域分布。（赵荣光：《中国饮食文化概论》第64页，北京：高等教育出版社，2003。）

87. 索面

见于汉字历史文献最早的以小麦粉或掺和其他淀粉质原料手工揉和搓捻而成的条形食品称谓，后渐成抻拉小麦粉面条的通俗称谓。（2016年9月4日“首届中国十大名面邀请赛”特邀演讲。）

88. 喇家索面

2002年位于中国青海省民和县喇家新石器时代齐家文化层遗址的考古发掘出土的一碗条形食品遗存，经检测是由粟、黍等制成，长约50厘米，直径约0.3厘米，粗细均匀，距今4000年。（2016年9月4日“首届中国十大名面邀请赛”特邀演讲。）

89. 中华面条

中华民族传统和习尚食用的，以小麦粉为主要原料、以绵长线形为主要形态的食品。（2016年9月4日“首届中国十大名面邀请赛”特邀演讲。）

90. 水引面

小麦粉面剂经水浸后手工捻拉而成的条形食品，始见于《齐民要术》，并习传至今。

91. 条食情结

形成于史前时代并影响至今的，华夏族群广泛认同的，将各种食材尽可能加工成线型形态后食用的文化传统、习尚与心理。（赵荣光：《再谈“喇家索面”与中华面条文化史——兼议KBS〈面条之路〉与〈面条之路：传承三千年的奇妙饮食〉的相关问题》，《饮食与文明：

第三届亚洲食学论坛论文集》，杭州：浙江古籍出版社，2014；赵荣光：《“喇家索面”形态类比再现与历史文化资讯索隐》，第四届亚洲食学论坛演讲稿；赵荣光：《“中华食学”的历史特征与基本内涵》，2015年3月18日图尔法国食物研究论坛演讲稿初稿。）

92. 粉食

将谷物等植物性食材加工成粉末状再成形或直接致熟的食物形态。（赵荣光：《中国饮食文化史》第227页，上海：上海人民出版社，2006。）

93. 粒食

将谷物籽粒去壳后直接致熟的食物形态。（赵荣光：《中华饮食文化史》第5页，杭州：浙江教育出版社，2015。）

94. 八珍

历史文献中泛指最珍贵的食材或食物，特指《礼记·内则》所记周代养老食物：淳熬、淳母、炮豚、炮牂、捣珍、渍、熬、肝膋。（赵荣光：《中国饮食史论》第208页，哈尔滨：黑龙江科学技术出版社，1990。》

95. 餐制

人们基于生理与生产、生活需要，主要为了恢复体力目的而逐渐形成的时段性进食习惯。（赵荣光：《中国饮食文化概论》第170页，北京：高等教育出版社，2003。）

96. 食生产

食生产指食物原料获取（种植、养殖）、研发（发掘、研制、培育）；食品加工制作（家庭饮食、酒店饭馆餐饮、工厂生产）；食料与食品保鲜、贮藏、运输；饮食器具制作；社会食生产管理与组织等直接或间接服务于食事目的的社会性行为。（赵荣光：《中国饮食文化概论》第2页，北京：高等教育出版社，2003。）

97. 食生活

食生活指食材与食物获取、烹饪、进食等最终归结于消费目的的行为与相关事象。（赵荣光:《中国饮食文化概论》第2页，北京：高等教育出版社，2003。）

98. 食事象

与人类食事活动相关的一切行为与现象。（赵荣光:《中国饮食文化概论》第3页，北京：高等教育出版社，2003。）

99. 食思想

人们的食事认识、观念与理论。（赵荣光:《中国饮食文化概论》第3页，北京：高等教育出版社，2003。）

100. 食文化

一般是“饮食文化”术语的简略表述，特殊语境下较前者更具抽象与概括意义。表述上，前者更具口语化。（赵荣光:《中国食文化研究述析》,《VESTA》1994.1；赵荣光:《赵荣光食文化论集》第1—22页，哈尔滨：黑龙江人民出版社，1995。）

101. 食学

研究不同时期、各种文化背景人群食事事象、行为、思想及其规律与走向的综合性学科。（赵荣光:《中华饮食文化史》第4页，杭州：浙江教育出版社，2015。）

102. 美食学

基于鉴赏情趣与享乐目的对食品技艺与消费行为的研究。（赵荣光:《中华饮食文化史》第218页，杭州：浙江教育出版社，2015。）

103. 饮食文化层

“饮食文化层”是一定历史时空特定族群食事行为的社会结构关系特征，略称“饮食层”，是由于人们的经济、政治、文化地位的不同而自然形成的饮食生活的不同的社会层次。（赵荣光：《中国饮食文化概论》第75页，北京：高等教育出版社，2003。）

104. 中华饮食文化层

在中国饮食史上，不同社会地位族群人们因经济、政治、文化地位的差异而自然形成的饮食生活的不同的社会层次。（赵荣光：《中国饮食文化概论》第76页，北京：高等教育出版社，2003。）

105. 果腹线

一定历史时空特定族群简单再生产和延续劳动力所必需量质食物的最起码社会性极限标准。（赵荣光：《中国饮食文化概论》第77页，北京：高等教育出版社，2003。）

106. 饮食文化创造线

一定历史时空特定族群食事位于果腹线之上的相对稳定的饮食生活社会性标准。只有长期相对稳定地超出果腹性纯生理活动线之上的饮食生活社会性水准，才能使文化创造具有充分保证。（赵荣光：《中国饮食文化概论》第77页，北京：高等教育出版社，2003。）

107. 果腹层

某一族群一定历史时空中为满足基本生存而劳作的食物消费群体。（赵荣光：《中国饮食文化概论》第77页，北京：高等教育出版社，2003。）

108. 小康层

某一族群一定历史时空中食生活能长期维持生存基本需求的社会群体。（赵荣光：《中国饮食文化概论》第80页，北京：高等教育出版社，2003。）

109. 富家层

某一族群一定历史时空中有较坚实经济实力和相应社会力量支撑的日常饮食生活优裕的社会族群。（赵荣光：《中国饮食文化概论》第81页，北京：高等教育出版社，2003。）

110. 贵族层

某一族群一定历史时空中食事活动有超级政治保障、强力经济支撑的社会族群，其食事规模气派、管理制度化、庆娱日常化、政治意味浓厚，通常拥有私家名食口碑，门第食事独特风格。（赵荣光：《中国饮食文化概论》第82页，北京：高等教育出版社，2003。）

111. 宫廷层

人类历史上，王权制国度中，以政权最高首领“王”及“王室”为中心，由国家财赋和权力吸纳财货支撑，并往往以“国”或朝廷名义运行的食生活群体；权力、尊贵、垄断、制度是其基本文化特征。（赵荣光：《中国饮食文化概论》第87—88页，北京：高等教育出版社，2003。）

112. 饮食文化圈

由于地域（最主要的）、民族、习俗、信仰等原因，历史地形成的具有独特风格的饮食文化地域性类型。（赵荣光：《中国饮食文化概论》第39页，北京：高等教育出版社，2003。）

113. 中华民族饮食文化圈

以今日中华人民共和国版图为基本地域空间，以域内民众——中华民族共同体大众为创造与承载主体的人类饮食文化区位性历史存在。（赵荣光：《中国饮食文化概论》第40页，北京：高等教育出版社，2003。）

114. 中华饮食文化圈

以历史上中国版图为传播中心，以相邻或相近因而受中华饮食文化影响较深、彼此关系较紧的广大周边地区联结而成的饮食文化地域空间历史存在。（赵荣光：《中国饮食文化概论》第41页，北京：高等教育出版社，2003。）

115. 饮食民俗

人们食材选取、加工、烹饪和食用食物过程中，即民族或族群食事活动中所基久形成并传承不息风俗习惯，也称“饮食风俗”“食俗”。（赵荣光：《中国饮食文化概论》第157页，北京：高等教育出版社，2003。）

116. 点心

中华传统食品结构中，正餐之外的精巧型、辅助性主食品。（赵荣光：《中国饮食文化史》第234页，上海：上海人民出版社，2006。）

117. 小吃

正餐之外的精致化品种，通常集中有地域、民族、大众、传统、流行等文化属性。（赵荣光：《中国传统与新潮小吃》丛书“序”，北京：中国轻工业出版社，2001。）

118. 十美风格

又称“十美原则”，中国历史上上层社会和美食理论家们对饮食文化生活美感的理解与追求的十个分别而又逻辑关联的十个具体方面：质、香、色、形、器、味、适、序、境、趣，是充分体现传统文化色彩和美学感受与追求的完备系统的民族饮食思想。（赵荣光：《中国饮食文化概论》第245页，北京：高等教育出版社，2003。）

119. 中餐公宴进食方式

华人族群约形成于9—11世纪的多人高足椅围坐大台面餐桌，每人手（礼俗右手）持一双筷子在公共器皿中取食的进食方式。（赵荣光：《中国饮食文化概论》第235—236页，北京：高等教育出版社，2003。）

120. 中华筷

华人祖先发明并传承使用的助食具，标准形制是：前段——接触食物的首部为直径5毫米圆柱体，后段——手持的足部为直径7毫米正方体的全等对偶；成人、少年、学龄前儿童使用长度分别为28厘米、24厘米、18厘米；筷身富有中华文化元素修饰。中华筷一般与同样体现中华文化要素的筷枕连用。（赵荣光：《中国饮食文化概论》第228—229页，北京：高等教育出版社，2003。）

121. 规范执筷法

华人族群漫长历史形成的礼俗认同的执筷姿势，一般是成人右手拇指捏按点在下距筷头（接触食物部位）约占筷长三分之二处，拇指、食指、中指三指主要负责上支筷，拇指、中指、无名指主要负责下支筷，小指通过支撑无名指以协调其他四指的工作。（赵荣光：《中国饮食文化概论》第232—233页，北京：高等教育出版社，2003。）

122. 双筷制

20世纪初以来，经由伍连德博士等一再倡导力行并于21世纪初以来逐渐普及开来的中餐传统公宴场合，人各以取食筷、进食筷两双筷子进食的方式。（赵荣光：《中国饮食文化概论》第236—237页，北京：高等教育出版社，2003。）

123. 取食筷

中餐传统公宴场合，进食者用以从共食器皿中取食置于自用器皿中的筷子，其与进食筷接续助食。（赵荣光：《中国饮食文化概论》第237页，北京：高等教育出版社，2003。）

124. 进食筷

中餐传统公宴场合，进食者用以从自用器皿中夹取进食的筷子，其与取食筷接续助食。（赵荣光：《中国饮食文化概论》第237页，北京：高等教育出版社，2003。）

125. 筷枕

餐位上枕放中华筷的支架，材质多样，形制多寓吉祥如意，成人中华筷一般将箸首部探出6厘米。（赵荣光：《中国饮食文化概论》第229页，北京：高等教育出版社，2003。）

126. 民天如意枕

概念设定为“六合民天如意枕”，简称民天如意枕、如意枕、赵荣光设计并已经市面流行的中华礼食筷枕，体型如意，白釉瓷质，通长6厘米，云头一甲骨阳文“食”字，足部截面若“山”形。腰部圆隆寓满日，背部内凹寓满月。6厘米寓“六合”，义为宇宙，寓意华夏族的敬畏天地、和谐自然的天人合一宇宙观，同时应“六六大顺”吉祥意。就餐时，筷枕云头向内侧，取食筷、进食筷依次外内平行摆放（右左利手同理，反向置）。瓷质稳重，易清洁，中华文化品行典雅。

127. 助食具

协助进食者完成将食物从盛放的器皿中转移到口中动作的工具，如箸、匙、刀、叉、手指等。（赵荣光：《中国饮食文化概论》第229页，北京：高等教育出版社，2003。）

128. 装盘

以炒、蒸、煮等热加工与即食为特征的中华传统烹饪技艺制作的肴馔成熟之际移入盛具的利落技巧。（赵荣光：《“中华菜谱学”视阈下的“中国菜”——2018向世界发布中国菜活动（郑州）主题演讲》、赵荣光：《“中国菜”的科学认知与中国省籍地域菜品文化发展——2019“中国菜”艺术节暨陕菜国际美食文化节》等。）

129. 摆盘

将欲食用肴馔按特定审美需求精心刻意摆放入盛具的过程。（赵荣光：《“中华菜谱学”视阈下的“中国菜”——2018向世界发布中国菜活动（郑州）主题演讲》、赵荣光：《“中国菜”的科学认知与中国省籍地域菜品文化发展——”中国菜”艺术节暨陕菜国际美食文化节》等。）

130. 饮食行为学

研究进食者餐桌空间行为、礼俗、功能的理论。（赵荣光：《中国饮食文化概论》第3页，北京：高等教育出版社，2003。）

131. 仪狄

见于多种先秦文献记载的中国历史上的第一位酿酒师，女性，夏王朝（BC.2070—BC.1600）创始者大禹同时代人。（赵荣光：《中国饮食文化概论》第133页，北京：高等教育出版社，2003。）

132. 灶神

中华民族漫长历史上家家户户崇祀的厨房神祇，俗称“灶王”“灶王爷”，始于上古的“老妇之祭”，汉代以后逐渐演变成了男性，记录一家的善恶上报玉皇，以施赏罚。（赵荣光：《中国饮食文化研究》第133页，香港：东方美食出版有限公司，2003。）

133. 美食家

以快乐的人生态度对食品进行艺术赏析、美学品味，并从事理想食事探究的人。美食家既有丰富生动的美食实践与物质享受，又有深刻独到的经验与艺术觉悟，是物质与精神谐调、生理与心理融洽的食生活美的探索者与创造者。（赵荣光：《中国饮食文化概论》第262页，北京：中国高等教育出版社，2003。）

134. 饕餮者

追求并以满足美食口福物欲为择食特征的人。（赵荣光：《中国饮食文化概论》第250页，北京：中国高等教育出版社，2003。）

135. 食学家

将食事研究作为一种学业，从事知识说明、事象叙述、事理探讨、理论归纳的学者，一般应有著作或发明权的可阅视成果。（赵荣光：《中国饮食文化概论》第269页，北京：中国高等教育出版社，2003。）

136. 自助餐

宴程中进食者自由选择食品、食料独自进食的行为方式。（赵荣光：《赵荣光食学论文集：餐桌的记忆》第39页，昆明：云南人民出版社，2011。）

137. 自主餐

宴程中进食者个人作用充分发挥的进食的行为方式。（赵荣光：《赵荣光食学论文集：餐桌的记忆》第39页，昆明：云南人民出版社，2011。）

138. 自理餐

进食者参与所消费食品烹调过程的进食的行为方式。（赵荣光：《赵荣光食学论文集：餐桌的记忆》第39页，昆明：云南人民出版社，2011。）

139. 以地名菜

以地籍名称表述菜品文化特性的方法，有三层寓意：地名——菜的地籍属性，地域自然与社会要素——食材、习俗、族群等，地域的区块级次性——内部的差异与区别。（赵荣光：《中国饮食史论》第72—94页，哈尔滨：黑龙江科学技术出版社，1990。）

140. 秦菜

泛指流行于中国西北广大地区的菜品文化类别指称，主要特征是厚味、多辣，重畜肉、尚面食；汉族传统习俗厚重，清真食风鲜明；煮、烤、蒸、炒等传统烹饪技法为主。（赵荣光：《餐桌比菜盘更大：我对秦菜文化走向的思考与期待》，2018年10月28日北京人民大会堂“陕西美食高峰论坛”演讲。）

141. 陕菜

陕西地区菜品类别风格的概称，其典型文化特征是：重油、厚味、多辣，食材广泛，传统肴馔与历史名食众多，面食特色突出，烹饪技法以煮、烤、蒸、炒等为主。（赵荣光：《餐桌比菜盘更大：我对秦菜文化走向的思考与期待》，2018年10月28日北京人民大会堂“陕西美食高峰论坛”演讲。）

142. 杭帮菜

以历史与文化杭州为基本地域空间，集宫廷、官府、食肆、民间、素菜、船菜等诸多菜式为一体，清淡适中、制作精致、节令时鲜、多元趋新的菜品文化体系。（赵荣光：《“中国杭帮菜博物馆”展陈设计方案》B本终稿，2012年10月12日。）

143. 滇菜

亦称“云南菜”，食材丰富自然，甜辣咸酸香本味突出，烹调手段平实而富变化的中国民族风情浓郁的西南地域性菜品。（赵荣光：《赵荣光食学论文集：餐桌的记忆》第28页，昆明：云南人民出版社，2011。）

144. 黔菜

中国贵州地区地产原料特色突出、少数民族风情与民俗厚重的菜品文化，具有辣、香、酸、鲜、味醇厚的特征。（赵荣光：《中国饮食文化研究》第375—376页，香港：东方美食出版有限公司，2003。）

145. 十六围千（“千”或当作“且”）筵

晚近以来主要流行于浙东地区民间的隆重筵式称谓，其基本特征是：冷热聚珍二十四品，全部地产食材，参贝鱼蜇蛏鳗虾，猪鸡鸭果汤糊茶。（赵荣光：《定义十六围千筵式二首》注释，2018年3月5日。）

146. 中华浆

中国古代流行的微酸味饮料，米汁酿制而成，文献记载主要流行于《诗经》时代至中世间。（《华人食醋历史文化与嗜酸性解析》，首尔“2018大韩民国食醋文化大典”特邀主题演讲，2018年6月22日。）

147. 中华醋

华人自古以来嗜习的，以谷物为主要原料按照传统方法酿制而成的酸味液态食品。（《华人食醋历史文化与嗜酸性解析》，首尔“2018大韩民国食醋文化大典”特邀主题演讲，2018年6月22日。）

148. 中华酱

华人发明并习用的，具有三千年以上历史的以大豆（或大豆与小麦）、水、盐为主料经传统工艺发酵而成的咸味糊状调味品。（赵荣光：《赵荣光食学论文集：餐桌的记忆》，第202—218页，昆明：云南人民出版社，2011。）

149. 酱园

历史上，以经营中华酱、中华醋等调味品为主的星罗棋布于中国城镇的前店后场式手工作坊。（赵荣光：《赵荣光食学论文集：餐桌的记忆》，第202—218页，昆明：云南人民出版社，2011。）

150. 酱清

成熟的中华酱在贮存过程中缓慢渗浮于酱体上面的液体，通常被作为酱的精华佐餐或调味。（赵荣光：《赵荣光食学论文集：餐桌的记忆》，第260—277页，昆明：云南人民出版社，2011。）

151. 蔬浆水

主要流行于中国西北地区民间的传统食物，以菜蔬为主料浸水发酵而成，味微酸，用作饮料或伴作主食。（《华人食醋历史文化与嗜酸性解析》，首尔“2018大韩民国食醋文化大典”特邀主题演讲，2018年6月22日。）

152. 浆水面

主要流行于中国西北地区的传统食物，主要由当地特制的蔬浆水与麦粉条制作而成，味呈酸辣。（《华人食醋历史文化与嗜酸性解析》，首尔“2018大韩民国食醋文化大典”特邀主题演讲，2018年6月22日。）

153. 浆水饭

以西北地区特制浆水与各种主食料合成的主食类食品泛称，主要流行于中国西北地民间，味呈微酸。（《华人食醋历史文化与嗜酸性解析》，首尔“2018大韩民国食醋文化大典”特邀主题演讲，2018年6月22日。）

154. 朝鲜泡菜

以大白菜、红辣椒为主要原料腌渍而成的微酵微酸微辣菹物，主要分布于东北亚核心地带，因朝鲜族群的普遍嗜好而得名。（《华人食醋历史文化与嗜酸性解析》，首尔“2018大韩民国食醋文化大典”特邀主题演讲，2018年6月22日。）

155. 饮食文化原壤性

特定族群赖以为生地域滋生的饮食文化，有明显的元初性地域特征。（赵荣光：《中国饮食史论》第18—20页，哈尔滨：黑龙江科学技术出版社，1990。）

156. 厚味

食材或食物气味浑厚。

157. 重口味

进食者对食物厚重味的嗜好性选择，或指称厚重味食物特嗜者。

158. 吃货

中国俗语詈人贪吃饕餮，21世纪20年代网络语谓嗜食且以此自诩者。

159. 摆台

一定主题宴饮活动开始前的餐台艺术性设计，包括与宴者位次确定，餐具、助食具选择与台布、餐巾摆放，以及其他装饰、消费品的配备等。

160. 走菜

走菜，又称“传菜”，指将肴馔从完成地点传布上餐台的过程，专业性的走菜具有技艺特征并有文化意蕴。

161. 国食

某一国家主流社会意识或一国主体民族自视为，或被他者文化誉为最具代表性的食品。

162. 吃相

“吃相”是指一个人的进食情态，眼神、口型、表情、持具方式、坐姿、动作、声响、节奏等进食过程中的全部表情动作。吃相是一个人素质、修养在无意识或下意识状态的自然流露，是可以在短暂一瞬间对一个人阅历路径、德行修养、发展预期作印象感觉认知方式。（赵荣光:《餐桌文明：中华民族文化21世纪振兴的支点》，1996年以来全国40余场巡回演讲稿。）

163. 中国烹饪文化研究的“三神”倾向

20世纪80年代以来中国烹饪文化热潮中流行的将中华传统烹饪神圣化、神秘化、神奇化的研究心态与倾向。（赵荣光:《中国饮食文化研究》第178—187页，香港：东方美食出版有限公司，2003。）

164. 中国烹饪文化研究的“三古”倾向

20世纪80年代以来中国烹饪文化热潮中流行的对中华传统烹饪返古、崇古、迷古的研究心态与倾向。（赵荣光:《中国饮食文化研究》第178—187页，香港：东方美食出版有限公司，2003。）

165. “泰山宣言”

2001年4月18日于中国五岳独尊的泰山极顶向中国餐饮业界和全社会宣布的《珍爱自然：拒烹濒危动植物宣言》的“三拒”要点：餐饮企业拒绝经营、厨师拒绝烹饪，消费者拒绝食用，简称《泰山宣言》。理念提出、思想宣传、文件起草、宣读者为泰安饮食文化论坛评委会主任赵荣光。（赵荣光:《赵荣光食学论文集：餐桌的记忆》第85页，昆明：云南人民出版社，2011。）

166. 食品安全

20世纪中叶以来，伴随着工业化食料生产与食品制作进程而逐渐在全世界流行起来的术语，表达的是全社会对工业化食品不应有的各种有害人体物质存在的严重关切。赵荣光：《赵荣光食学论文集：餐桌的记忆》第67页，昆明：云南人民出版社，2011。）

167. 饮食安全

20世纪中叶以来，伴随着工业化食料生产与食品制作进程而逐渐在全世界流行起来的术语，表达的是进食者对具体食物对人体安全保障的忧虑。（赵荣光：《赵荣光食学论文集：餐桌的记忆》第69页，昆明：云南人民出版社，2011。）

168. 休闲食品

休闲食品，系用于休闲活动状态人们轻松消遣心态与格调的食物，一般具有异于快节奏工作状态以提供能量为主食物的特征，更具形、色、味、适口性等食物美特征，更具美感与趣味性。（赵荣光：《休闲活动中的"休闲食品"与"休闲饮食"》，杭州树人大学演讲2012年4月8日。）

169. 休闲饮食

休闲饮食，休闲活动状态人们的饮食，一般具有轻松、趣味、适意、享乐的特征。（赵荣光：《休闲活动中的"休闲食品"与"休闲饮食"》，杭州树人大学演讲2012年4月8日。）

170. 国际中餐日

"地球与人类健康饮食国际论坛"2003年4月1日于中国青岛通过了将中国古代食圣袁枚（1716.3.25—1798.1.3）诞辰日——每年的公历3月25日作为"国际中餐日"纪念日的决议，倡议世界各地的中餐企业在其时开展旨在推动中华饮食文化与中餐服务社区的建设性活动。（赵荣光：《赵荣光食学论文集：餐桌的记忆》第695—699页，昆明：云南人民出版社，2011。）

171. 食事庆娱

凡以美食欢庆人生快意事的行为，称为食事庆娱；饮食既是生存的基本需要，亦是快乐的享受。（赵荣光：《餐桌文明：中华民族文化21世纪振兴的支点》，1996年以来全国40余场巡回演讲稿。）

172. 食事祈盼

凡事求吉、尚食惜物是华人族群积久形成的文化传统，在全部食事活动中，尤其是隆重的进食场合都会怀着感恩自然、祈求福佑的心态，或行相应的仪式。（赵荣光：《餐桌文明：中华民族文化21世纪振兴的支点》，1996年以来全国40余场巡回演讲稿。）

173. 食事避讳

趋吉避凶是人类在远古时代就养成的理念与习俗，信奉天人合一、和谐自然、尚食惜物的华人族群在进食场合与全部食事活动中都对其理解的不祥不利奉行严格回避的原则。（赵荣光：《餐桌文明：中华民族文化21世纪振兴的支点》，1996年以来全国40余场巡回演讲稿。）

174. 产业化食物链病

20世纪中叶以后世界广泛流行的，片面追求产量和利润的工业化食材生产与食物制造导致食者所罹的各种疾病。（赵荣光：《动物伦理学与健康食品论的时代意义——彼得·辛格与迈克尔·波伦食学思想比较》文稿，2017年4月。）

175. 酒令文化时代

中国历史上以传统酒人为主体活跃于频繁酒会场合进而繁荣社会宴饮活动、促进酒场文化的社会历史文化特征。其大致时限，是酒禁基本放开的汉以后至近代。（赵荣光：《中国酒令的消亡》，2017年11月25日答问。）

176. 中华民族饮食文化十大历史伟人

构成中华民族饮食文化历史特征、典型表征民族特色的十位杰出人物，分别是：燧人氏（Suiren），中国古史传说时代发明人工取火的伟大人物，“三皇”之首；灶君（Zao Jun），又称灶王，古代神话传中主管饮食之神，女性；神农氏（Shennong），中华原始农业的开拓者；仪狄（Yi Di），夏禹时代司掌造酒的官员，我国最早的酿酒人，女性；伊尹（Yi Yin），对烹饪有独到深刻理解的伟大的药剂学家；孔子（Confucius，BC. 551—BC. 479），中华民族饮食文化理论奠基人；刘安（Liu An，BC. 179—BC.122），豆腐发明主持人；陆羽（Lu Yu，733—804），中华茶学奠基与茶艺创始人；李白（Li Bai，701—762），中华传统酒人的杰出代表，酒圣；袁枚（Yuan Mei，1716—1797），中国古代食圣，中华传统食学终结者。（赵荣光：《赵荣光食学论文集：餐桌的记忆》第117—126页，昆明：云南人民出版社，2011。）

177. 食主题博物馆

以人类不同族群的食生产、食生活、食文化要素为主体展示内容的博物馆。英文表述应为food themed museum。

178. “板凳论”

某些中国人在特定语境下对所持“食无禁忌”理念或习惯的诙谐性表达。是历史上汉族社会民间俗语“四条腿不吃板凳，两条腿不吃活人”的引申概括：历史上长久的民艰于食经历，养成了人们高度珍视食物、充分利用食材和饥不择食的心理与习惯，使历史上的汉族人群形成了食无禁忌的文化特征。

179. 宴会

倡行者为着既定明确目的将与其有某种关系的诸人邀集到餐桌语境中的社交活动，参与者也有着相应的个人利益诉求。宴会一般都有特定的主题、规范的仪礼、宴程管理的预设，是各种文化都十分注重的人际关系与社会利益谐调的重要方式。（赵荣光：《天下第一家衍圣公府食单》第1—16页，哈尔滨：黑龙江科学技术出版社，1992。）

180. 宴会情结

通过餐饮聚会形式达到联络感情、抒发胸臆、协调利益、传播信息、享乐口腹等目的的人群意愿与希冀。（赵荣光：《中国饮食文化概论》第267—270页，北京：高等教育出版社，2003。）

181. 餐饮人

社会分工为大众餐饮实务与文化建设的社会族群，其承担的社会责任是满足大众饮食的物质与精神消费需求。（赵荣光：《中国饮食文化研究》第188—194页，香港：东方美食出版社，2003。）

182. 中华菜谱学

体现尚食、惜食传统，并富于哲学思考与中华民族文化特征的菜谱文化体系。（赵荣光：《中华菜谱学视阈下的“中国菜”认识》，“2018‘中国菜’美食艺术节暨全国省籍地域经典名菜、名宴博览会”主题演讲，2018年9月10日郑州。）

183. 菜系

20世纪80年代以来中国大陆餐饮业界流行的模糊性很强的菜品不同风味类型的行业术语。它的准确含义应当是：具有相近风味与风格菜品类属指称，通常有明确的地籍指代，也可是泛地籍的菜品文化类同或近似性特征。（赵荣光：《中国饮食史论》第72—94页，哈尔滨：黑龙江科学技术出版社，1990。）

184. 世界大餐桌

第二次世界大战以后日益全球性拓展的食材生产工业化、食品消费市场化人类食生活模式时代特征。广义的“世界大餐桌”经历了三个历史演变阶段：15—17世纪以前的自然经济时代；“地理大发现”后的国际贸易时代；“二战”以来的工业化时代。自然经济时代的各族群餐桌文化的社会性特征是：食材小半径范围地产为主，食物加工家庭厨房为重心，交换比重很小，族群、地域、传统特征明显；国际贸易时代各地域族群的餐桌文化社会性特征是：食材结构、食物形态、习俗观念较自然经济时代均有不同程度改变，“外来”元素与变异色彩明显；工业化时代各区域的餐桌文化社会性特征是：食材生产与食品加工的工业化不断提高，食物消费者整体与自然的疏离，城（区）际、国际的食品高效流通，工业化、一体化为日趋显著的特征。（见于笔者近年来的多处演讲场合，若《食学思维：当代世界食事研究的主体路径——浙江工商大学“饮食文化的跨文化传播国际研讨会”主题演讲》等。）

185. 饕餮者

贪想口福，耽溺口腹之欲追求的进食者。（赵荣光：《中华饮食文化史》第218页，杭州：浙江教育出版社，2015。）

186. 食学思维

食学思维是针对文化泛论式饮食文化研究的一种方法论认识，是基于食学学科体系与理论建构的人类食事研究方法论。（赵荣光：《食学思维：当代世界食事研究的主体路径》，2018年10月23日浙江工商大学“饮食文化的跨文化传播国际研讨会”主题演讲。）

187. 饮食文化场

催生促进社会餐饮生活发展各种文化形态的中心城市生存机制空间。（赵荣光：《中国菜品文化研究的误识、误区与饮食文化场——再谈“菜系”术语的理解与使用》2018年11月11日“中国（博山）餐饮创新发展论坛”特邀主题演讲。）

188. 饮食伦理

族群社会进食行为自觉遵守的对生物与生态的必要与足够尊重的理念与界限。（赵荣光：《历史文明尺度下的亚洲当代文化美食——2019亚洲美食节广州“美食与文化文明”论坛基调演讲》，2019年5月17日。）

189. 美食文化

市场引导人们消费的精制食品及其营销与消费过程中的诸般事象。（赵荣光：《历史文明尺度下的亚洲当代文化美食——2019’亚洲国际美食节广州“美食与文化文明”论坛基调演讲》，2019年5月17日。）

190. 文化美食

食品消费审美意向认识、价值判断选择及其对生产、生活影响的诸要素。（赵荣光：《历史文明尺度下的亚洲当代文化美食——2019’亚洲国际美食节广州“美食与文化文明”论坛基调演讲》2019年5月17日。）

191. 生态伦理

人类为了自身生存发展而不得不遵循的自身与其他生物、自然等生态环境的关系的一系列道德规范。（赵荣光：《历史文明尺度下的亚洲当代文化美食——2019’亚洲国际美食节广州“美食与文化文明”论坛基调演讲》，2019年5月17日。）

192. 食事法理

中国历史上由国家制度、政府律令所设定的社会大众食事行为必须遵循的规则。如食生产责任担当、社会食事活动的身份与行为限定等。（赵荣光：《中华食学》，北京：中国轻工业出版社，2021。）

193. 食事伦理

中国历史上社会人群内心认同的食事行为规范，有鲜明的儒家道德观特征。（赵荣光：《中华食学》，北京：中国轻工业出版社，2021。）

194. 食事道理

中国民众食事行为学的哲学理解与理念，包括人与宇宙自然、人与生活生命等广泛范畴。（赵荣光：《中华食学》，北京：中国轻工业出版社，2021。）

附录二

作者中华菜文化思考文著目录

1.《关于中国菜地方性的表述问题——“系”表述方法的否定》，赵荣光:《中国饮食史论》，哈尔滨：黑龙江科学技术出版社，1990年。

2.《中国冷菜探源》，赵荣光:《中国饮食史论》，哈尔滨：黑龙江科学技术出版社，1990年。

3.《中国历史上的厨师称谓》，赵荣光:《中国饮食史论》，哈尔滨：黑龙江科学技术出版社，1990年。

4.《中国历史上的女厨》，赵荣光:《中国饮食史论》，哈尔滨：黑龙江科学技术出版社，1990年。

5.《周王廷饮食制度略识——兼辨郑玄注“八珍”之误》，赵荣光:《中国饮食史论》，哈尔滨：黑龙江科学技术出版社，1990年。

6.《两汉期粮食加工、面食发酵技术概说》，赵荣光:《中国饮食史论》，哈尔滨：黑龙江科学技术出版社，1990年。

7.《明清两代的曲阜衍圣公府》,《齐鲁学刊》，1990第2期。

8.《中国饮食文化圈问题述论》，赵荣光:《赵荣光食文化论集》，哈尔滨：黑龙江人民出版社，1995年。

9.《中国历史上的食单与筵式》，赵荣光:《赵荣光食文化论集》，哈尔滨：黑龙江人民出版社，1995年。

10.《中国古代饮食文化“十美风格”述论》，赵荣光:《赵荣光食文化论集》，哈尔滨：黑龙江人民出版社，1990年。

11.《中国古代焙烤技术与焙烤食品》，赵荣光:《赵荣光食文化论集》，哈尔滨：黑龙江人民出版社，1995年。

12.《孔子与中华民族饮食文化》，赵荣光:《赵荣光食文化论集》，哈尔滨：黑龙江人民出版社，1995年。

13.《“食不厌精、脍不厌细”正义》,《中国烹饪》，1990年10期。

14.《平生品味似评诗，落想腾空眩目奇——中国古代食圣袁枚美食实践暨饮食思想述论》，赵荣光:《赵荣光食文化论集》，哈尔滨：黑龙江人民出版社，1995年。

15.《箸与中国饮食文化》，赵荣光:《赵荣光食文化论集》，哈尔滨：黑龙江人民出版社，1995年。

16.《樽罍溢九酝，水陆罗八珍——〈中国烹饪〉电视系列教学片“前言”》，赵荣光:《赵荣光食文化论集》，哈尔滨：黑龙江人民出版社，1995年。

17.《“满汉全席”名实考辨》,《历史研究》，1995第3期。

18.《孔孟食道与中国饮食文化》，赵荣光:《中国饮食文化研究》，香港：东方美食出版社，2003年。

19.《中华民族饮食文化圈、中华饮食文化圈、中国菜区域风格及相关问题》，赵荣光:《中国饮食文化研究》，香港：东方美食出版社，2003年。

20.《关于中国烹饪发展问题的几点看法》，赵荣光:《中国饮食文化研究》，香港：东方美食出版社，2003年。

21.《中国当代餐饮企业文化建设的原则构想》，赵荣光:《中国饮食文化研究》，香港：东方美食出版社，2003年。

22.《20世纪50年代以来中国餐饮企业文化特征的历史演变及其意义》，赵荣光:《中国饮食文化研究》，香港：东方美食出版社，2003年。

23.《中国餐饮新热点：“杭州菜”热俏的分析与思考》，赵荣光:《中国饮食文化研究》，香港：东方美食出版社，2003年。

24.《传统与创新：中国美食文化的时代主题》，赵荣光:《中国饮食文化研究》，香港：东方美食出版社，2003年。

25.《关于中国传统年俗菜的文化评估》，赵荣光:《中国饮食文化研究》，香港：东方美食出版社，2003年。

26.《中国厨房文化的历史演变与时代特征》，赵荣光:《中国饮食文化研究》，香港：东方美食出版社，2003年。

27.《关于“发展黔菜”问题的一些初步想法》，赵荣光:《中国饮食文化研究》，香港：东方美食出版社，2003年。

28. 赵荣光:《历史演进视野下的东北菜品文化》，赵荣光:《中国饮食文化研究》，香港：东方美食出版社，2003年。

29.《我为什么主张以袁枚的诞辰为国际中餐日》，赵荣光:《中国饮食文化研究》，香港：东方美食出版社，2003年。

30.《中国“小吃”述略》，赵荣光:《中国饮食文化研究》，香港：东方美食出版社，2003年。

31.《序〈火锅·砂锅·汽锅〉》，赵荣光:《中国饮食文化研究》，香港：东方美食出版社，2003年。

32.《珍爱自然：拒烹濒危动物宣言》，赵荣光:《中国饮食文化研究》，香港：东方美食出版社，2003年。

33.《关于“滇菜”概念界定的几个问题》，赵荣光:《赵荣光食学论文集：餐桌的记忆》，昆明：云南人民出版社，2011年。

34.《绿色·健康·幸福：中国当代餐饮人社会饮食安全的历史责任》，赵荣光:《赵荣光食学论文集：餐桌的记忆》，昆明：云南人民出版社，2011年。

35.《食品安全：时代人权保障的底线》，赵荣光:《赵荣光食学论文集：餐桌的记忆》，昆明：云南人民出版社，2011年。

36.《我是怎样提出“三拒”倡议的?》，赵荣光:《赵荣光食学论文集：餐桌的记忆》，昆明：云南人民出版社，2011年。

37.《中国餐饮大众外食新时代视野下的“大排档”文化透析》，赵荣光:《赵荣光食学论文集：餐桌的记忆》，昆明：云南人民出版社，2011年。

38.《“民以食为天”历史意义考释》，赵荣光:《赵荣光食学论文集：餐桌的记忆》，昆明：云南人民出版社，2011年。

39.《“全球化”大趋势下中国餐饮文化的应对与前途》，赵荣光:《赵荣光食学论文集：餐桌的记忆》，昆明：云南人民出版社，2011年。

40.《大历史视角下的中华民族粽子文化流变考察》，赵荣光:《赵荣光食学论文集：餐桌的记忆》，昆明：云南人民出版社，2011年。

41.《中国人辣味嗜好历史流变述论》，赵荣光:《赵荣光食学论文集：餐桌的记忆》，昆明：云南人民出版社，2011年。

42.《关于中国饮食文化领域非物质遗产代表作的若干问题》，赵荣光:《赵荣光食学论文集：餐桌的记忆》，昆明：云南人民出版社，2011年。

43.《清宫〈御茶膳房档案〉与宫廷饮食制度、清代上层社会饮食风尚》，赵荣光:《赵荣光食学论文集：餐桌的记忆》，昆明：云南人民出版社，2011年。

44.《我对中国现时代“韩国料理热”现象的思考》，赵荣光:《赵荣光食学论文集：餐桌的记忆》，昆明：云南人民出版社，2011年。

45.《关于中国“饼”文化历史演变的报告》，赵荣光:《赵荣光食学论文集：餐桌的记忆》，昆明：云南人民出版社，2011年。

46.《中国人家禽食料消费观念大视野中的“烤鸭”》，赵荣光:《赵荣光食学论文集：餐桌的记忆》昆明：云南人民出版社，2011年。

47.《中国人的发酵食品传统与中国人健康问题认识》，赵荣光:《赵荣光食学论文集：餐桌的记忆》，昆明：云南人民出版社，2011年。

48.《“国际中餐日”：如何推进中华饮食文化?》，赵荣光:《赵荣光食学论文集：餐桌的记忆》，昆明：云南人民出版社，2011年。

49.《中国“菜谱文化”源流与“菜谱学”构建》，赵荣光:《赵荣光食学论文集：餐桌的记忆》，昆明：云南人民出版社，2011年。

50.《中国菜走向世界：一个永久进行时态的问题》，赵荣光:《赵荣光食学论文集：餐桌的记忆》，昆明：云南人民出版社，2011年。

51.《休闲活动中的“休闲食品”与“休闲饮食”》，杭州树人大学演讲2012年4月8日。

52.《“中华食学”的历史特征与基本内涵》，2015年3月18日图尔法国食物研究论坛演讲稿初稿。

53.《“喇家索面”形态类比再现与历史文化资讯索隐》，第四届亚洲食学论坛演讲稿。

54.《中华面条民族魂》2016年9月4日“首届中国十大名面邀请赛”特邀演讲。

55. 赵荣光:《根深口碑“中国菜”——2018向世界发布“中国菜”活动特邀演讲》，2018年9月10日，郑州。

56.《食学思维：当代世界食事研究的主体路径》，2018年10月23日浙江工商大学“饮食文化的跨文化传播国际研讨会”主题演讲。

57.《餐桌比菜盘更大：我对秦菜文化走向的思考与期待》，2018年10月28日北京人民大会堂“陕西美食高峰论坛”演讲。

58.《中国菜品文化研究的误识、误区与饮食文化场——再谈“菜系”术语的理解与使用》2018年11月11日“中国（博山）餐饮创新发展论坛”特邀主题演讲。

59.《“中国菜”的科学认知与中国省籍地域菜品文化发展——“中国菜”艺术节暨陕菜国际美食文化节》，2019年5月9日。

60.《历史文明尺度下的亚洲当代文化美食——2019’亚洲国际美食节广州“美食与文化文明”论坛基调演讲》2019年5月17日。

61.《风味面与中华面：“中国面食之都”文化的两个重要支点》，2019年11月1日咸阳“陕西面食大会”主题演讲。

62.《中国“菜谱文化”源流与“菜谱学”》,《中国烹饪》，2010，9-12。

63.《食品安全：时代人权保障的底线》Safe Food：The Base Line of Human Rights Safeguard in the Present Age，2003年国际会议发言稿，《赵荣光食学论集》待出版。

64．CELEBRATE YUAN MEI'S BIRTHDAY FLAVOR & FORTUNE 2009.9。

65．Zhao Rongguang: Celebrate Yuan Mei's，Birthday, Flavor & Fortune, NY, 2009.2；《"国际中餐日"：如何推进中华饮食文化?》Chinese Restaurant News February 2010 Voi.16 Issue 2《中餐通讯》。

66.《"中华菜谱学"视阈下的"中国菜"——2018向世界发布中国菜活动（郑州）主题演讲》，2018年9月10日，郑州。

67.《大众餐桌：中国饮食文化的时代主题与中国餐饮业全新经学论集》待出版。

后　记

如“导语”所叙，动笔写一本“中华菜”的书，并非是笔者治食学和思考菜品文化的初衷。我一直以为这一分工任务应当由更多关注烹饪文化与菜品文化的专家去完成。他们有更多的实践经验，应当有更深的情怀、更独到的体悟，因而会给读者提供更有趣味与启示意义的思考。为此，我也建议并创造条件促成他们的文著的成功。尽管这些文著的印行会给关注者提供思考资助，但处于越来越多的人越来越不读书时代的时下中国，餐饮人读书的风气远远没有形成，许多职责在身的餐饮人都基本无兴趣读书，因而也就不会认真思考。两年前，香港大厨友人Y先生推出了自己精心烹制的“满汉全席”，并且摄像成册拟出版《满汉全席》谱书，出版人建议其“请大陆的赵荣光先生写一篇推介的‘序’文。”Y先生是少年时因大饥荒冒死冲越防线进入香港求生，因而从饭店打工开始烹饪人生的资深餐饮人。他是位很敬业、很坦诚，也对笔者很友好敬重的有声望大厨。即便如此，我仍然一再拒绝了他几次的电话恳求，我很坦诚直率地说：“我的‘序言’对阁下的书不会有站台助威的作用，我相信阁下的菜品是富有个人创意的‘艺术品’，它也一定会在业界和读者中得到积极影响。问题是阁下的‘满汉全席’菜品只是托名之作，与历史真实的满汉全席没有多少实质性关系，勉强附上我的‘序言’对阁下本人，对这本书，以及对读者与‘满汉全席’历史都不适宜。”所以如此说，是因为“满汉全席”已经成为中国烹饪文化的滑稽现象与荒唐问题，可以视为时下中国餐饮文化、烹饪文化奇葩典型。

“满汉全席”是满清帝国时代真实的历史存在，作为国家典章制度和官场礼俗，其创制、运行、演变都有重要的历史文化寓意与象征。20世纪80年代以来，中国餐饮界将“满汉全席”炒得热火朝天、云山雾罩，什么“两天四顿”“三天六顿”“四天八顿”。从20世纪60年代香港酒楼为日本品尝团搞的第一次“满汉全席”宣传，到21世纪初的半个世纪时间，撰文、著书讲“满汉全席”的专家教授不下百人，日、韩、港、台都有名家参与，包括中国大陆科学院、社会科学院在内的知名教授更是多多。中国厨师无不心仪满汉全席，国人无人不闻满汉全席，以至于“满汉全席”四个字已经成了中国“烹饪”，甚至中国文化的代号，有的烹饪教授竟然言之凿凿地说要吃“七七四十九天”！中国餐饮人的整体神态，中国餐饮文化的时代情态，由此可以深度解读。然而，一个致命的要害是：所有参与讨论的人所依据历史资料，仅仅是人所共知《扬州画舫录》等四条，而且无一例外都错误解读了。以至于积60年研究中日饮食文化交流历史的田中静一先生在他的传世之作《一衣带水：中国料理传来史》中说：“满汉全席”是中国人杜撰的、事实上并不存在的“虚妄的饮食”[①]。许多烹饪或饮食文化专家都热衷问题讨论，却又集体地不肯埋头认真读书，以至于学者无知、学界无学足以骇人瞠目结舌。2018年9月10日郑州“向世界发布中国菜”会场上，曾任多年职业教育校长的北京市烹饪协会会长Y先生一本正经地问我：“赵教授，你说‘满汉全席’有吗?”当时我就惊呆了。我认真端详了一下他，然后语重心伤对他说：“Y会长，不对呀，三年前，我们一同上长白山的路上，您问我这个问题，因为阁下的身份，还有您的秘书长，我对您讲得很清楚了。怎么会没有呢？阁下忘了吗？全不记得了吗?”Y会长丝毫没有窘态地回答我说：“可是我又问了著名的历史学家，很有名的老教授，都说根本没有‘满汉全席’，是厨师们虚构的。”我就只能一笑了之。在今天这样一个许多教授们都懒得认真读书的时代，一些餐饮人不读书自然不奇怪。

时下，中国菜谱文化的“文化”的确需要认真思考。唯其如此，我对许多旨在造势市场的各种餐饮主题活动以及菜谱撰写都持比较冷静态度，相继婉谢了一些省籍许多本隆重推出的菜品文化书“序”文邀请，有的仅仅是成文署名。20年多年前的学生Z君在成都任职高校组织编写了一套教材，“序”文已定，受托以5000元谢仪试求“主编”署名，亦婉拒。Z君感慨：“我就知道赵先生不会同意。”

《中华菜论》付梓之际心态依旧，战战兢兢，静候批评。

二〇一九年九月九日初稿，二〇二一年六月再改于杭州诚公斋书寓

① 关于“满汉全席”问题，可以参见赵荣光相关文著：《“满汉全席”名实考辨》，《历史研究》1995年第3期；《满汉全席源流考述》，北京：昆仑出版社，2003.